의학의
소소한 최전선

의학의
소소한 최전선

만화로 엮은 인체와 질병, 약에 관한 소식들

글·그림 김명호

감수의 글

황승식_서울대학교 보건대학원 교수

김명호 작가와 소셜미디어로 친구 사이가 된 것은 꽤 오래전 일이었다. 작업 중인 의학 만화의 한 대목을 자문하는 메일을 받았다. 장롱면허가 오래된 터라 적당히 거절할 심산으로 내용을 읽다 깜짝 놀랐다. 의례적인 의학 자문이 아니라 수준 높은 의학 논문에 기반해 사실관계를 묻고 있었다. 김명호 작가의 이전 작업을 검토하고 나서 작가가 얼마나 공들여 작업을 하는지 알게 되었다. 나 또한 해당 분야의 전공자가 아닌 까닭에 관련 논문을 찾아 읽고서야 비로소 답변을 보낼 수 있었다.

김명호 작가가 이 책《의학의 소소한 최전선》을 펴낸다. 저자의 이전 작업과 마찬가지로, 이 책은 평범한 건강 상식을 소개하며 적당히 일러스트를 가미한 책이 아니다. 의료인이 아닌 저자가 최신 의학 연구를 이토록 깊이 있게 다룬다는 점에서 이 책은 의학 전문 서적에 가깝다. 의료인들이 쓴 엉터리 의학 서적이 시중에 넘쳐나는 현실과 비교하면 김명호 작가의 고된 작업이 책자로 묶여 대중에게 전달될 수 있다는 사실만으로도 고마운 마음이 든다.

《의학의 소소한 최전선》은 당뇨, 암, 노화 같은 생물학적 질병에 관한 내용 외에도 흑사병, 매독 같은 역사적 질병, 그리고 니코틴 중독, 아시아 홍조처럼 공중보건에서 중요한 문제도 포함하고 있다. 특히 최근 정신 건강의 중요성이 증대하고 있는 현실을 반영하여 정신 노동, 남성 우울증, 상심 증후군, 항우울제와 관련된 내용을 포함하고 있다는 점은 특히 주목할 만하다.

여드름, 통증, 가려움증처럼 일상에서 흔히 겪는 어려움을 다룬 챕터라고 해서 술술 읽어 낼 수 있으리라는 기대는 하지 않는 편이 좋다. 작가의 노력 덕분에 여드름이 솟아나는 사춘기의 둘째 아이에게 C. 아크네스라는 세균의 역할과 레티노이드 제제의 작용을 설명하며 간만에 의료인의 정체성을 각인할 수 있었고, 여드름 발생이 세균 때문이라고만 알고 있던 아이에게 정확한 메커니즘을 설명할 수 있었다. 호기심 많은 아이에게 가려움증 챕터의 부제 '가려움은 통증일까'를 화두로 던지자 꼬리에 꼬리를 무는 대화가 이어진 소득은 덤이었다.

책자 말미의 참고 자료에 스무 쪽 가까이 이어지는 챕터별 논문과 기사는 저자가 한 챕터를 완성하기까지 들인 공력의 일부만 보여준다. 열거된 논문과 기사는 의과대학에 재학 중인 학생이라도 술술 읽어 낼 수준이 아니다. 인접한 각 챕터의 관련성은 다소 부족하지만, 아무 챕터나 펼쳐 읽어도 완결성이 높다는 장점이 있다.

의학을 전공하려고 마음먹은 고등학생, 보건 의료 분야를 전공하고 있는 학부생이나 대학원생, 환자에게 최신 지식을 바탕으로 설명하려는 현장 의료인에게 먼저 일독을 권한다. 마지막으로, 어설픈 의학 지식이나 건강보조식품 홍보로 가득한 대중 서적에 식상한 독자라면, 최신 의과학의 진짜 성과를 만날 수 있는 이 책을 꼭 읽어 보시기 바란다.

작가의 말

이 책《의학의 소소한 최전선》은 2022년 중반부터 약 2년 6개월 동안 월간 의학정책신문 〈더 메디컬〉에서 연재한 만화를 엮은 것입니다. 총 30편 중 28편을 추렸고, 신문 연재 당시 지면 제약으로 생략했던 내용을 보충했습니다.

저는 의사가 아니기에 감히 이 만화에서 '이럴 땐 무엇을 먹어라', '이렇게 해야 건강에 좋다' 같은 건강 상식이나 의학적 조언을 담지 않았습니다. 그 대신 최근의 의학적 연구 성과를 바탕으로 질병과 몸, 치료에 대한 이해를 돕고자 했습니다. 즉, 의학 상식책이 아닌 과학책에 보다 가깝습니다.

이 책에서 종종 언급되는 최신 치료법은, '현재 임상에서 적용되고 있다'는 직접적인 언급이 없는 한, 실제 치료에 곧바로 사용된다는 보장은 없습니다. 새로운 의약품과 치료법의 개발은 매우 더디고 지난한 과정이기 때문입니다.

혹시 건강에 이상을 느껴 이 책을 펼치셨다면, 부디 주저하지 말고 병원에 먼저 가시길 권합니다.

차 례

01. 인슐린

느린 청자고둥에서 빠른 인슐린을 찾다

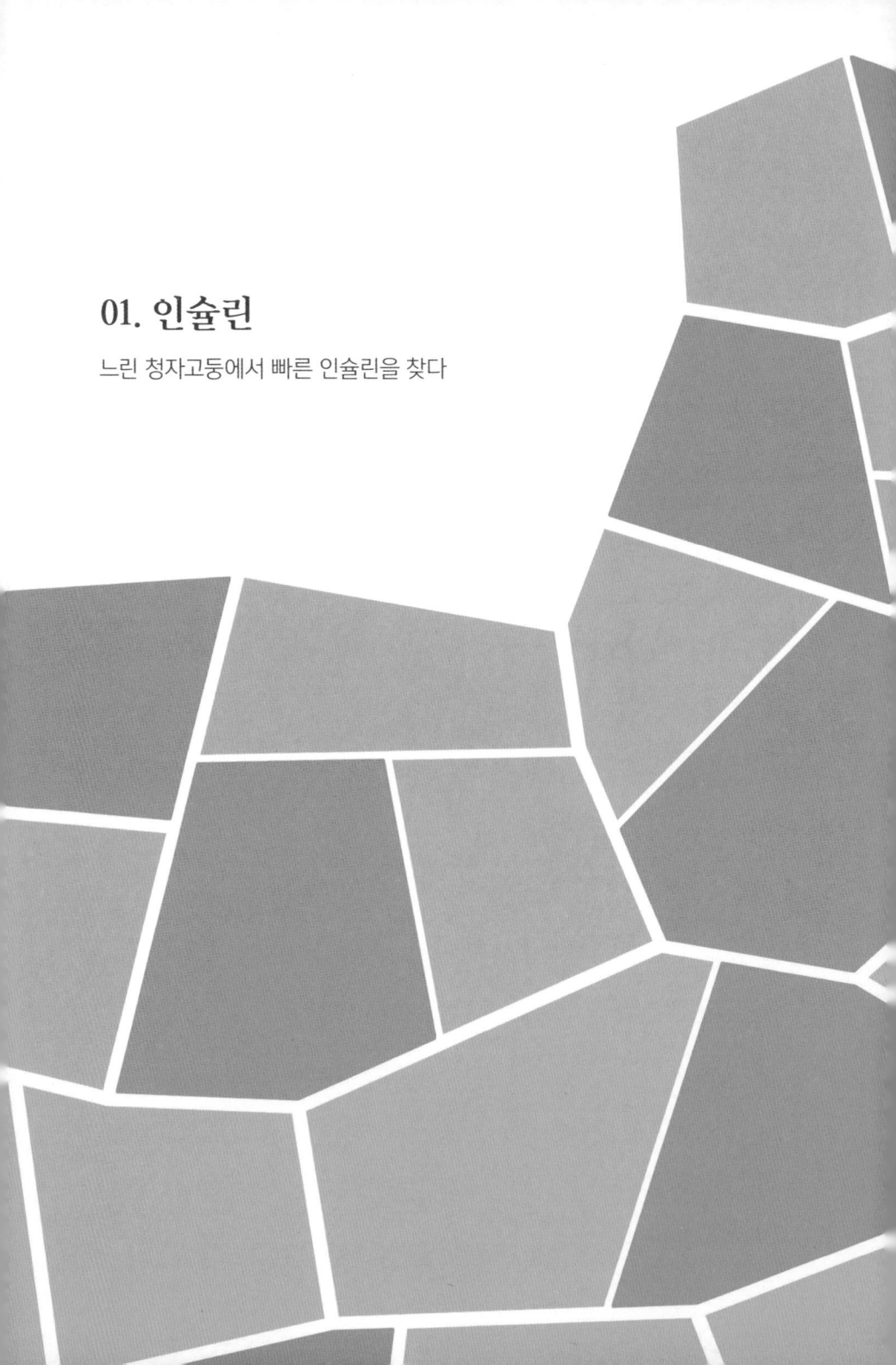

아빠, 놀다 올게.
동작 그만!
왜?
너 그렇게 입고 나가게?
무슨 예수회 신부도 아니고 옷을 아래위로 죄다 검은색으로 입었냐.
세상에 이쁜 색이 얼마나 많은데.
튀는 거 싫거든.

튀는 게 싫다고? 누구 암살이라도 하게?
미학적 센스가 청자고둥보다도 못해서야. 쯧쯧!
청자고둥은 또 뭐야.

청자고둥의 조가비 무늬는
텍스타일 디자이너가 디자인한 듯
다채롭고 매력적이다.

자연에서 배워라.
아~ 몰라. 나 빨리 나가야 돼.

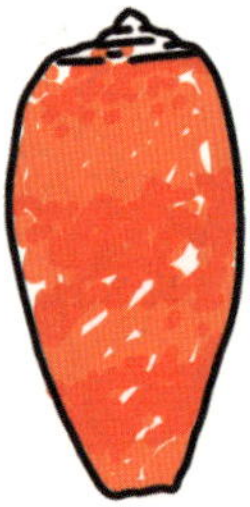

하지만 청자고둥은 겉으론
볼 수 없는 매력이 하나 더 있다.

그건 빠르고 치명적인 그들의 독이다.

내가 당할 줄이야!
수숙—
쿨럭
이것 봐. 화려해도 얼마든지 치명적일 수 있다고.
이야기가 왜 그렇게 되는데!
대부분의 독성 생물은 하나 혹은 두 개의 독소를 만들지만, 청자고둥은 수백에서 수천 개의 독소를 혼합한 일명 칵테일 독을 만듭니다.
지금이다!
더 놀라운 건 종마다, 그리고 같은 종 안에서도 먹이 종류나 서식 지역에 따라 독소의 조합과 농도가 달라진다는 사실입니다.

청자고둥은 약 1000여 종이 있는 것으로 알려져 있는데, 이 모든 종이 제각각의 독성 칵테일을 가지고 있다고 생각하면, 그 다양성에 입이 벌어질 수밖에 없습니다.
청자고둥의 독은 신경을 마비시키는 신경독입니다.
이 독이 통증 신호를 차단한다는 점에 주목한 과학자들은 통증 연구와 진통제 개발을 위해 청자고둥의 화학무기 창고를 뒤지기 시작했습니다.

그 과정에서 뜻밖의 물질을 발견했습니다.

발이 느린 청자고둥은 독이 묻은 작살 모양의 변형된 이빨을 빠르게 쏘아 먹잇감을 사냥한다.

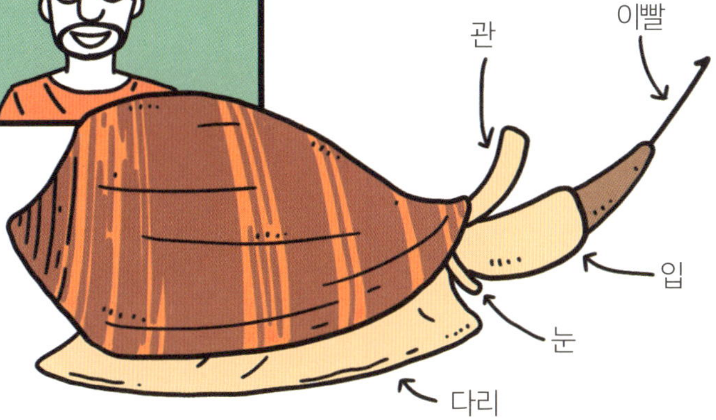
관
이빨
입
눈
다리

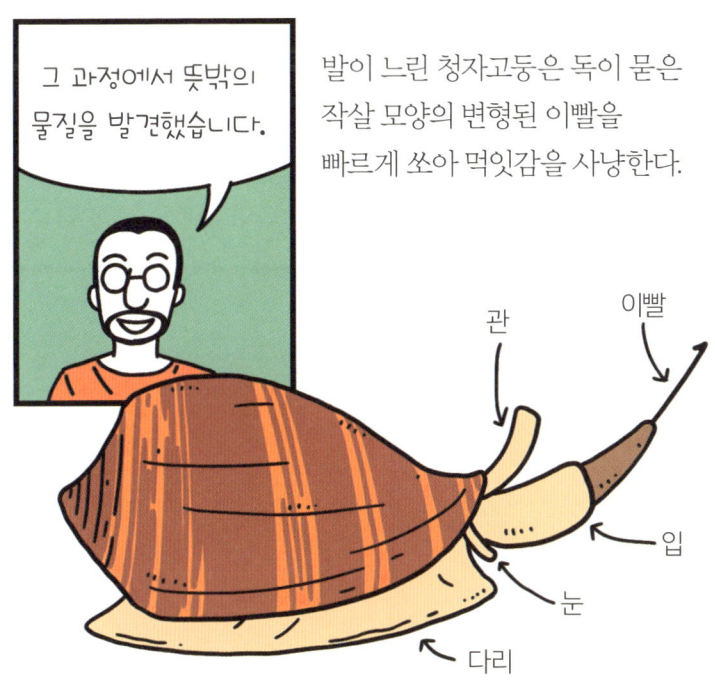

대부분은 해양 지렁이를 잡아먹지만, 일부 종은 자신보다 훨씬 빠른 물고기를 노리기도 한다.

꽥!

이 소수의 물고기 포식자 중에서도 일부는 주둥이를 그물처럼 펼쳐 물고기를 통째로 집어삼킨다. 물론 물고기가 순순히 잡아먹힐 리 없다.

덥석—

그래서 청자고둥은 먼저 인슐린을 분비해, 사냥감을 저혈당 상태로 몰아 무력화한다.

이것은 자연에서 인슐린이
독으로 사용되는
유일한 사례입니다.

인슐린을 독으로 활용하는 청자고둥의
기발함과 유일무이함도 충분히
놀랍지만, 과학자들의 시선을 더욱
사로잡은 것은 따로 있었습니다.
그것은 청자고둥의 인슐린이
매우 빠르게 작용한다는
사실이었습니다.

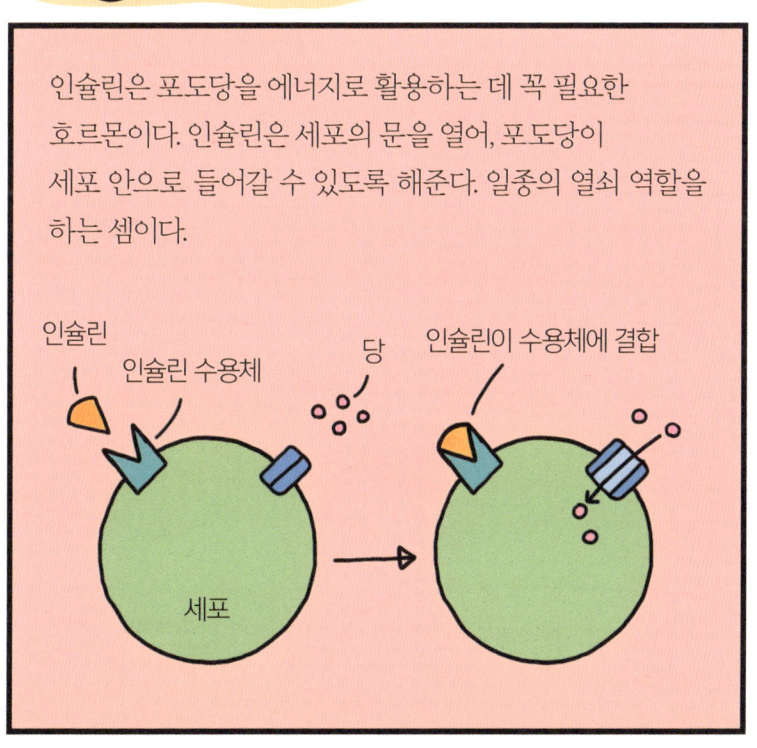

인슐린은 포도당을 에너지로 활용하는 데 꼭 필요한 호르몬이다. 인슐린은 세포의 문을 열어, 포도당이 세포 안으로 들어갈 수 있도록 해준다. 일종의 열쇠 역할을 하는 셈이다.

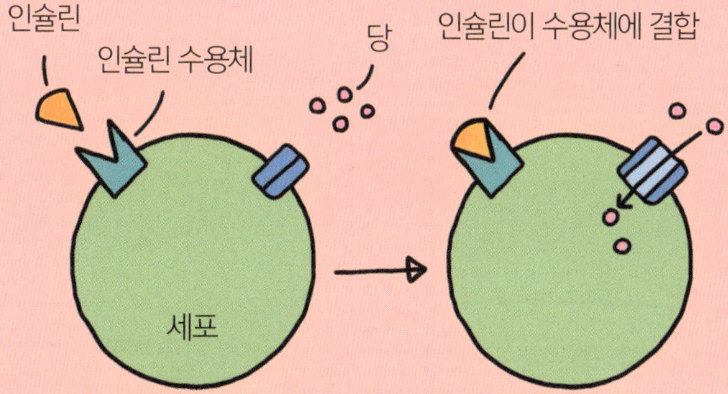
인슐린
인슐린 수용체
당
인슐린이 수용체에 결합
세포

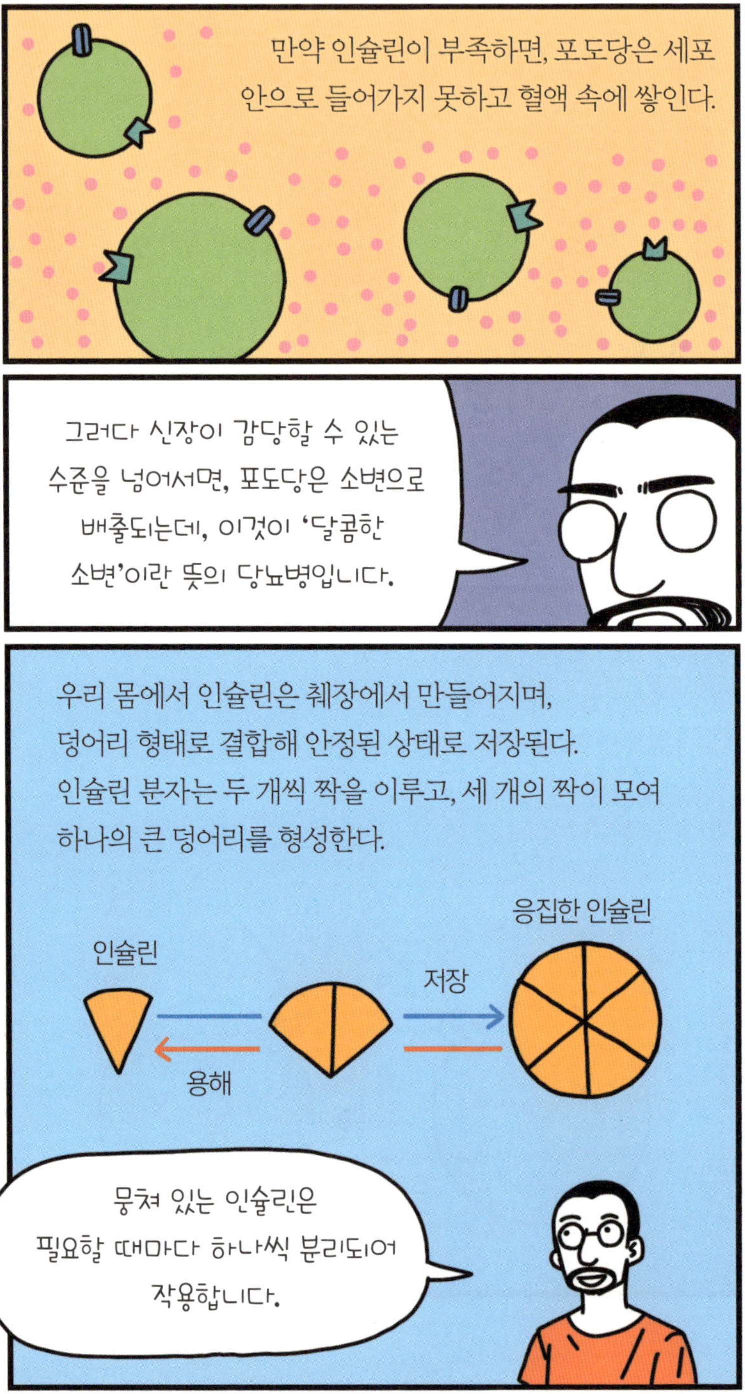
만약 인슐린이 부족하면, 포도당은 세포 안으로 들어가지 못하고 혈액 속에 쌓인다.
그러다 신장이 감당할 수 있는 수준을 넘어서면, 포도당은 소변으로 배출되는데, 이것이 '달콤한 소변'이란 뜻의 당뇨병입니다.
우리 몸에서 인슐린은 췌장에서 만들어지며, 덩어리 형태로 결합해 안정된 상태로 저장된다. 인슐린 분자는 두 개씩 짝을 이루고, 세 개의 짝이 모여 하나의 큰 덩어리를 형성한다.
응집한 인슐린
인슐린
저장
용해
뭉쳐 있는 인슐린은 필요할 때마다 하나씩 분리되어 작용합니다.

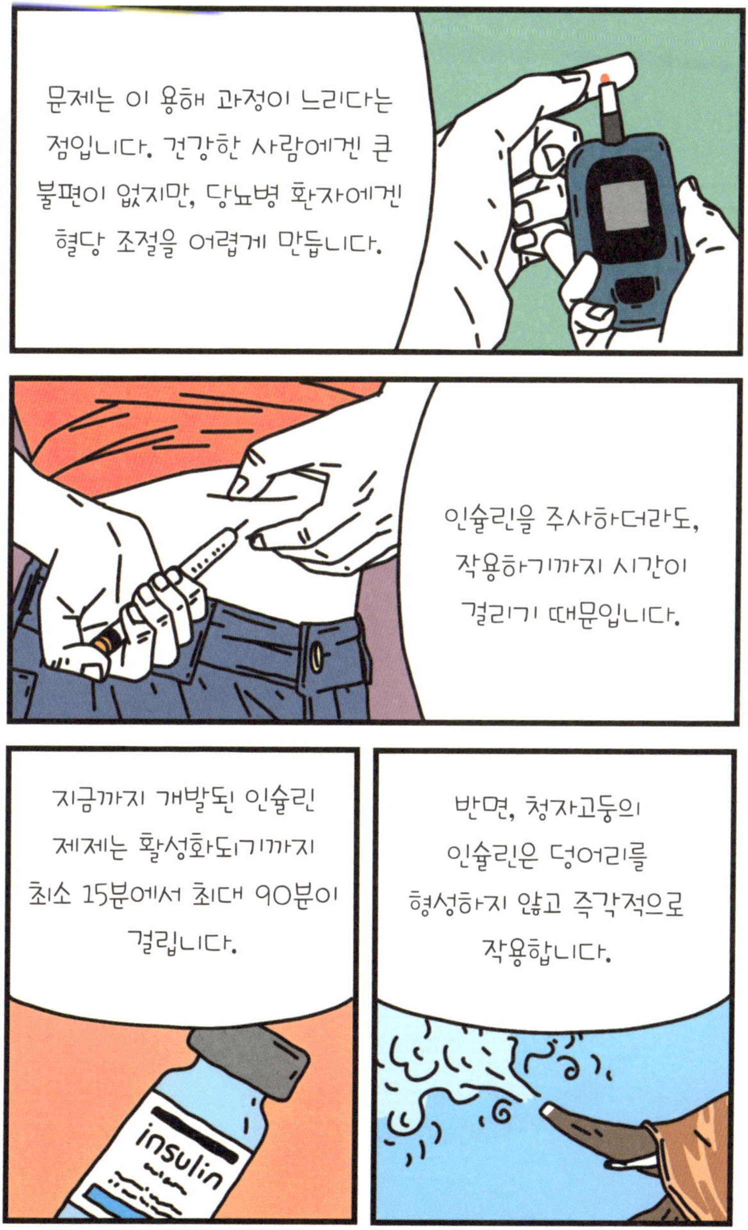
문제는 이 용해 과정이 느리다는 점입니다. 건강한 사람에게 큰 불편이 없지만, 당뇨병 환자에게 혈당 조절을 어렵게 만듭니다.
인슐린을 주사하더라도, 작용하기까지 시간이 걸리기 때문입니다.
지금까지 개발된 인슐린 제제는 활성화되기까지 최소 15분에서 최대 90분이 걸립니다.
insulin
반면, 청자고둥의 인슐린은 덩어리를 형성하지 않고 즉각적으로 작용합니다.

청자고둥은 인슐린을 저장하지 않고,
물고기를 빠르게 마비시키는 용도로
사용하기 때문입니다.
이 점에 주목한 연구자들은
2014년부터 더 빠르게 작용하는
비응집성 인슐린을 찾기 위해
청자고둥의 독 인슐린을 본격적으로
연구했습니다.

인슐린은 두 개의 아미노산 사슬, 즉 21개의 아미노산으로 이루어진 A 사슬과 30개의 아미노산으로 이루어진 B 사슬로 구성된 단백질이다.

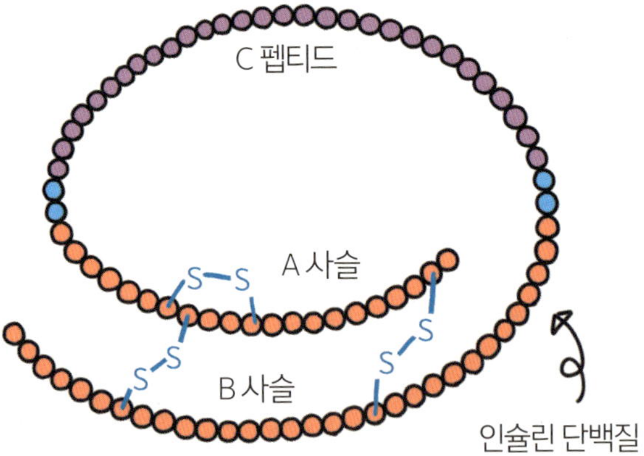
C 펩티드
A 사슬
S
S
S
S
S
S
B 사슬
인슐린 단백질

이 중 B 사슬의 특정 구간은 인슐린 분자들이 서로 덩어리를 이루게 만드는 성질을 갖고 있다.

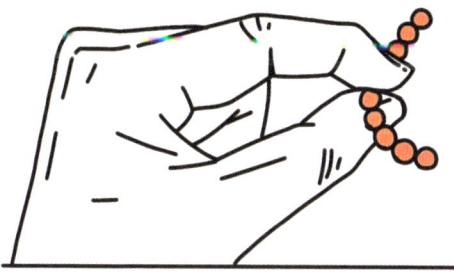

그렇다면 그 문제의 구간만 잘라내면 응집되지 않는 인슐린이 되지 않을까?
당연히 그런 시도가 있었습니다. 그러나 이 부분을 제거한 인슐린은 전혀 작용하지 않았습니다.
얄궂게도, 응집성뿐만 아니라 인슐린 수용체를 활성화하는 데도 꼭 필요한 부분이었던 것입니다.

청자고둥의 인슐린은 인간 인슐린보다 구조가 훨씬 단순하고 결합력이 약해 쉽게 분리될 수 있다. 가장 놀라운 건 청자고둥의 인슐린에는 B 사슬의 '응집성 영역'이 존재하지 않지만, 인슐린 수용체를 활성화할 수 있다는 점이다.

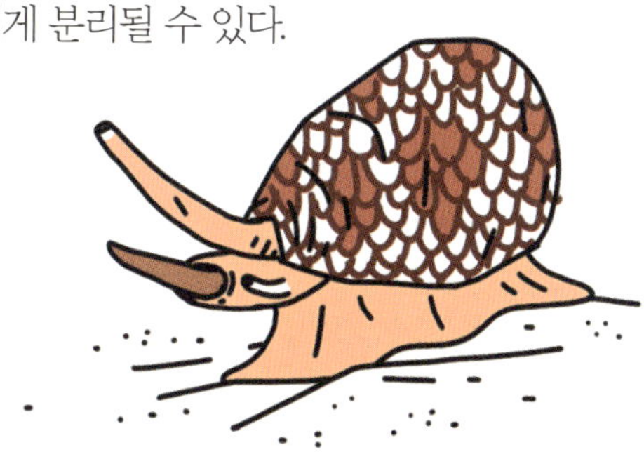

이는 청자고둥 인슐린이 응집 영역이 아닌 다른 곳을 통해 수용체를 활성화하고 있다는 뜻이었습니다.
연구자들은 여러 종의 청자고둥 인슐린을 조사해, 이러한 대체 활성화 부위를 찾아냈습니다.

인간과 물고기의 인슐린 수용체는 65~75% 정도 일치하기 때문에, 비록 효능은 다소 떨어지지만 청자고둥의 인슐린은 인간에게도 작용할 수 있다.

연구자들은 인간 인슐린에서 응집 부위를 제거하고, 청자고둥 인슐린에서 수용체 활성화 부위를 접목한 하이브리드 인슐린을 개발하기 위해 속도를 내고 있다.

가장 느린 청자고둥이 가장 빠른 인슐린의 길을 보여주었다. ■

02. 여드름

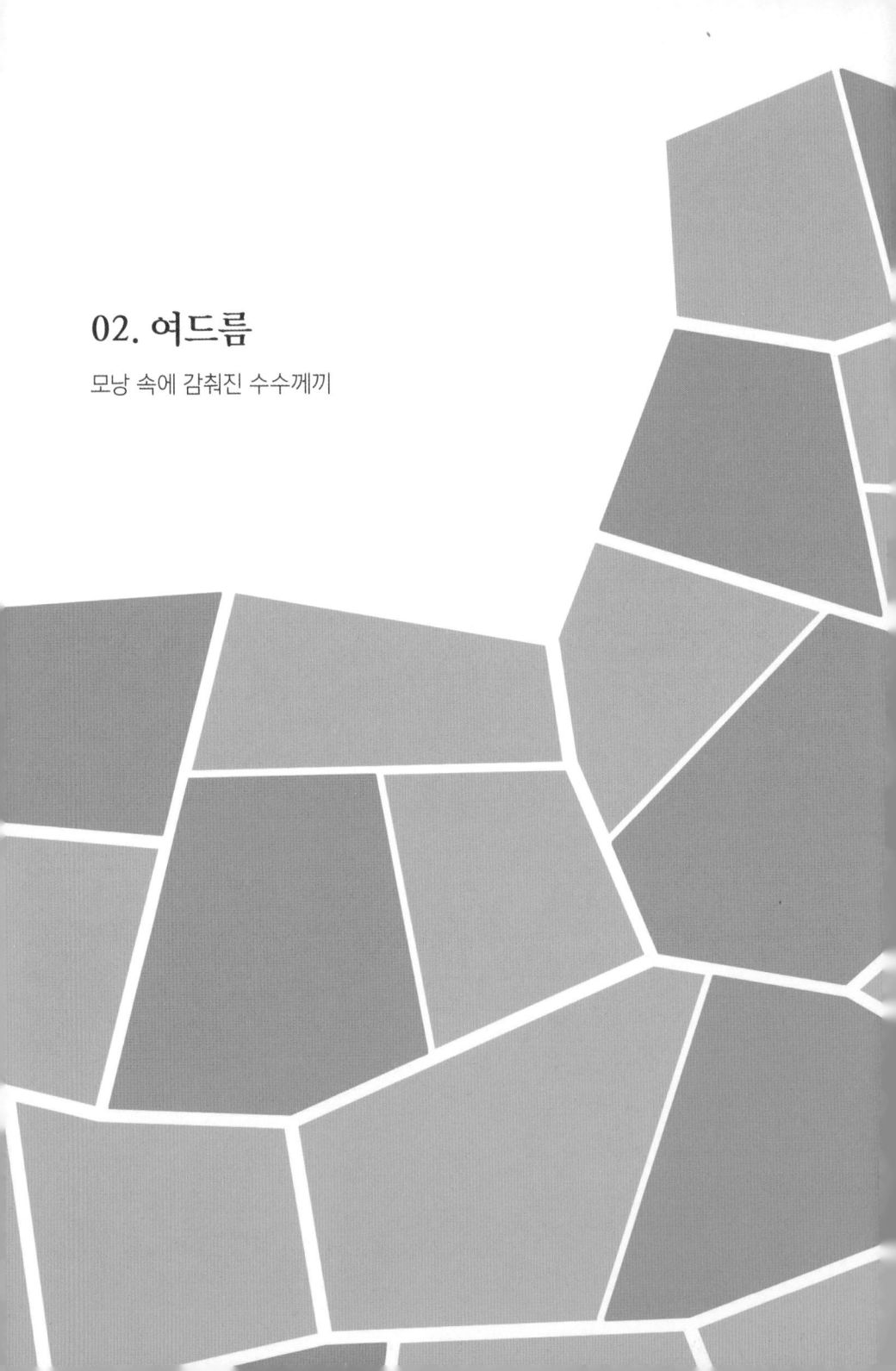

모낭 속에 감춰진 수수께끼

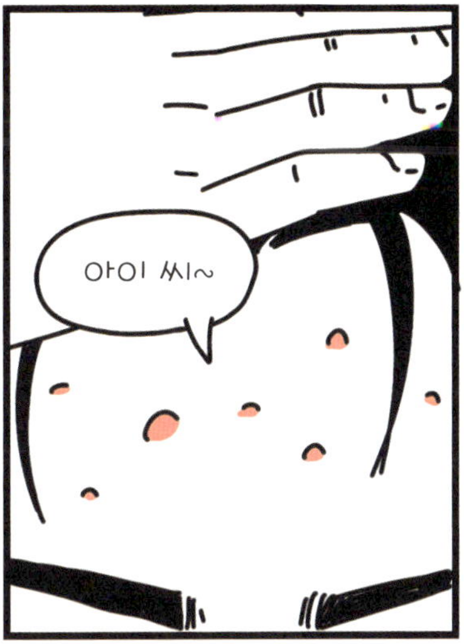
아이 씨~

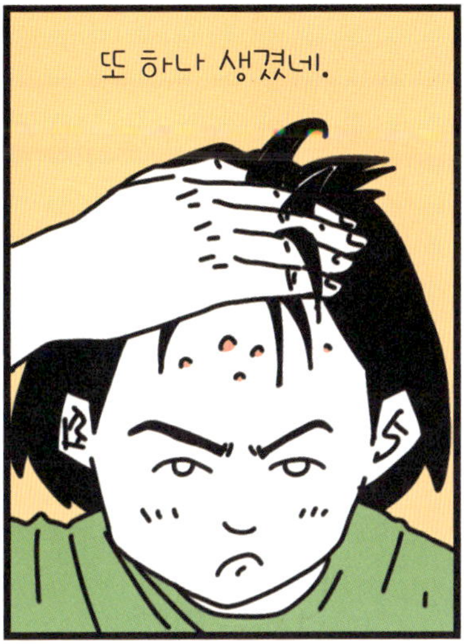
또 하나 생겼네.

아~ 진짜…

사춘기의 시작을 알리는
불청객인 여드름은
가장 흔한 피부 질환임에도
불구하고 그 원인은
오리무중이었다.

그저 사춘기 자녀를 둔 부모들은
아이들의 번들거리는 얼굴을
보며 피지를 여드름의 주범으로
지목하고 세면대로 몰아세우곤
했다.

아빠한테
심술부려서?
그럼 내 피부는
백옥 같았겠지.

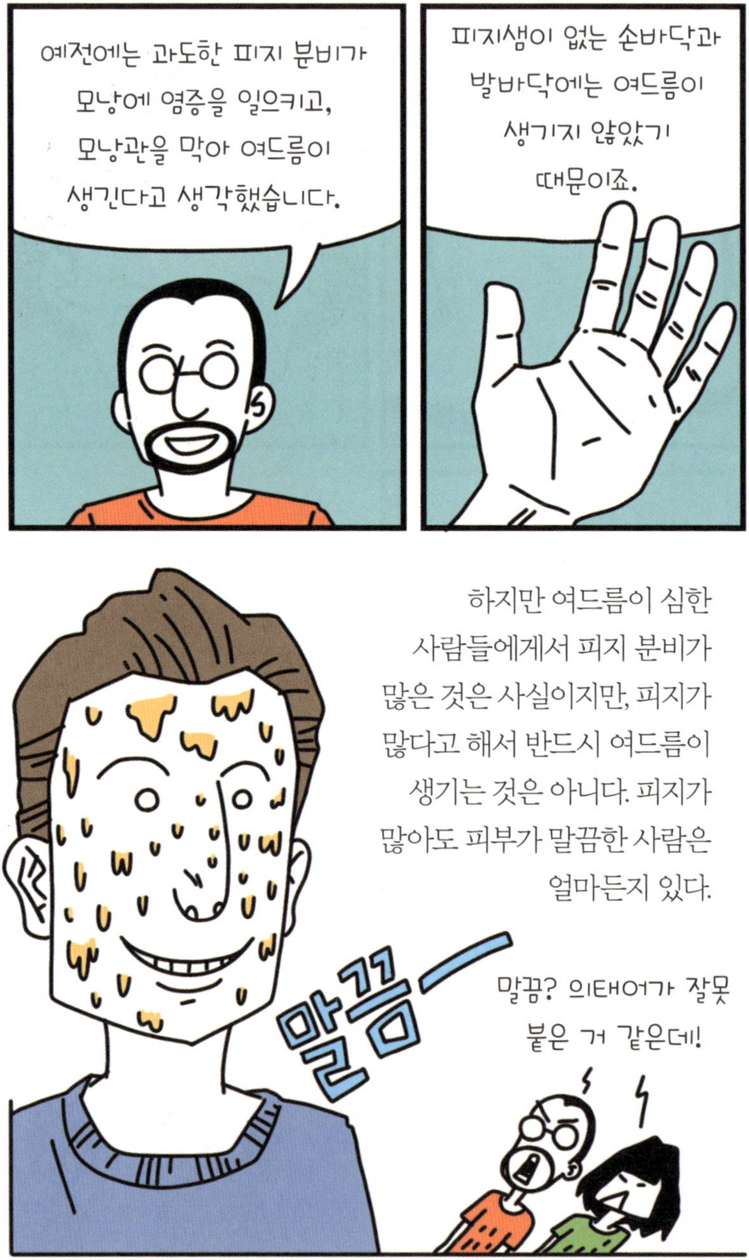
예전에는 과도한 피지 분비가
모낭에 염증을 일으키고,
모낭관을 막아 여드름이
생긴다고 생각했습니다.
피지샘이 없는 손바닥과
발바닥에는 여드름이
생기지 않았기
때문이죠.
하지만 여드름이 심한 사람들에게서 피지 분비가 많은 것은 사실이지만, 피지가 많다고 해서 반드시 여드름이 생기는 것은 아니다. 피지가 많아도 피부가 말끔한 사람은 얼마든지 있다.
말끔
말끔? 의태어가 잘못
붙은 거 같은데!

만약 여드름이 단순히 피지를 씻어내 예방할 수 있는 질환이었다면, 위생 관념이 높아진 현대 사회에서 여드름은 눈에 띄게 줄었을 것이다.
뽀송
뽀송
그러나 과거나 지금이나 청소년들의 얼굴에는 어김없이 붉은 꽃이 피어나고 있다.
힝-
지금까지 피지 분비 증가, 모낭을 틀어막는 과도한 각질, 피부에 서식하는 세균 등이 여드름의 원인으로 지목됐지만,
이것만으로 여드름이 어떻게 발생하는지 완전히 설명할 수는 없었습니다.

연구 윤리에 대한 인식은 형편없었지만, 여드름 연구와 치료에 전환점을 가져온 앨버트 클리그먼(Albert Kligman, 1916~2010)•은 1975년에 발표한 논문에서 여드름 연구의 고충을 다음과 같이 토로했다.

미생물학자들은 세균을 추적했고, 내분비학자들은 호르몬
수치를 측정했으며, 생화학자들은 피지 지질과 피부
대사의 다양한 측면을 연구했고, 정신과 의사들은 정서적
문제를 조사했으며, 조직화학자들은 효소를 검사했고,
현미경학자들은 물리적인 설명을 제공했습니다.
이를 통해 많은 것이 알려졌지만, 여드름의 비밀은
밝혀지지 않았습니다.••

• 앨버트 클리그먼은 교도소 수감자들을 대상으로 여드름 치료제와 화학물질 반응 실험 등의 연구를 진행했다. 일부 실험에는 독성 물질도 사용했으나, 참가자들에게 위험성을 충분히 설명하지 않았다. 그는 끝내 이에 대해 공식적으로 사과하지 않았다.

•• 출처: Kligman AM: Pathogenesis of acne vulgaris. *Mod Probl Paediatr* 1975;17:153-173.

난해함으로 감춰져 있던
이 기름진 구멍 안으로도
현대 의학의 빛은 서서히
비춰들고 있습니다.

오늘날 여드름은 단순한 피부 트러블이 아니라 피지 분비 증가와 모낭 입구의 과각질화, 그리고 모낭 피지샘에 서식하는 세균 큐티박테리움 아크네스(*Cutibacterium acnes*, 이하 C. 아크네스)와 피부 면역계 사이에서 벌어지는 전쟁의 산물로 보고 있다.

C. 아크네스는 오래전부터
여드름의 유력한
용의자였습니다.

하지만 여드름이 난 피부에
이 균이 많다고 해서 그것이 곧
원인이라고 지목할 결정적 증거는
될 수 없었습니다.

우리는 정상 피부에도 흔히
존재하기 때문입니다.
아오~ 항생제.
다만, 항생제 치료가
여드름 증상을 완화했기
때문에 C. 아크네스와
여드름은 모종의 관계가
있다고 생각했습니다.
그렇다면, 비록 명확하진 않더라도
C. 아크네스를 몰아내면 여드름을
예방할 수 있지 않을까요?
우리 그렇게 극단적으로는
생각하진 말자고요.

최근의 미생물군집 연구는 C. 아크네스와 피부 건강 사이의 관계에 한 가지 새로운 사실을 밝혀내고 있다.

건강한 피부 표면에는 보통 코리네박테리움(*Corynebacteria*), C. 아크네스, 그리고 포도상구균(*Staphylococci*)이 공존한다. 이들 사이의 미묘한 균형은 피부의 건강과 항상성을 유지하는 데 핵심적인 역할을 한다.

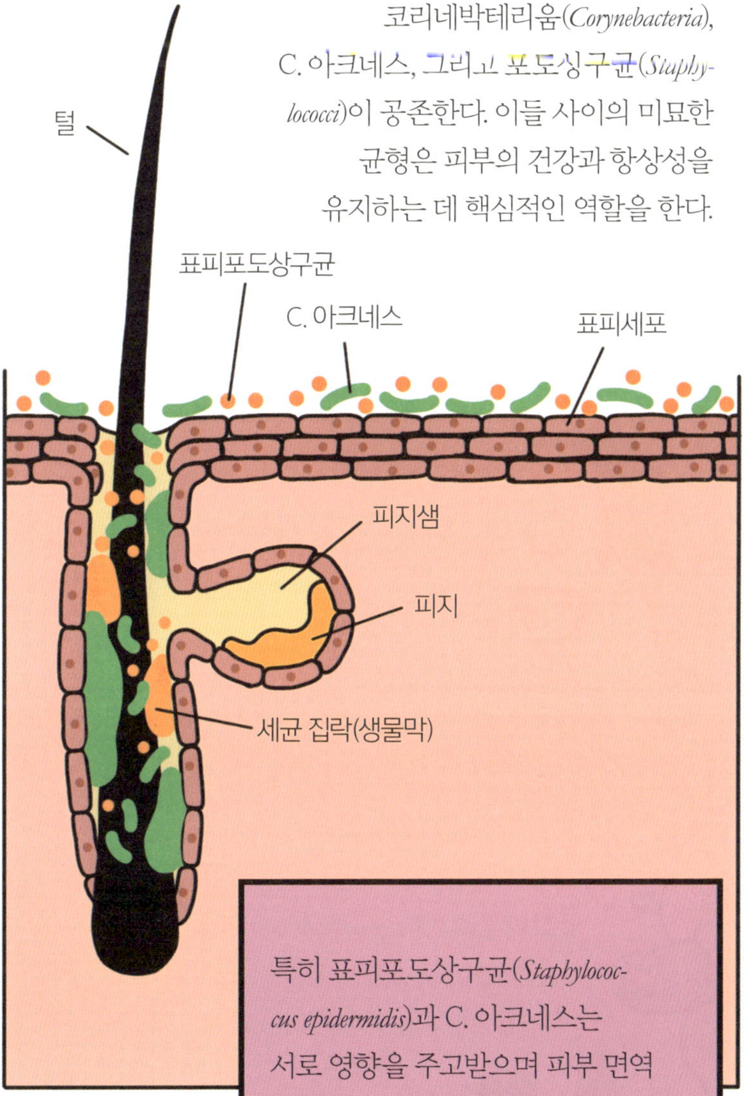

털
표피포도상구균
C. 아크네스
표피세포
피지샘
피지
세균 집락(생물막)

특히 표피포도상구균(*Staphylococcus epidermidis*)과 C. 아크네스는 서로 영향을 주고받으며 피부 면역 반응을 조절한다. 표피포도상구균은 C. 아크네스의 과도한 증식을 억제하고, 염증 반응을 완화하는 기능도 한다.

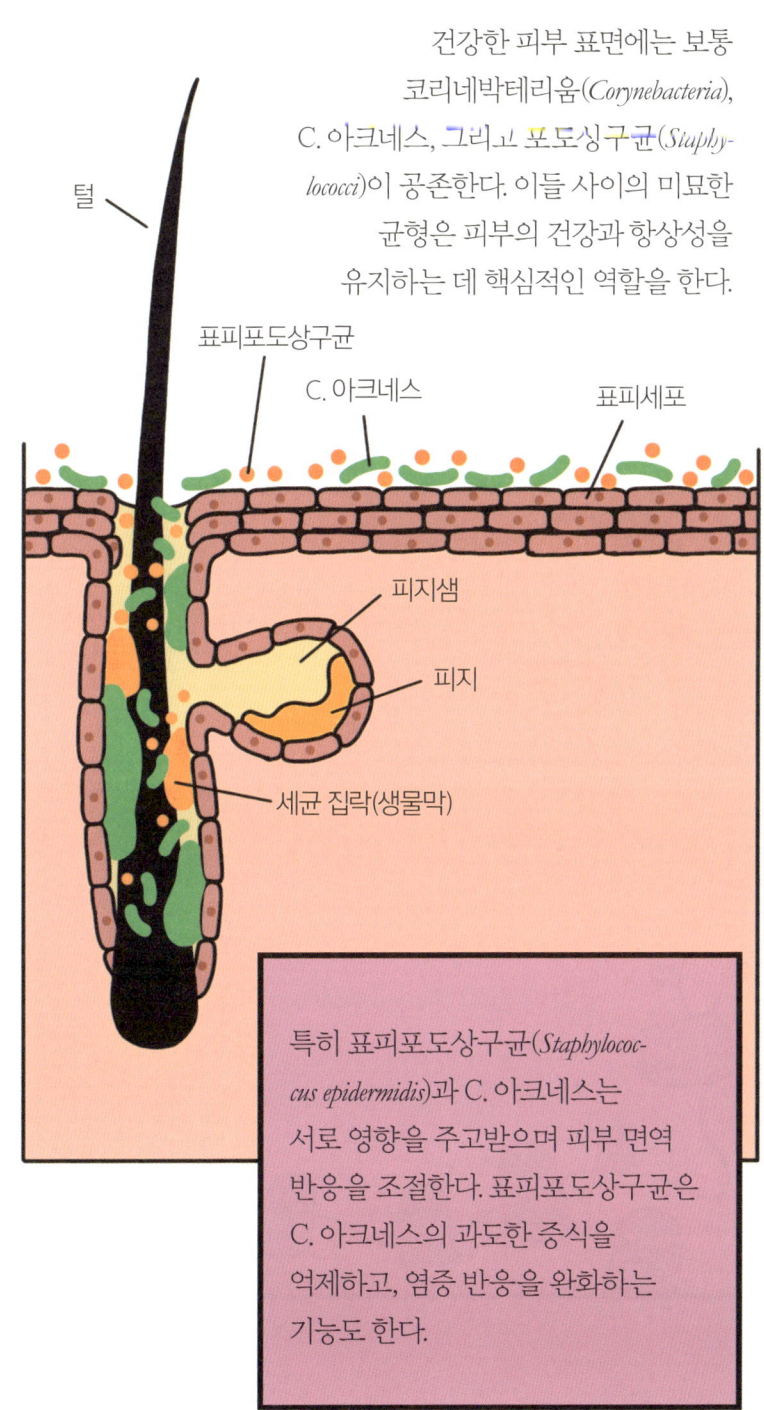

그렇다면 평소에는 별다른 반응을 보이지 않던 피부 면역계가 왜 때때로 C. 아크네스에 과민하게 반응해 여드름으로 이어지는 걸까?

뭐? 왜?

문제는 양이 아니라
다양성이었습니다.

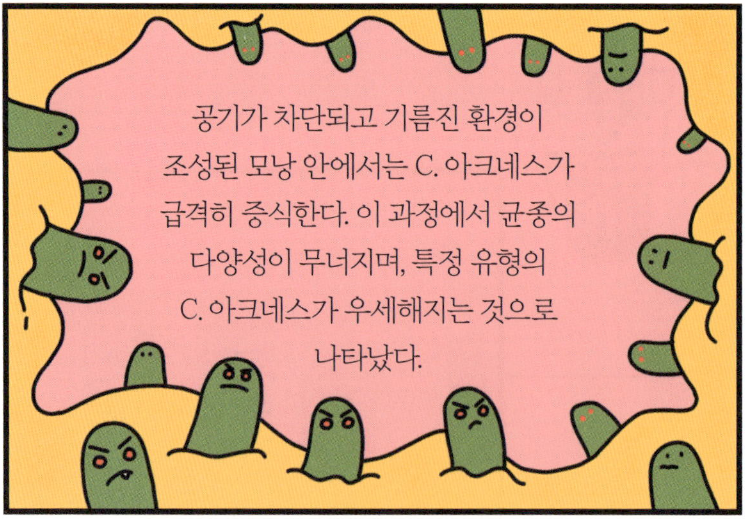
공기가 차단되고 기름진 환경이 조성된 모낭 안에서는 C. 아크네스가 급격히 증식한다. 이 과정에서 균종의 다양성이 무너지며, 특정 유형의 C. 아크네스가 우세해지는 것으로 나타났다.

이 유형은 더 강한 염증 반응과 독성을 유발하는 경향이 있다.

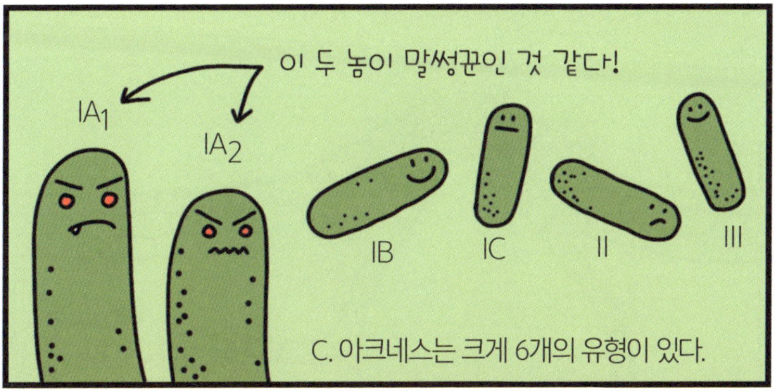
이 두 놈이 말썽꾼인 것 같다!
IA1
IA2
IB
IC
II
III
C. 아크네스는 크게 6개의 유형이 있다.

여드름은 단순히 C. 아크네스가
많아서 생기는 것이 아니라,
그 안의 생태계 균형이 깨지면서
발생하는 면역 반응의 결과일 수
있다.
확~마!

C. 아크네스는 피지 내 중성지방을 자유 지방산(free fatty acids)으로 분해하고, 이 지방산은 면역계에 염증 신호를 보낸다.

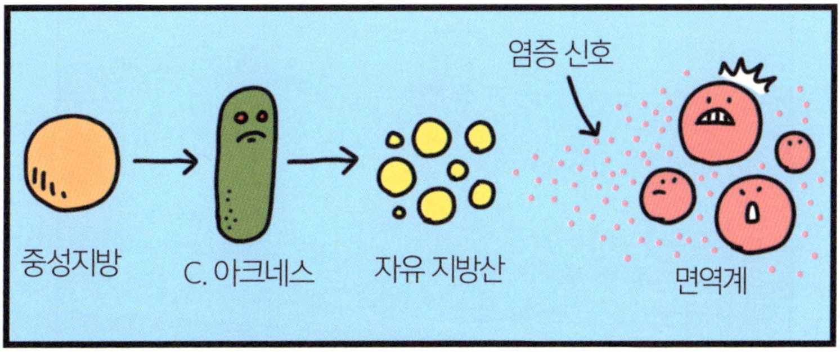
염증 신호
중성지방
C. 아크네스
자유 지방산
면역계

그 결과 피부 세포에서는 염증을 유도하는 일련의 반응이 연쇄적으로 일어나 여드름을 더욱 악화시킨다.

최근 연구에서는 이 과정에서 섬유아세포(fibroblast)가 중요한 역할을 하는 것으로 나타났다.

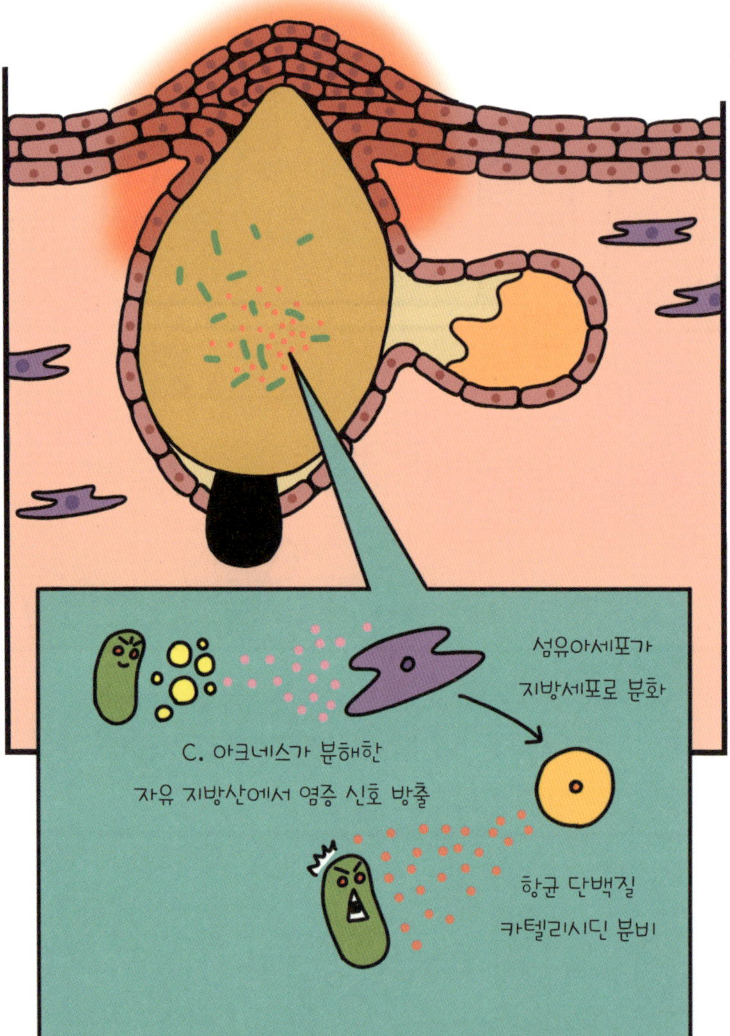

섬유아세포가
지방세포로 분화
C. 아크네스가 분해한
자유 지방산에서 염증 신호 방출
항균 단백질
카텔리시딘 분비

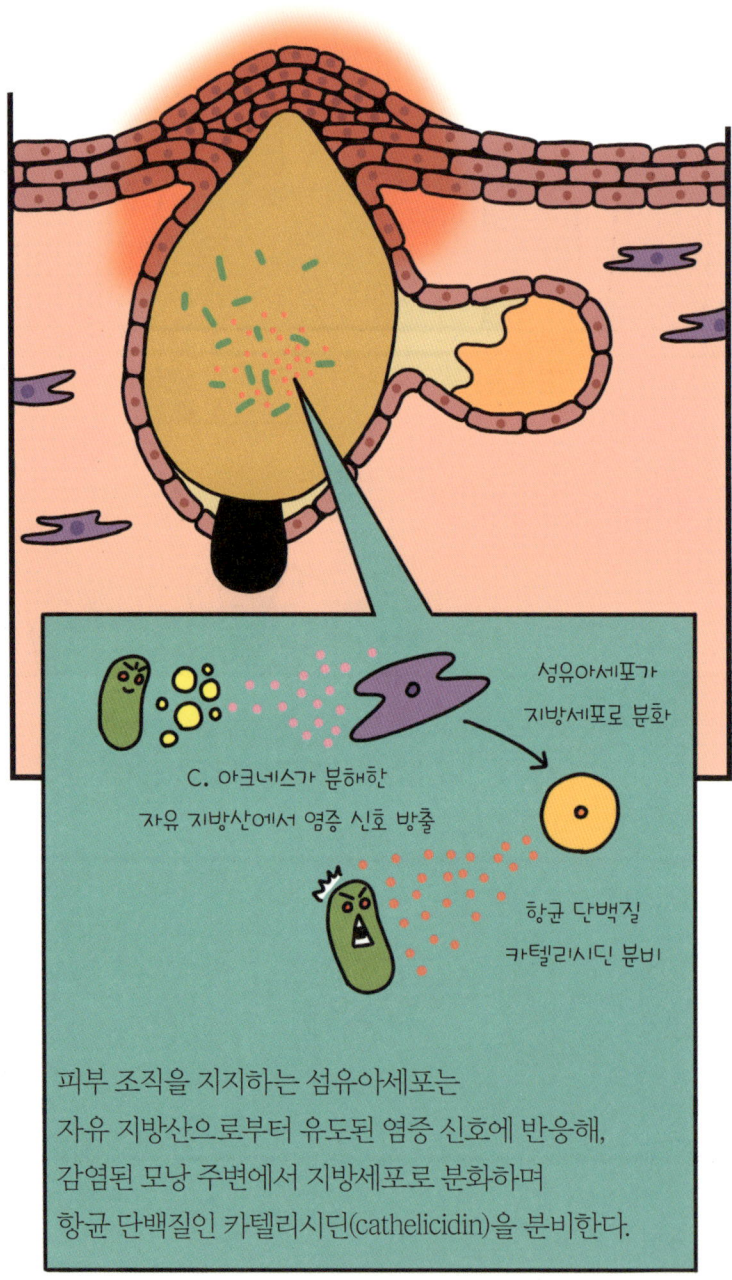

피부 조직을 지지하는 섬유아세포는
자유 지방산으로부터 유도된 염증 신호에 반응해,
감염된 모낭 주변에서 지방세포로 분화하며
항균 단백질인 카텔리시딘(cathelicidin)을 분비한다.

이 발견은 중증 여드름 치료제인 레티노이드(retinoid)의 작용 원리를 이해하는 데에도 도움을 줍니다.
그동안 레티노이드는 피지샘의 지질 합성을 억제하고, 과도한 각질 생성을 줄여 여드름을 완화하는 것으로 알려져 있었습니다.•

이번 연구는 레티노이드가 섬유아세포의 지방세포 분화를 억제해 염증 반응을 진정시키는 동시에, 카텔리시딘의 발현을 증가시키는 새로운 작용 기전을 제시했다.

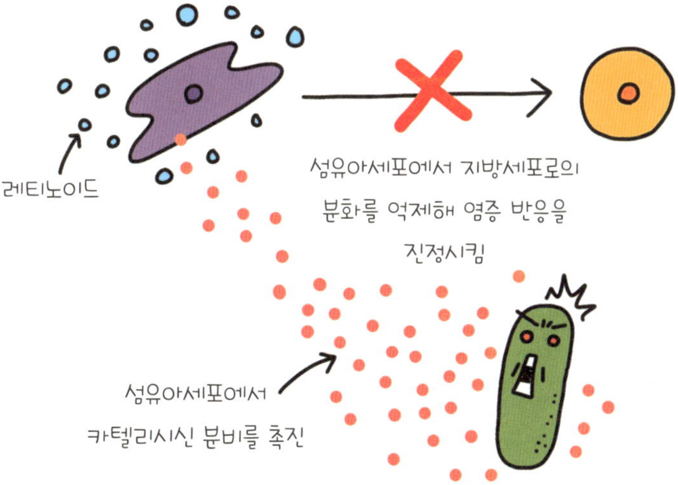
레티노이드
섬유아세포에서 지방세포로의 분화를 억제해 염증 반응을 진정시킴
섬유아세포에서 카텔리시신 분비를 촉진

• 레티노이드는 기형 유발 가능성이 있는 강력한 약물이기 때문에, 의료진의 철저한 감독 아래 사용해야 한다.

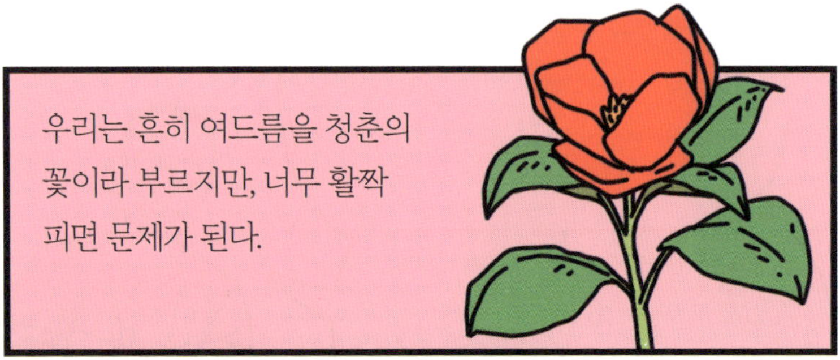
우리는 흔히 여드름을 청춘의 꽃이라 부르지만, 너무 활짝 피면 문제가 된다.

심각한 여드름은 청소년기의 자존감과 사회적 관계에도 깊은 흔적을 남길 수 있다.
에효~
너무 걱정마. 원래…

여드름만 없으면 완벽한 미모인데.

여드름은 사소해 보일 수 있지만 그것을 이해하려는 과학의 여정은 피부가 아니라 마음을 위한 일이기도 하다. ■

아빠 왜?
아냐.

03. 정신노동

정신노동은 왜 우리를 지치게 할까

인간은 고도의 인지능력을
갖추고 있다.
더 강하게 압박해야지!
수비를 제치고 중앙 돌파합니다.
이건 또 왜 이렇게 안 그려지나.
덕분에 우리는 외부 세계에서 입력되는 막대한 정보에
반응하고, 기억하고, 예측하는 등의 복잡하고 다양한
행동을 수행할 수 있다.
아직 다섯 페이지나 남았네. 돌겠다.
아~ 슛이 골대를 크게 빗나가는군요.

하지만 우리가 모든 정보에 일일이 반응하는 건 아니다.
쏟아져 들어오는 정보의 파도 속에서 필요한 것에만
반응한다.
아빠, 나 왔어.
어. 수고했어.

이처럼 인지력을 요구하는 정신적 노력, 즉 정신노동은 육체노동 못지않게 우리를 지치게 한다.

내일까지 끝내야 하는데…

뭐… 하루 정도는 늦어도
되겠지.

하루 종일 정신노동에 시달리고 나면, 저녁에는 그저 텔레비전이나 보면서 널브러져 있고 싶다.
에라~ 모르겠다.

그런데 우리는 왜 텔레비전 보는 것을 쉰다고 느낄까?
ㅋㅋㅋ-

텔레비전을 볼 때도 시각, 청각, 기억력 등 다양한 인지능력이 동원되는 건 마찬가지다.
우와~ 쟤가 범인이었어?! 소름.

그렇다면 정신노동이란 무엇이며, 그 강도는 무엇으로 측정할 수 있을까? 왜 정신노동은 우리를 지치게 만드는 걸까?

그렇게 끝낸다고? 일주일을 어떻게 기다려.

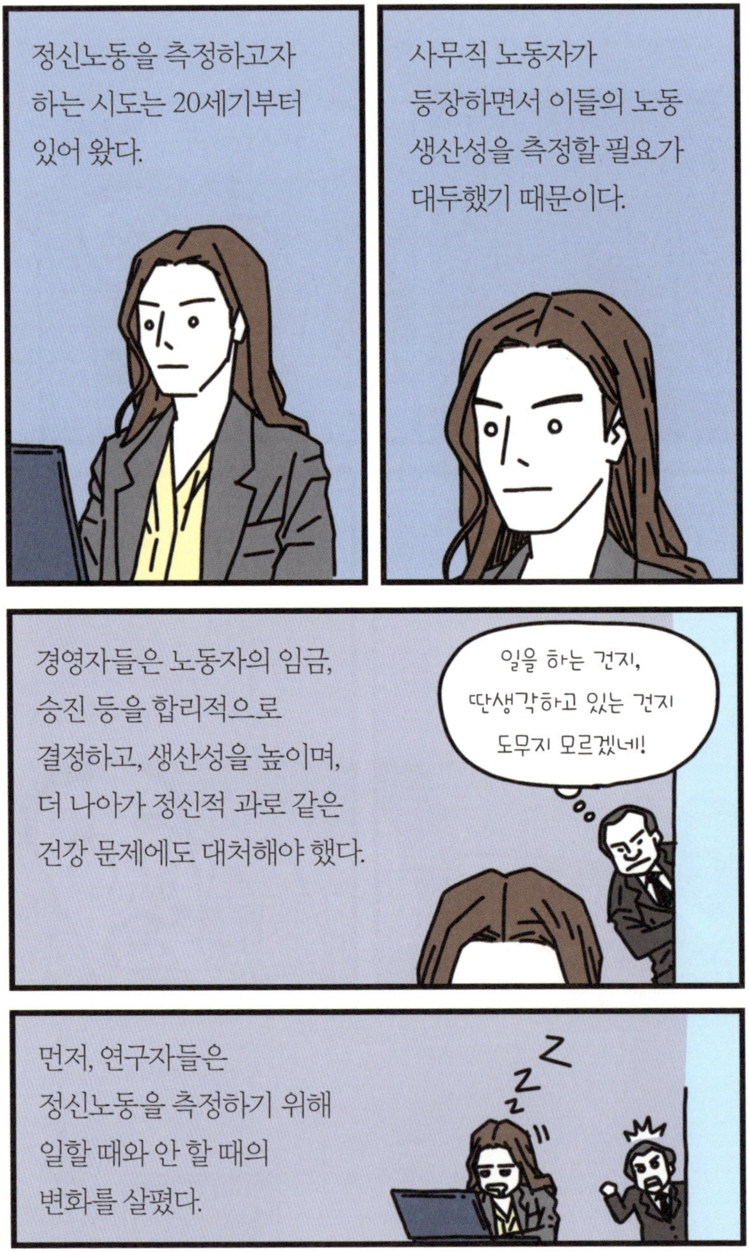
정신노동을 측정하고자 하는 시도는 20세기부터 있어 왔다.
사무직 노동자가 등장하면서 이들의 노동 생산성을 측정할 필요가 대두했기 때문이다.
경영자들은 노동자의 임금, 승진 등을 합리적으로 결정하고, 생산성을 높이며, 더 나아가 정신적 과로 같은 건강 문제에도 대처해야 했다.
일을 하는 건지, 딴생각하고 있는 건지 도무지 모르겠네!
먼저, 연구자들은 정신노동을 측정하기 위해 일할 때와 안 할 때의 변화를 살폈다.
Z
Z
Z

근육 긴장
동공 직경
아드레날린 수치
다양한 생리학적 변화가 정신적 피로의 징후로 간주되었다.
집에 가고 싶어요.
또 다른 변화는요?
이 중에서 정신노동을 측정하기 위한 가장 유력한 기준으로 심혈관 활동이 꼽혔습니다.

정신노동을 할 때는 교감신경과 부교감신경의 활동이 달라져 심혈관계에 영향을 미친다. 연구자들은 그 변화를 알아보기 위해, 심장 박동 간격을 분석하여 자율신경계의 패턴을 살펴보고자 했다.

두근두근
심박수의 변화 봐! 저 친구
일을 열심히 하는데?
그러나 여러 시도에도
불구하고, 이 방법은 오직
큰 폭의 변화만 감지할 수
있을 뿐 세밀한 측정에는
한계가 있었습니다.
다음으로 주목한
것은 혈당이었다.
신체는 당을 주요 에너지원으로
삼으며, 당이 부족해지면 떨림·
혼란처럼 다양한 생리적·심리적
이상이 나타난다.
배고파!

더 많은 당을 원해!
뇌는 장기 중에서 에너지 소비가 가장 많은 기관 중 하나로 혈류를 통해 외부로부터 당을 공급받는다.

뇌를 사용하는 정신노동도 혈당 수치에 영향을 주기 때문에, 신체에 에너지가 부족할 때 기능이 저하되듯 뇌도 인지능력 저하를 겪을 것이다.
딸! 여기 응급 빵!
우걱우걱 우걱

냠냠
2000년대 초까지의 실험 결과는 이러한 가설을 뒷받침했습니다.

포도당을 섭취하면 고된 정신노동에서 작업 효율이 향상되었고, 쉬운 작업에서는 뚜렷한 효과가 나타나지 않았다.
부활 완료!
혈액에서 뇌로 포도당이 충분히 공급되지 않으면 인지능력이 떨어졌다.
이에 착안해 기발한 가설이 등장하기도 했다.
정신노동 중 심박수가 증가하는 것은 뇌로 포도당 수송을 촉진하기 위해서가 아닐까?!
두근두근
두근두근
정신노동은 인지력을 집중하는 과정에서 당이라는 에너지를 소모하는 행위라는 생각이 점점 자리를 잡아 갔습니다.

육체노동과 마찬가지로
정신노동도 에너지 소비라는
개념에서 이해되었다.

정신노동의 비용은 포도당이며, 더 많은 비용이 드는 것은 더 힘든 일이다.
우리가 정신노동을 한 후 피로감을 느끼는 이유도 신체의 연료인 포도당이 고갈되기 때문이다.
이 탄산은 정신노동을 위한 에너지로 쓰일 것입니다.
딸, 또 탄산음료 마셔?!

그러나 유망해 보였던
이 에너지 가설은 포도당과
인지력 사이의 상관관계를
재현하려 한 후속 연구들이
잇따라 실패하면서
신뢰성에 큰 타격을 입었다.

정신적으로 지쳤을 때
포도당을 섭취하면
일시적으로 회복에
도움이 됐지만,
꿀꺽꿀꺽!
포도당을 대사하지 않고
입으로 맛보는
것만으로도 인지력이
개선되었다.
할짝~
포도당의 대사 작용보다는 기대감이나 감각 자극과 같은
주관적인 심리 상태가 인지력에 더 큰 영향을 미쳤던
것이다.
그러면 마시지 말고
맛만 보면 되겠다.
아! 치사하게.
여러 연구를 종합하면,
포도당은 평균적으로
인지능력에 별다른
효과를 주지 않았다.

아빠 왜 마셔!
이러한 에너지 가설이 물러나면서 새로운 관점이 등장했습니다.

힘든 정신노동 후에는 피로감과 함께 인지력이 낮아지는 현상이 관찰된다.
이따가 치킨 먹을래, 지금 라면 먹을래?

예를 들어, 힘든 정신노동을 한 사람들은 차후의 큰 보상보다는 지금 당장의 작은 보상을 선택하는 경향이 높았다.
라면…

또한, 인지 통제와 관련된 뇌 부위의 활동 감소도 나타났다.

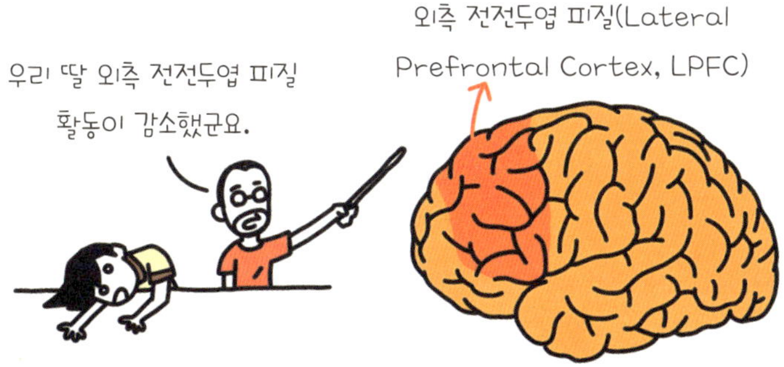
외측 전전두엽 피질(Lateral Prefrontal Cortex, LPFC)
우리 딸 외측 전전두엽 피질 활동이 감소했군요.

이러한 인지 저하는 단순히 에너지 고갈 때문이 아니라, 특정 물질이 뇌에 축적되어 신경 시스템을 교란하는 것이 아닐까요?
그 후보 물질로 글루타메이트(glutamate)가 지목되었다.
아빠, 라면.

글루타메이트는 뇌 조직에 가장 풍부하게 존재하는 아미노산이자 대표적인 흥분성 신경전달물질로 인지력, 기억력, 기분 조절 및 신경 가소성 등 다양한 뇌 기능에서 중요한 역할을 한다.

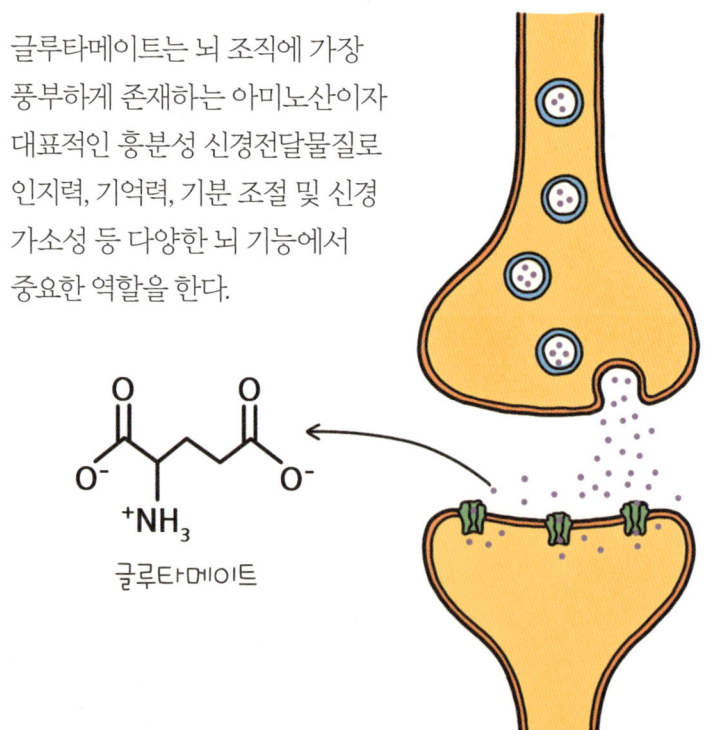

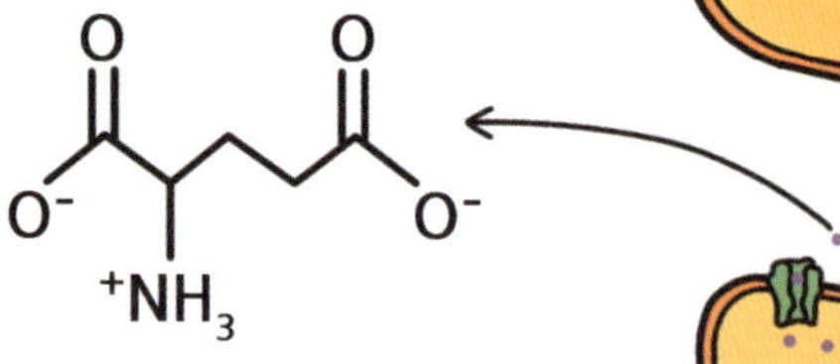
O
O
O⁻
O⁻
⁺NH₃

글루타메이트

만성 스트레스는 이 시스템의 균형을 무너뜨려 여러 인지 장애나 기분 장애를 일으킨다.•
농도가 너무 높아도 문제가 된다. 글루타메이트가 크게 증가하면 신경세포가 손상되거나 죽기 때문에 뇌는 이 물질의 농도를 매우 민감하게 조절한다.

2022년에 발표한 연구에서는 정신노동이 전전두엽의 글루타메이트 축적과 관련이 있을 수 있다는 점이 제시되었습니다.

• 그래서 일부 우울증 치료제와 알츠하이머병 증상 완화제는 글루타메이트 수용체를 표적으로 삼는다.

연구팀은 참가자들을 쉬운 과제와 어려운 과제 그룹으로 나누고, 외측 전전두엽 피질에서 글루타메이트 활성을 측정했다.

어려운 정신노동을 한 그룹
당장의 작은 이익 선택
글루타메이트 농도, 확산 증가
쉬운 정신노동을 한 그룹
나중의 큰 이익 선택
글루타메이트 농도, 확산 유지

그 결과, 두 그룹 모두 피로를 느꼈지만, 글루타메이트 농도 변화는 어려운 일을 한 그룹에서만 나타났다. 이들의 뇌에서는 글루타메이트가 눈에 띄게 축적되었고, 단기적인 이익을 선택했다.

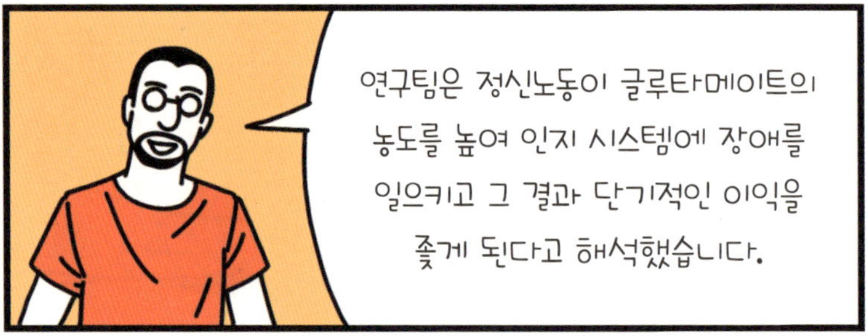
연구팀은 정신노동이 글루타메이트의 농도를 높여 인지 시스템에 장애를 일으키고 그 결과 단기적인 이익을 좇게 된다고 해석했습니다.

따라서 정신적 피로감은 뇌에 글루타메이트가 과도하게 쌓이지 않도록 스스로 브레이크를 거는 신호일 수 있다.

역시 공부는 몸에 해롭군.

비록 이 메커니즘은 아직 완전히 밝혀지지 않았지만, 휴식과 수면을 통해 글루타메이트 농도가 정상 수치로 회복된다고 가정했다. 우리가 느끼는 피로 회복이란, 바로 이 뇌 내부 청소 과정의 결과일 수 있다는 것이다.
잠이나 자러 가야지.
컥!

그렇다고 정신적으로 고된 일을 하면 뇌에 독성 물질이 축적된다고 단정하는 건 아닙니다.

글루타메이트 가설은 만성피로처럼 피로 자체가
증상으로 나타나는 상태를 이해하고
측정하며 치료하는 데 유용한
단서가 될 수 있다.
다만, 현재 인지 조절 비용을 추정하기 위해 글루타메이트 수준을 모니터링하는 방법은 없습니다.
풀어야 할 숙제도 많습니다. 정신노동에서는 시각의 역할도 중요한데, 1차 시각 피질에서 글루타메이트의 농도 변화는 관찰하지 못했습니다.
글루타메이트 농도가 높아지면 인지력이 저하되어야 하지만, 작업 성과가 더 나빠지지도 않았습니다.

결국, 글루타메이트가 피로를 유발하는 요인인지,
아니면 이번 연구에서 사용된 특정 과제와 관련된
것인지는 불분명하다.

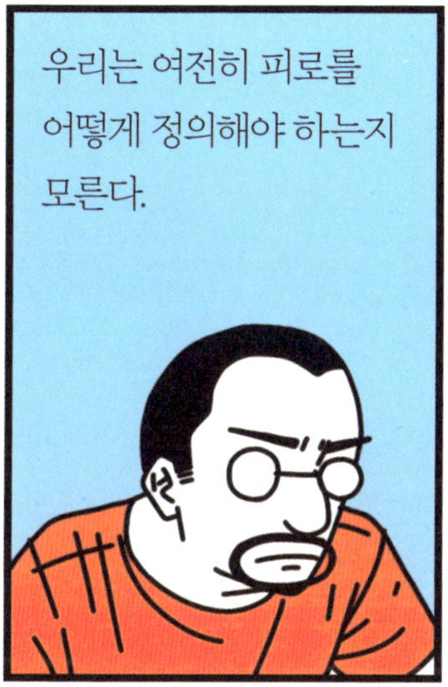
우리는 여전히 피로를 어떻게 정의해야 하는지 모른다.

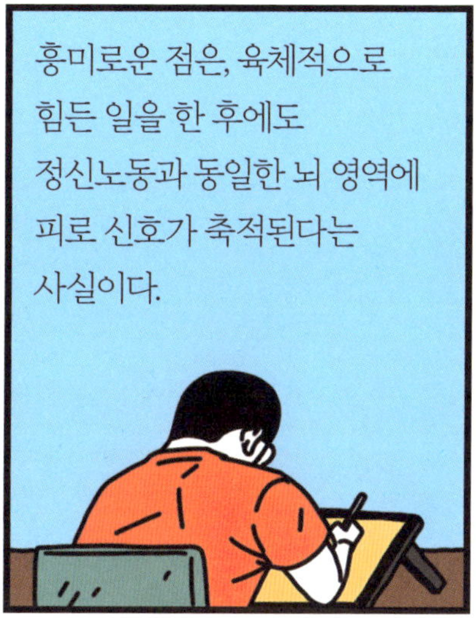
흥미로운 점은, 육체적으로 힘든 일을 한 후에도 정신노동과 동일한 뇌 영역에 피로 신호가 축적된다는 사실이다.

그렇다면 정신적 피로와
육체적 피로는 과연 뇌 안에서
명확히 구분할 수 있을까?

만세. 원고 끝냈다!

흥미로운 질문들이
여전히 남아 있다. ■

04. 암

코끼리의 역설

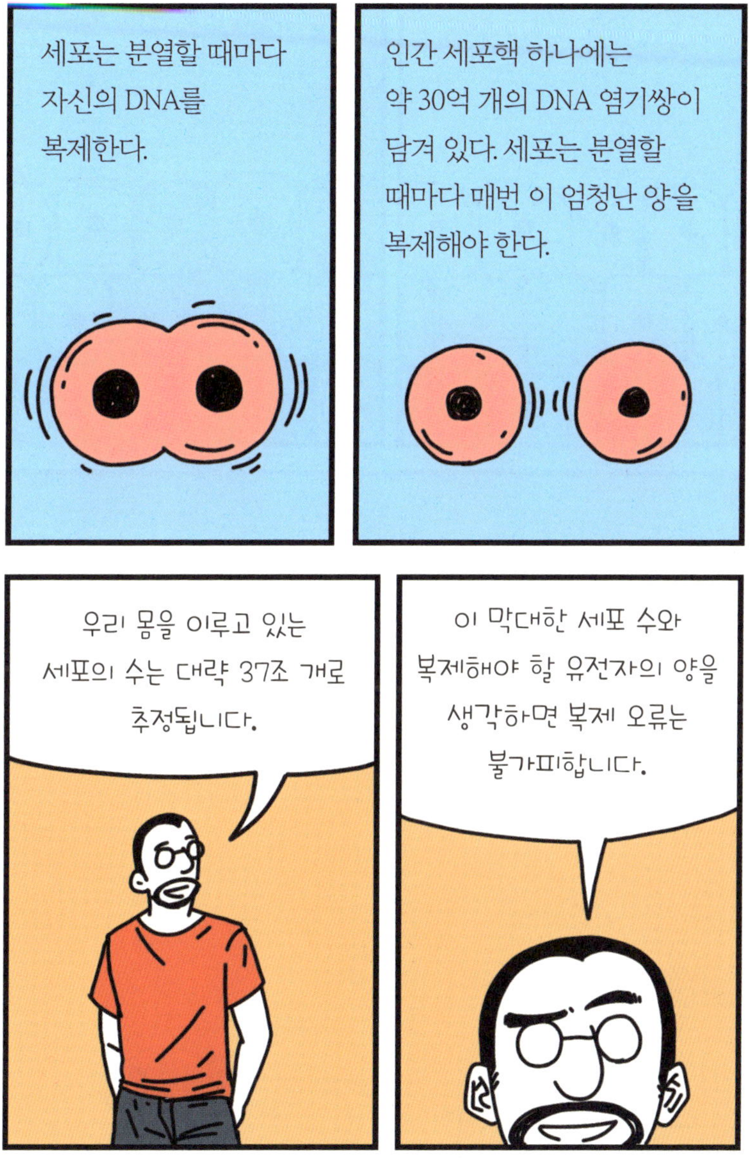
세포는 분열할 때마다
자신의 DNA를
복제한다.
인간 세포핵 하나에는
약 30억 개의 DNA 염기쌍이
담겨 있다. 세포는 분열할
때마다 매번 이 엄청난 양을
복제해야 한다.
우리 몸을 이루고 있는
세포의 수는 대략 37조 개로
추정됩니다.
이 막대한 세포 수와
복제해야 할 유전자의 양을
생각하면 복제 오류는
불가피합니다.

다행히 대부분의 돌연변이는 무해하다.
그러나 일부는 치명적이거나, 시간이 지나면서 축적되어 암으로 발전할 수 있다.
따라서 암은 세포가 끊임없이 분열하고 성장하는 다세포생물에게 일종의 숙명과도 같다.
쿵
하지만 이 같은 위험이 모든 생물에서 동등한 것 같지는 않다.

생물의 세포 크기는 비슷하기 때문에 몸이 클수록 더 많은 세포로 이루어져 있다. 수명이 길면 더 많은 세포 분열을 겪고, 그에 따라 돌연변이가 축적될 시간도 많아진다.

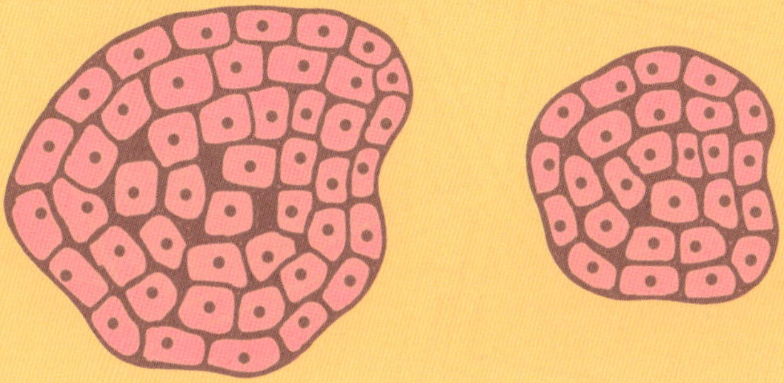

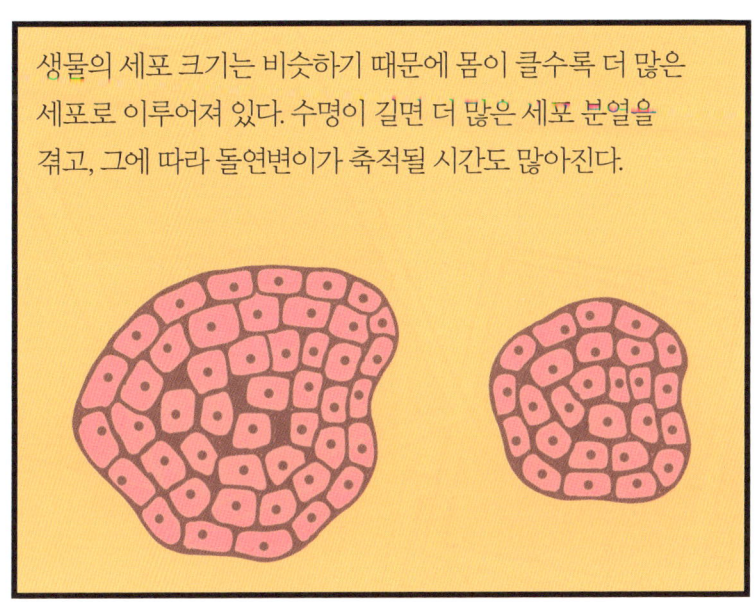

그래서 몸이 크고 수명이 길면 암에 걸릴 확률도 높아질 수밖에 없다. 인간 암 연구에서도 신체 크기와 나이는 암 발생률과 비례했다.

쳇!!
휴~ 키가 작아서 다행이다. 근데 왜 눈물이 나지?!

그러나 흥미롭게도
이 원칙이 종(種) 사이에서는
동일하게 적용되지 않는
듯하다.

이를 코끼리나 고래 같은
동물에 대입하면 그들의
암 발생률은 끔찍하게
높아야 하지만, 실제로는
매우 낮다.

예를 들어, 코끼리는 인간보다 훨씬 크고 수명은 비슷하지만, 암 발생률은 인간의 25%보다 훨씬 낮은 5%에 불과하다.
히히히~

반면, 쥐는 인간보다 훨씬 작고 수명도 30배 이상 짧지만, 암 발생률은 우리와 비슷하다.
하! 쥐의 인생이란!

현재 옥스퍼드 대학교에 재직하는 암 역학자 리처드 페토는 1970년대에 이 문제를 처음 제기했다. 이것은 지금까지 페토의 역설(Peto's paradox)로 알려져 있다.

몸집이 크고 수명이 긴 생물일수록 암 발생률이 높을 것이라고 추정했지만, 조사한 결과는 예상과 달랐습니다.
리처드 페토 경(Sir Richard Peto)

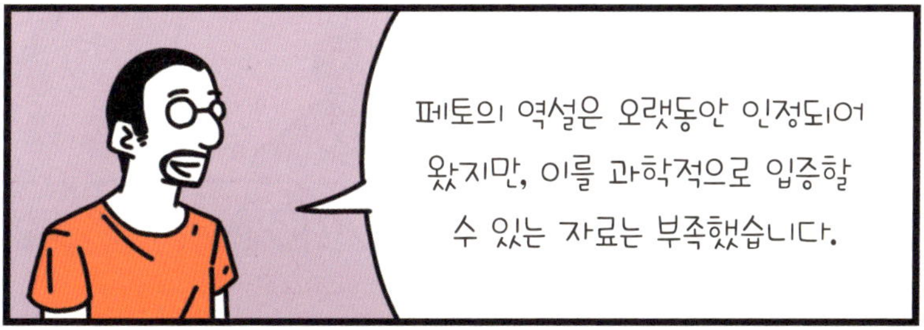
페토의 역설은 오랫동안 인정되어 왔지만, 이를 과학적으로 입증할 수 있는 자료는 부족했습니다.

특히 대부분의 야생동물은 암에 걸리기 전에 죽기 때문에 수명에 따른 암 발생률을 추적하기가 매우 어려웠다.
아이고! 나 죽네!

그래서 2022년에 발표한 한 연구는 동물원에 주목했다. 이들은 동물원 동물의 나이, 성별, 생존 여부, 사망 원인 등 다양한 데이터를 바탕으로 종마다 암 발생률이 어떻게 다른지 비교했다.

분석 결과, 암 발생률은 몸 크기나
수명과는 직접적인 관련이 없었다.
육식동물의 암 발생률이
가장 높았고, 소나 사슴 같은
초식동물은 가장 낮았다.
인생은 짧고
굵게.
비록 야생동물은 아니었지만,
이 연구는 페토의 역설을
뒷받침하는 동물 종 사이의
암 발생률 차이를 보여주었습니다.
돌연변이와
암 발생률에서도 새로운
사실이 밝혀졌습니다.

2022년에 발표된 또 다른 연구에서는
쥐에서 기린에 이르기까지 16종의 포유류 유전체를
분석했다. 그 결과, 수명, 신체 크기와 상관없이 생애 동안
발생하는 돌연변이의 총 횟수는 거의 비슷했다.
평균수명 / 1년간 발생하는 돌연변이 횟수
기린 24년 / 99회
쥐 4년 / 796회
말 32년 / 128회
인간 84년 / 47회

즉, 몸이 더 크고
오래 산다고 해서
더 많은 돌연변이가 일어나는
것은 아니었습니다.

일생의 평균 돌연변이 횟수는 비슷하지만 암 발생률이 다른 것은 각 생물 종이 나름의 방식으로 암을 억제하는 시스템을 진화시켜 왔기 때문으로 보입니다.
암 연구자들은 일찍부터 페토의 역설을 대표하는 코끼리, 고래, 벌거숭이두더지쥐에 주목해 왔다.
이런 장수 동물들은 어떻게 암을 억제하는 것일까요?

코끼리의 경우, 그 답의 일부는 TP53라는 종양 억제 유전자에 있는 것으로 보인다.

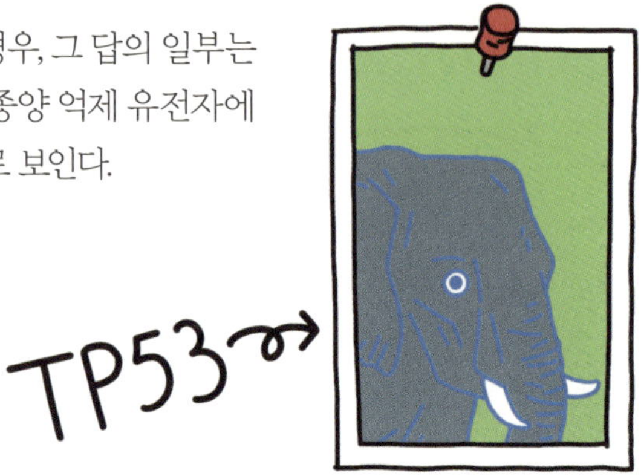
TP53

TP53 유전자가 만드는 p53 단백질은 DNA가 손상되거나 돌연변이가 생겼을 때 이를 감지해서 세포 분열을 멈추거나 세포 자살(apoptosis)을 유도하는 등의 역할을 한다. 이러한 세포 내 손상 감지 시스템은 돌연변이가 종양으로 발전할 가능성을 줄인다.

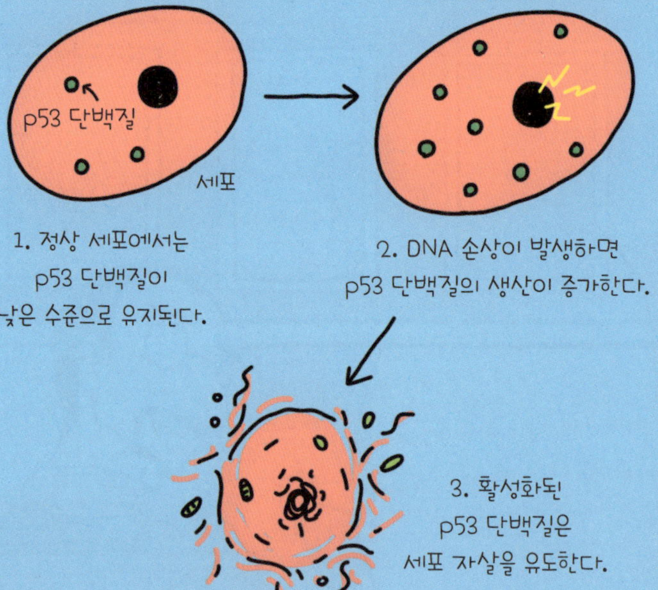
p53 단백질
세포
1. 정상 세포에서는 p53 단백질이 낮은 수준으로 유지된다.
2. DNA 손상이 발생하면 p53 단백질의 생산이 증가한다.
3. 활성화된 p53 단백질은 세포 자살을 유도한다.

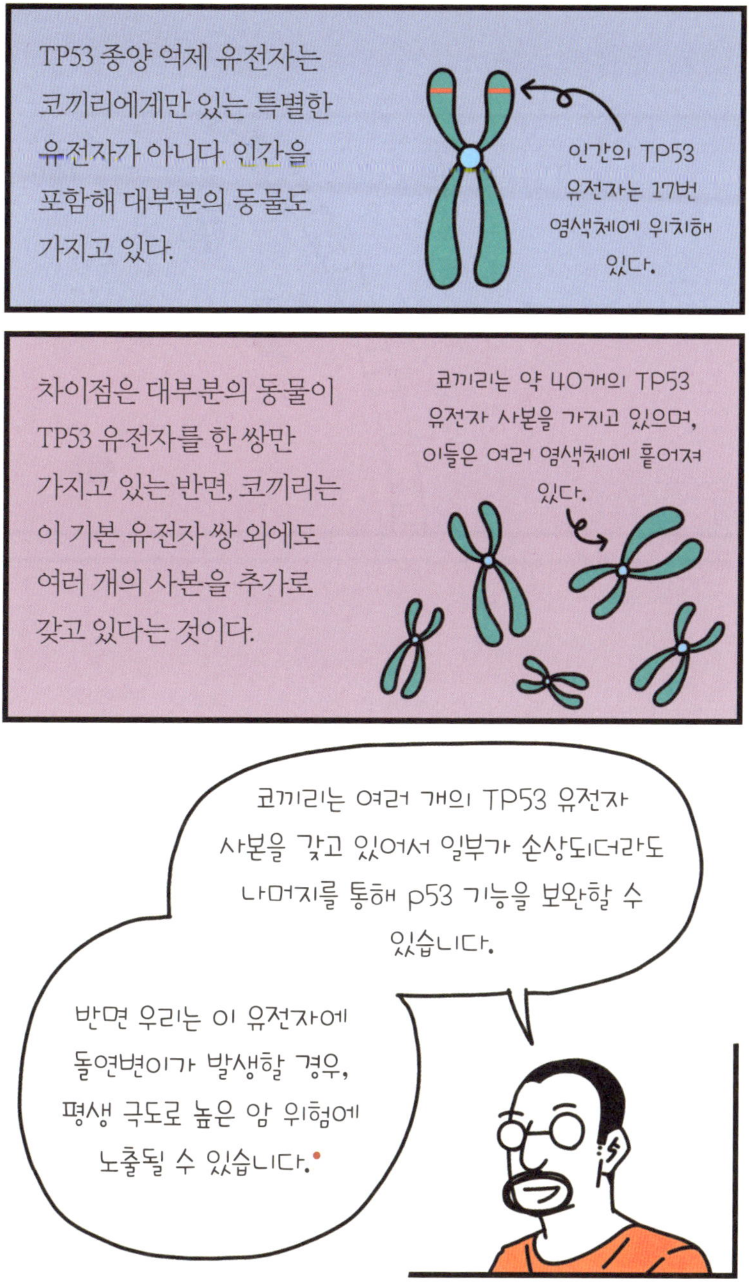
TP53 종양 억제 유전자는 코끼리에게만 있는 특별한 유전자가 아니다. 인간을 포함해 대부분의 동물도 가지고 있다.
인간의 TP53 유전자는 17번 염색체에 위치해 있다.
차이점은 대부분의 동물이 TP53 유전자를 한 쌍만 가지고 있는 반면, 코끼리는 이 기본 유전자 쌍 외에도 여러 개의 사본을 추가로 갖고 있다는 것이다.
코끼리는 약 40개의 TP53 유전자 사본을 가지고 있으며, 이들은 여러 염색체에 흩어져 있다.
코끼리는 여러 개의 TP53 유전자 사본을 갖고 있어서 일부가 손상되더라도 나머지를 통해 p53 기능을 보완할 수 있습니다.
반면 우리는 이 유전자에 돌연변이가 발생할 경우, 평생 극도로 높은 암 위험에 노출될 수 있습니다.•

• 리-프라우메니 증후군(Li-Fraumeni syndrome): TP53 종양 억제 유전자에 돌연변이가 생겨 다양한 종류의 암에 걸릴 위험이 매우 높아지는 희귀 유전 질환.

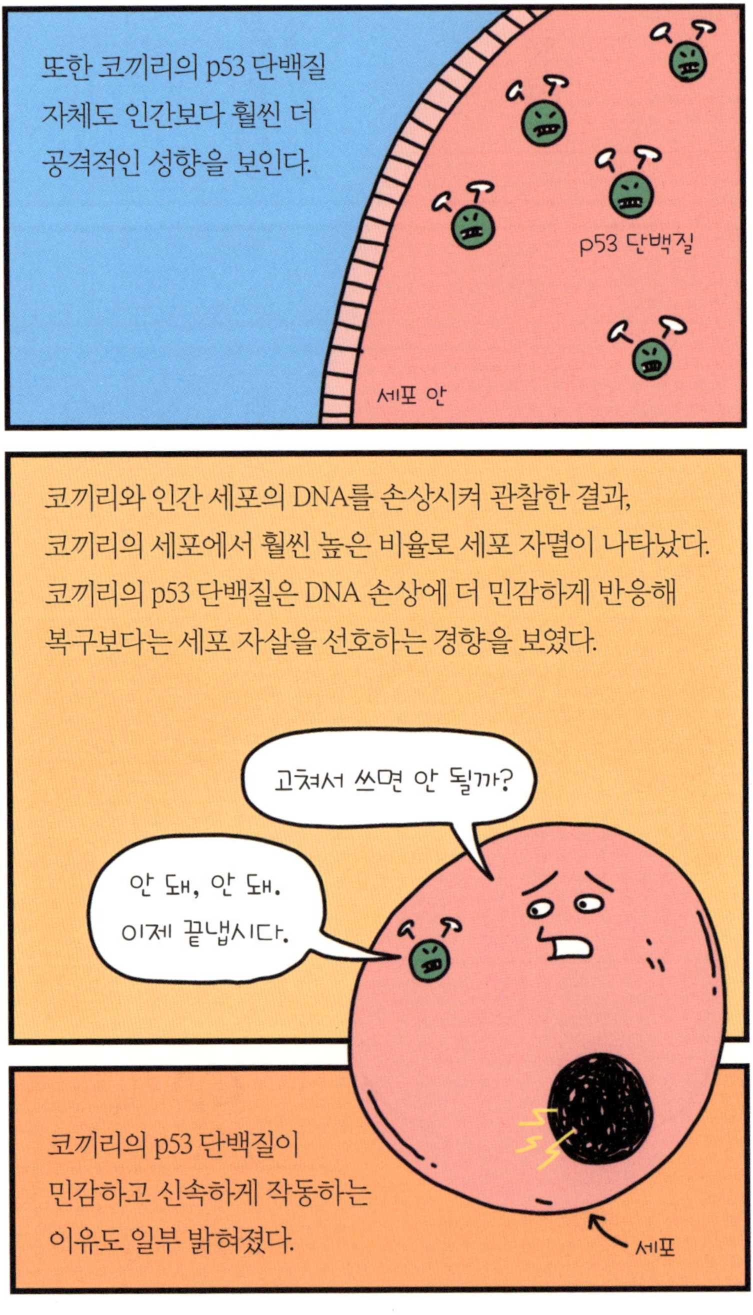
또한 코끼리의 p53 단백질
자체도 인간보다 훨씬 더
공격적인 성향을 보인다.
p53 단백질
세포 안
코끼리와 인간 세포의 DNA를 손상시켜 관찰한 결과,
코끼리의 세포에서 훨씬 높은 비율로 세포 자멸이 나타났다.
코끼리의 p53 단백질은 DNA 손상에 더 민감하게 반응해
복구보다는 세포 자살을 선호하는 경향을 보였다.
고쳐서 쓰면 안 될까?
안 돼, 안 돼.
이제 끝냅시다.
코끼리의 p53 단백질이
민감하고 신속하게 작동하는
이유도 일부 밝혀졌다.
세포

어허~ 자제하시게나~
MDM2

정상적인 세포에서는
MDM2라는 단백질이
p53 단백질을 비활성화하거나
분해하여, 불필요한
세포 자멸을 방지한다.

그러나 코끼리는 무려 40개의 TP53 유전자 사본에서 조금씩 다른 p53 단백질을 만들어 낸다. 이 다양성 때문에 MDM2는 p53 단백질을 일일이 제어하지 못한다. 통제에서 벗어난 일부 p53 단백질은 더 신속하게 결함 있는 세포를 감지하고 제거할 수 있는 것으로 보인다.

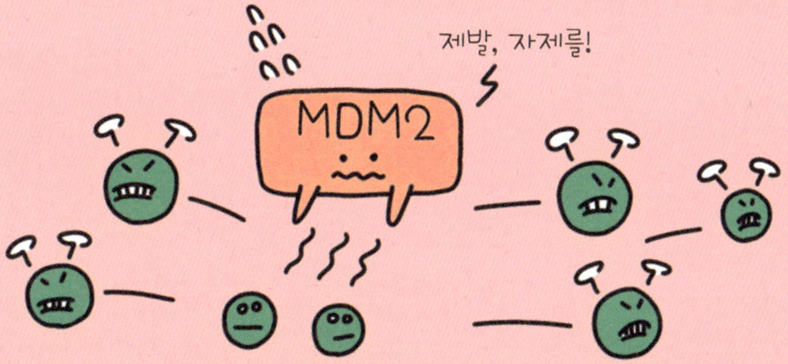
제발, 자제를!
MDM2

다시 말해, 코끼리의 p53은
조금이라도 이상이 생기면
망설임 없이 '삭제' 버튼을 누르는
쪽을 택한다. 그 결과,
암세포가 형성될 기회를
애초에 억제해 버리는 것이다.

코끼리의 항암 능력은
이뿐만이 아니다.
이 동물은 DNA 손상에
대응하는 또 다른 유전자,
LIF6도 갖고 있다.

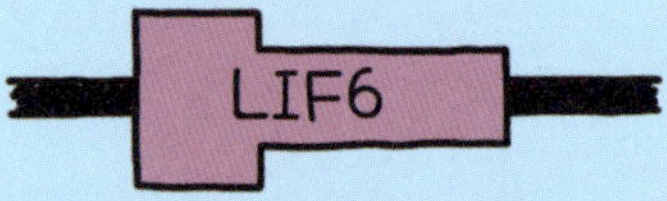
LIF6

LIF6 유전자는 p53 단백질의 신호를 받아 활성화되며,
이 유전자가 만들어 낸 단백질은 세포의 연료 공장인
미토콘드리아를 직접 공격해 세포 자살을 유도한다.

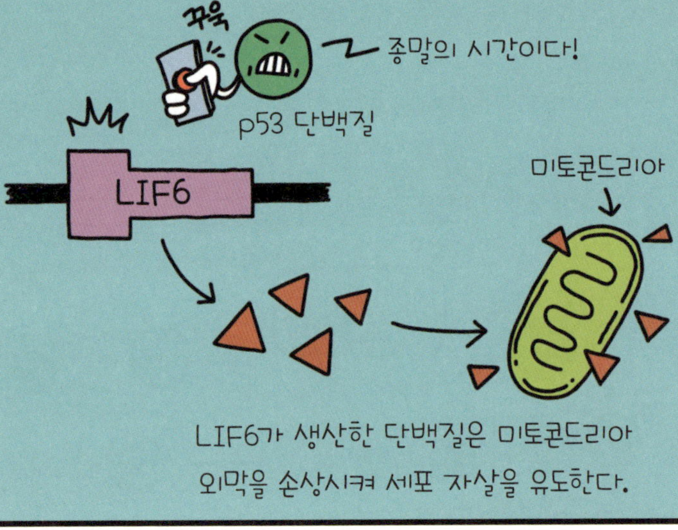
꾸욱
종말의 시간이다!
p53 단백질
LIF6
미토콘드리아
LIF6가 생산한 단백질은 미토콘드리아
외막을 손상시켜 세포 자살을 유도한다.

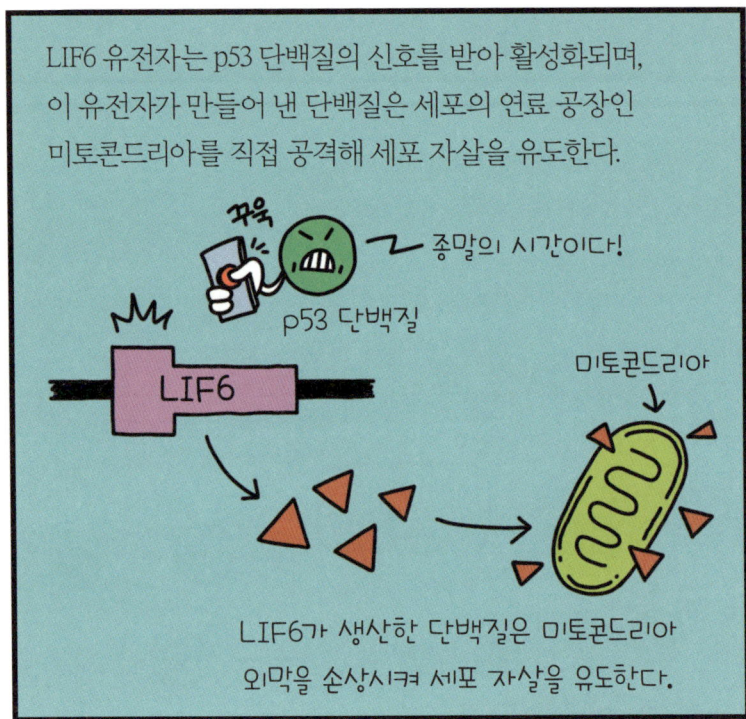

흥미로운 점은 LIF6 유전자가
한때 돌연변이로 기능을 잃고
잠자고 있던 위유전자(pseudogenes)
라는 것이다.

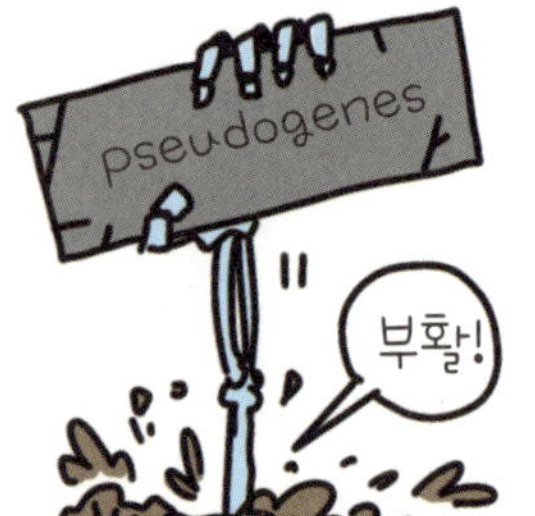
pseudogenes
부활!

코끼리는 처음부터 거대한
동물이 아니었다. 코끼리의
몸집이 커지기 시작한 것은
약 3000만 년 전부터다.
그랬구나!

그래서 코끼리는 의외의 작은 동물들과 친척 관계에 있다.
현생 동물로는 땅돼지, 바위너구리가 코끼리와 공통
조상을 갖는다.
하마 정도의 크기였던
코끼리의 먼 조상인
모에리테리움
(Moeritherium).

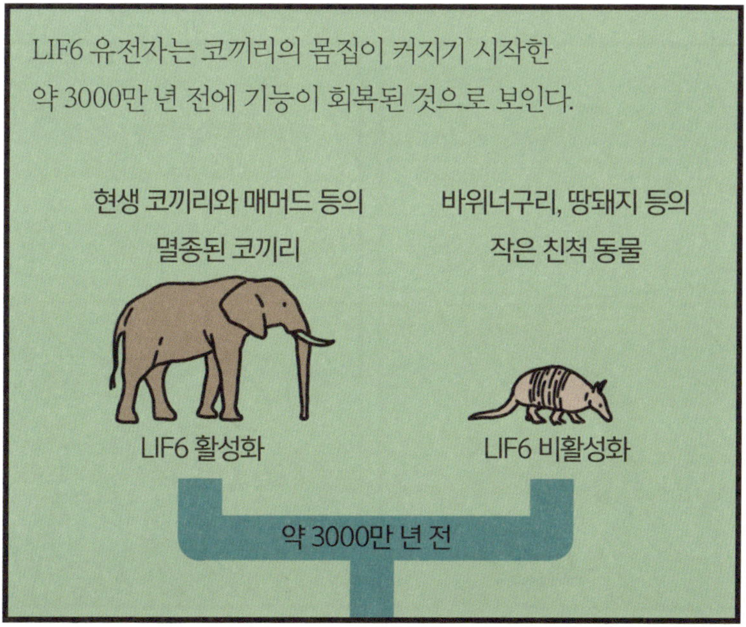
LIF6 유전자는 코끼리의 몸집이 커지기 시작한
약 3000만 년 전에 기능이 회복된 것으로 보인다.
현생 코끼리와 매머드 등의
멸종된 코끼리
바위너구리, 땅돼지 등의
작은 친척 동물
LIF6 활성화
LIF6 비활성화
약 3000만 년 전

큰 신체는 포식자의 위협에 맞설 수 있는 등
여러 이점이 있기 때문에 많은 생물이 더 커지는
방향으로 진화해 왔다.
그러나 큰 몸집과 긴 수명은
암의 위험을 높이기 때문에
동물들은 저마다의 방법으로
암에 대처했다.
문명의 발전으로 우리의
수명은 크게 늘었지만,
동시에 암이라는 위협에
더 깊이 노출되었습니다.
그래서 우리는 자연 속
장수 생물들로부터 암에
대한 실마리를 얻기 위해
연구를 계속하고 있습니다.

하지만 역설적으로 우리가 암 치료의 열쇠를 찾고자 연구하고 있는 코끼리와 고래는 지금 인간에 의해 멸종 위기에 몰려 있다.

이 비극적 현실을, 우리는 무슨 역설이라 불러야 할까? ■

05. 흑사병

고대 DNA로 현재를 이해하다

과거의 사건은 현재의 나를 만든다.

나, 여기 눈 위에 흉터 있는 거 몰랐지?
어? 그렇네.
초등학교 때 복도에서 뛰다가 벽에 부딪혀 찢어졌던 거야.
탁!
피가 철철 나는 이마를 부여잡고 선생님이랑 병원으로 뛰어갔었어.

선생님이 어떻게 하다
다친 거냐고 물어봤는데,

그것은 눈에 보이는 흉터일 수도 있고, 성격이나 취향과 같이 눈에 보이지 않는 정체성일 수도 있다.

복도에서 뛰었다고 하면 혼날까 봐 끝까지
걷다가 넘어져서 벽에 찧은 거라고
둘러댔었지. 하하하~

이러한 변화가 유전자 수준에서 일어날 때, 우리는 그것을 '진화'라고 부른다.

저번에 농구하다가
손 다쳤으면서 나한테
다른 핑계 댔던 것처럼?
......

수세기 동안 상아를 노린 사냥꾼들에게 시달리며 코끼리의 상아가 점점 작아진 것처럼, 생물은 환경과 끊임없이 영향을 주고받으며 변화해 간다.
그리고 그 변화의 가장 강력한 압력은, 무엇보다도 질병이다.
인류사에 가장 크고 깊은 흉터를 남긴 질병은 흑사병입니다.

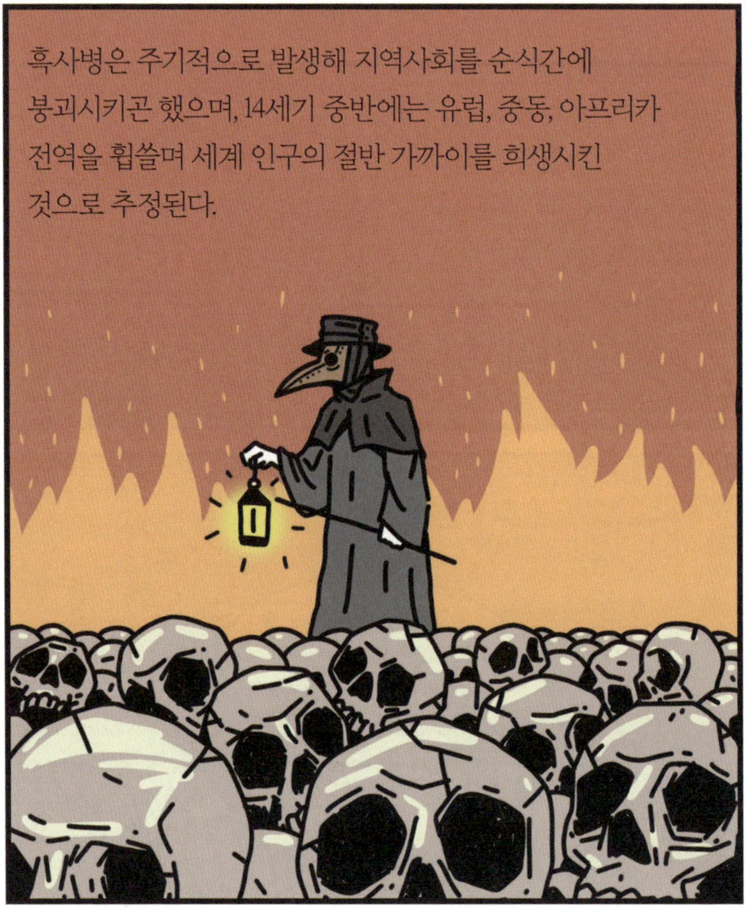
흑사병은 주기적으로 발생해 지역사회를 순식간에
붕괴시키곤 했으며, 14세기 중반에는 유럽, 중동, 아프리카
전역을 휩쓸며 세계 인구의 절반 가까이를 희생시킨
것으로 추정된다.

이렇게 흑사병이 지속적이고
광범위하며 치명적이었다면,
우리 유전자에 어떤 영향을 끼치지
않았을까요? 1990년대에
일부 연구자들은 그 흔적을
찾아 나섰습니다.

오래전부터 지역민의 기록을 남겨온 영국의 교구 등록부를 조사해, 17세기에 흑사병으로부터 살아남은 이들의 직계 가족을 추적하고 현재 후손의 DNA 샘플을 채취했다.
당신의 아버지의 아버지의 아버지의 아버지의…가 흑사병 생존자로…
예?!

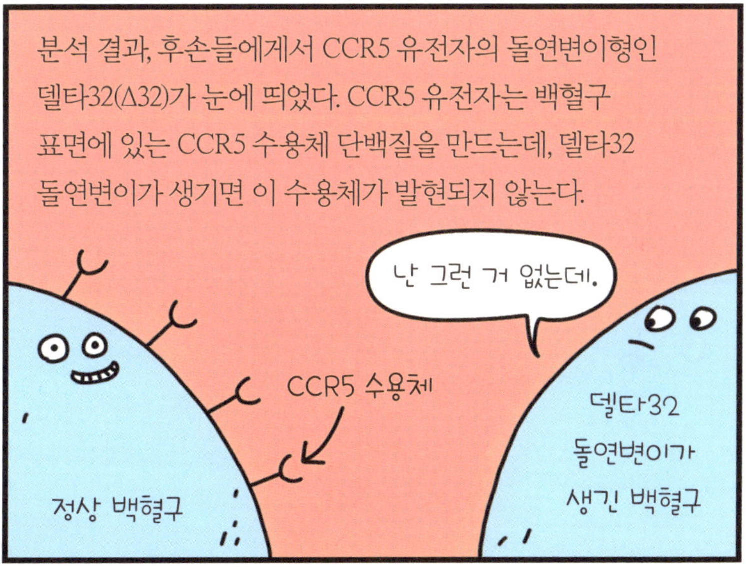
분석 결과, 후손들에게서 CCR5 유전자의 돌연변이형인 델타32(Δ32)가 눈에 띄었다. CCR5 유전자는 백혈구 표면에 있는 CCR5 수용체 단백질을 만드는데, 델타32 돌연변이가 생기면 이 수용체가 발현되지 않는다.
난 그런 거 없는데.
CCR5 수용체
정상 백혈구
델타32 돌연변이가 생긴 백혈구

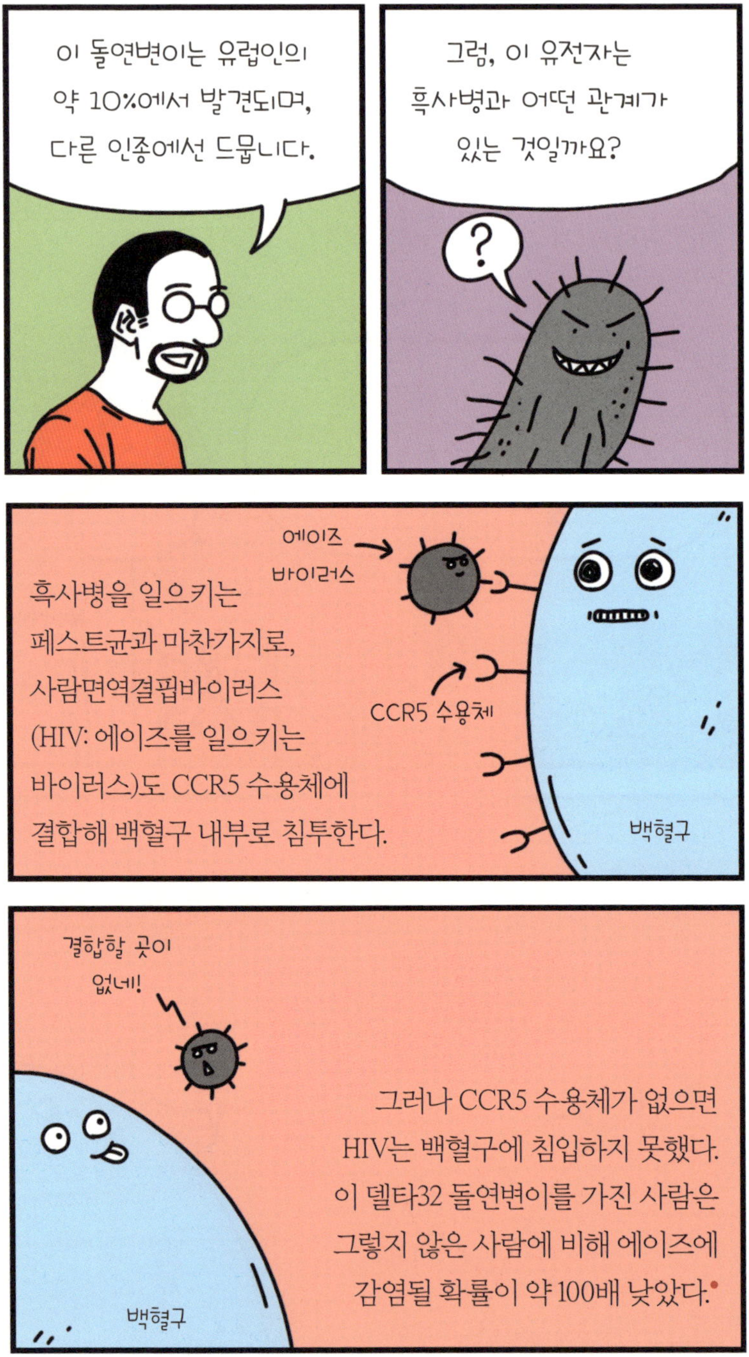
이 돌연변이는 유럽인의
약 10%에서 발견되며,
다른 인종에선 드뭅니다.
그럼, 이 유전자는
흑사병과 어떤 관계가
있는 것일까요?
?
에이즈
바이러스
흑사병을 일으키는
페스트균과 마찬가지로,
사람면역결핍바이러스
(HIV: 에이즈를 일으키는
바이러스)도 CCR5 수용체에
결합해 백혈구 내부로 침투한다.
CCR5 수용체
백혈구
결합할 곳이
없네!
그러나 CCR5 수용체가 없으면
HIV는 백혈구에 침입하지 못했다.
이 델타32 돌연변이를 가진 사람은
그렇지 않은 사람에 비해 에이즈에
감염될 확률이 약 100배 낮았다.•
백혈구

• 에이즈 치료제 마라비록(maraviroc)은 이 원리에 착안해 개발된 약물로, CCR5 수용체에 결합해 HIV의 침투를 막는다.

따라서 연구자들은 델타32 돌연변이가 진화 압력으로 등장해 흑사병을 막는 데 기여했을 거라고 추정했다.
돌연변이를 가진 사람은 생존 확률이 더 높았을 테니, 그 유전자는 더 많이 퍼졌을 것입니다.
그러나 당시 흑사병은 유럽뿐만 아니라 중국, 북아프리카, 중동 지역에도 큰 피해를 남겼는데, 왜 이 돌연변이는 유럽인에게만 나타났을까?
글쎄요~
어쩌면 이 돌연변이는 다른 시기에 다른 질병에 대한 생물학적 반응의 결과로 생겨난 것일 수도 있습니다.

또 다른 연구자들은 흑사병이 유전자에 어떤 변화를 일으켰는지 밝히기 위해 당시의 희생자와 생존자의 유해를 조사했다. 런던 이스트 스미스필드 묘지의 가장 아래에는 1348년과 1349년에 흑사병으로 사망한 이들이, 그 위에는 1350년 이후 사망한 생존자들이 묻혀 있었다.

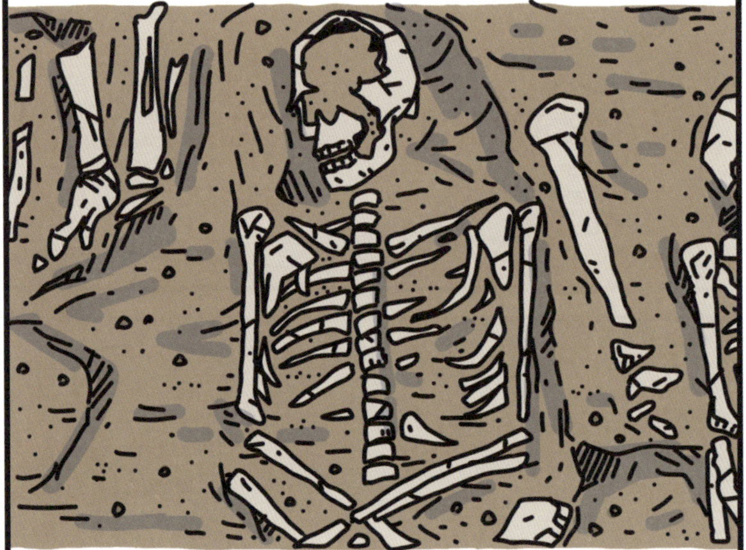

이 외에도 여러 지역에서 유해를 수집해 흑사병 유행 전후 약 100년에 걸친 시기의 500여 구 표본으로부터 DNA를 추출할 수 있었다.

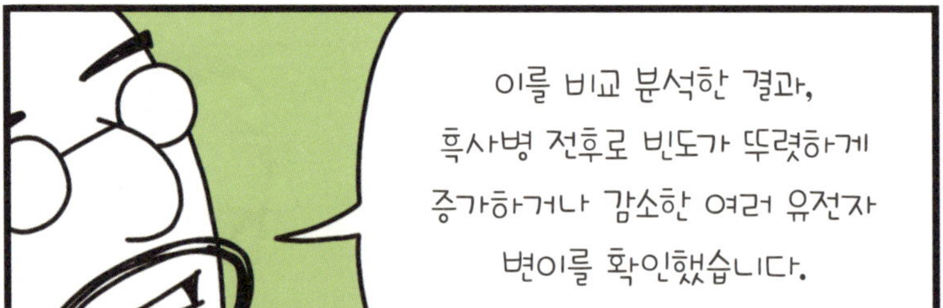
이를 비교 분석한 결과, 흑사병 전후로 빈도가 뚜렷하게 증가하거나 감소한 여러 유전자 변이를 확인했습니다.

그 가운데 특히 눈에 띈 것은 면역세포가 위협적인 바이러스를 인식하고 제거하는 데 중요한 역할을 하는 ERAP2 단백질을 만드는 유전자였습니다.
ERAP2 단백질

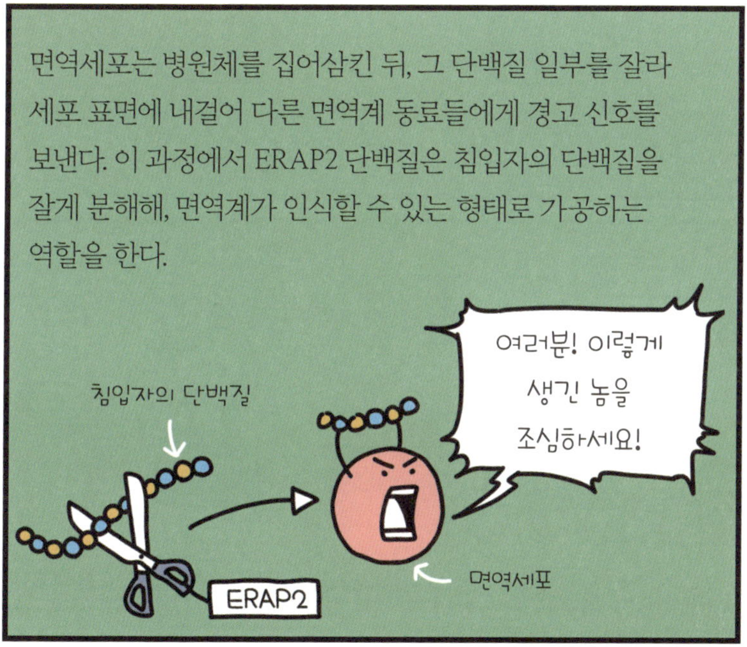
면역세포는 병원체를 집어삼킨 뒤, 그 단백질 일부를 잘라 세포 표면에 내걸어 다른 면역계 동료들에게 경고 신호를 보낸다. 이 과정에서 ERAP2 단백질은 침입자의 단백질을 잘게 분해해, 면역계가 인식할 수 있는 형태로 가공하는 역할을 한다.
여러분! 이렇게 생긴 놈을 조심하세요!
침입자의 단백질
ERAP2
면역세포

그런데 ERAP2 유전자에 돌연변이가 생기면 이 단백질이 발현되지 않습니다.

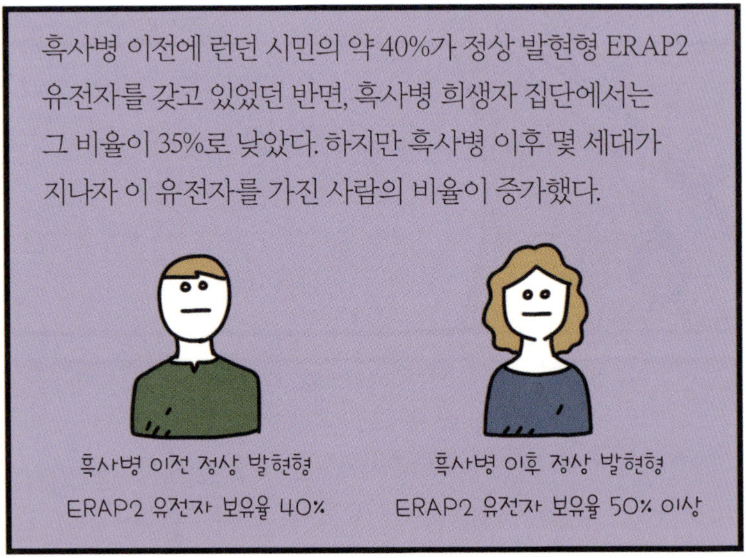
흑사병 이전에 런던 시민의 약 40%가 정상 발현형 ERAP2 유전자를 갖고 있었던 반면, 흑사병 희생자 집단에서는 그 비율이 35%로 낮았다. 하지만 흑사병 이후 몇 세대가 지나자 이 유전자를 가진 사람의 비율이 증가했다.
흑사병 이전 정상 발현형
ERAP2 유전자 보유율 40%
흑사병 이후 정상 발현형
ERAP2 유전자 보유율 50% 이상

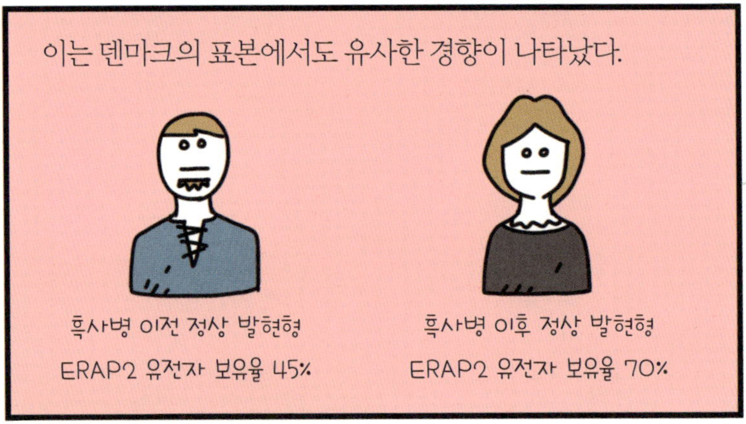
이는 덴마크의 표본에서도 유사한 경향이 나타났다.
흑사병 이전 정상 발현형
ERAP2 유전자 보유율 45%
흑사병 이후 정상 발현형
ERAP2 유전자 보유율 70%

오늘날엔 영국인의
약 45%에게서
이 유전자가 발견됩니다.

그렇다면 ERAP2 유전자는 흑사병 시대에 어떤 이점을 준 것일까요?
인간 면역세포를 이용한 실험에서 ERAP2 유전자가 정상적으로 작동할 때, 페스트균을 더 효과적으로 억제할 수 있다는 사실이 확인되었다.
저놈이다! 저놈 잡아라!
면역세포
물론 ERAP2에 돌연변이가 있다고 해서 반드시 질병에 취약한 것은 아닙니다.
실제로 수십억 명의 사람들이 이 돌연변이를 가지고 있지만, 건강하게 살아가고 있습니다.

이는 ERAP2가 작동하지 않더라도 이를 보완할 수 있는 다양한 인간 면역 체계 덕분으로 여겨진다.

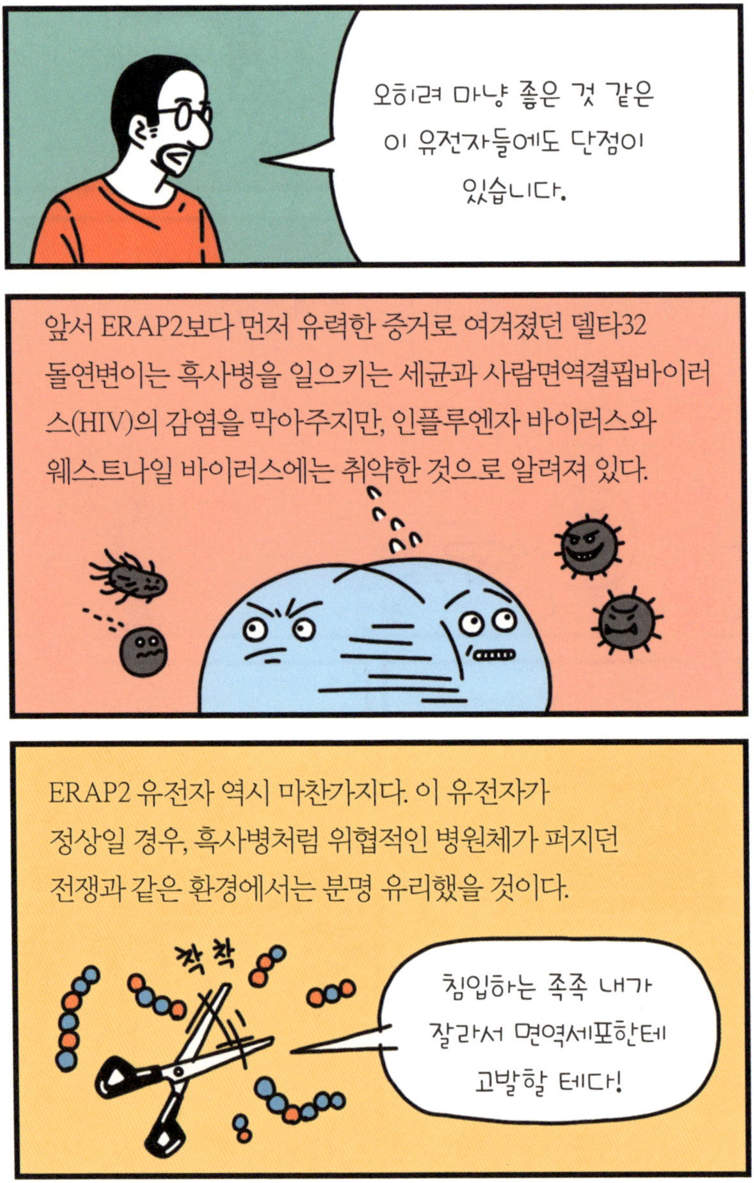
오히려 마냥 좋은 것 같은 이 유전자들에도 단점이 있습니다.
앞서 ERAP2보다 먼저 유력한 증거로 여겨졌던 델타32 돌연변이는 흑사병을 일으키는 세균과 사람면역결핍바이러스(HIV)의 감염을 막아주지만, 인플루엔자 바이러스와 웨스트나일 바이러스에는 취약한 것으로 알려져 있다.
ERAP2 유전자 역시 마찬가지다. 이 유전자가 정상일 경우, 흑사병처럼 위협적인 병원체가 퍼지던 전쟁과 같은 환경에서는 분명 유리했을 것이다.
싹 착
침입하는 족족 내가 잘라서 면역세포한테 고발할 테다!

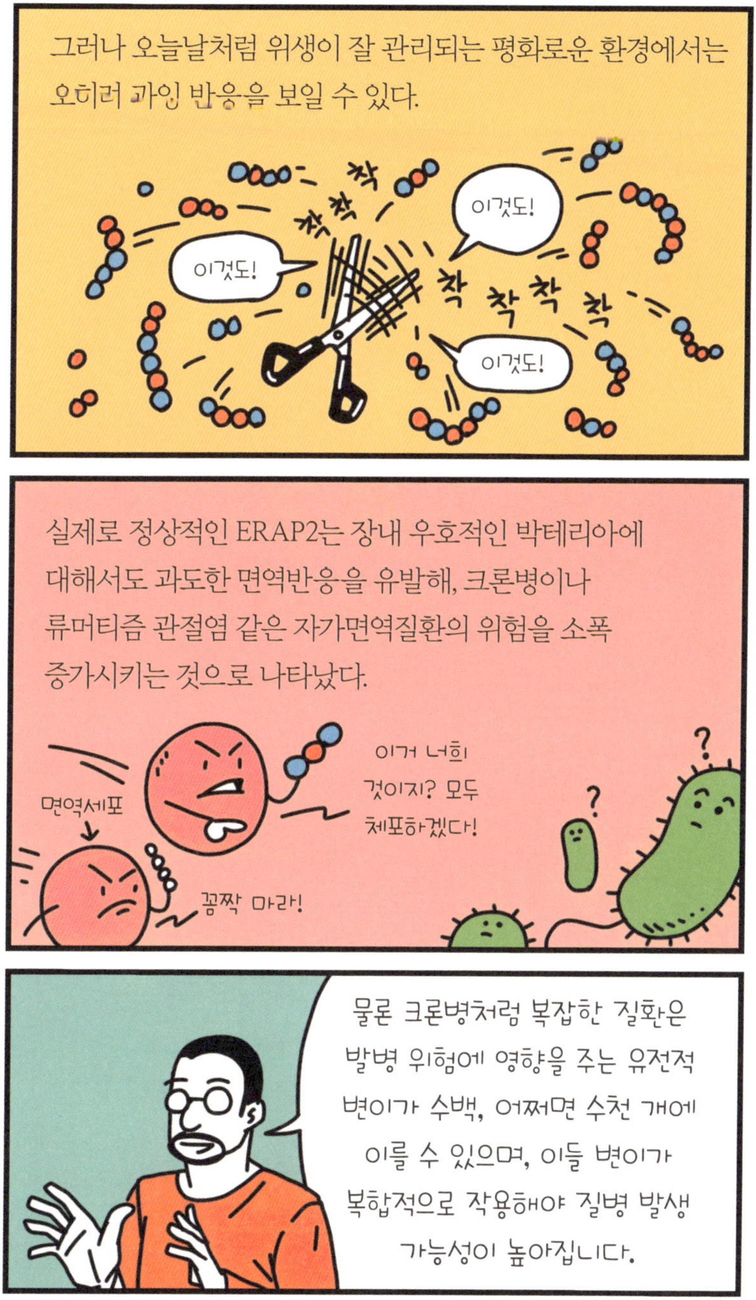
그러나 오늘날처럼 위생이 잘 관리되는 평화로운 환경에서는
오히려 과잉 반응을 보일 수 있다.
착
착 착
이것도!
이것도!
착 착 착 착
이것도!
실제로 정상적인 ERAP2는 장내 우호적인 박테리아에
대해서도 과도한 면역반응을 유발해, 크론병이나
류머티즘 관절염 같은 자가면역질환의 위험을 소폭
증가시키는 것으로 나타났다.
면역세포
이거 너희 것이지? 모두 체포하겠다!
꼼짝 마라!
?
?
물론 크론병처럼 복잡한 질환은 발병 위험에 영향을 주는 유전적 변이가 수백, 어쩌면 수천 개에 이를 수 있으며, 이들 변이가 복합적으로 작용해야 질병 발생 가능성이 높아집니다.

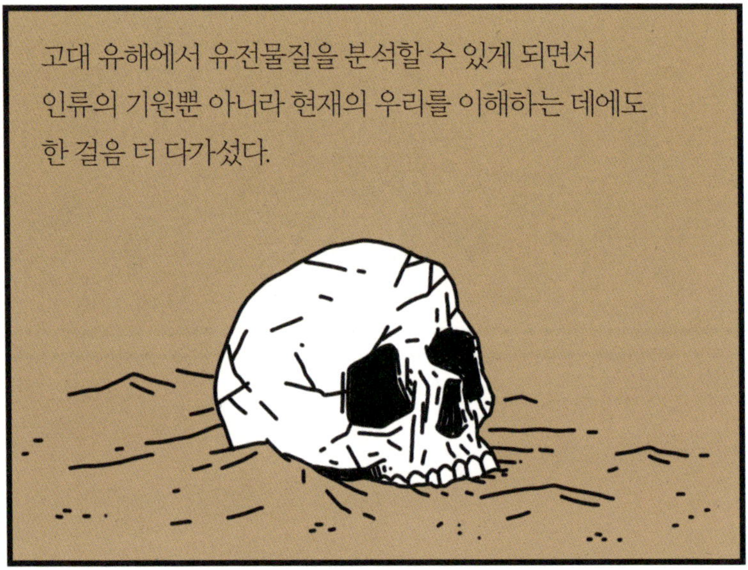
고대 유해에서 유전물질을 분석할 수 있게 되면서
인류의 기원뿐 아니라 현재의 우리를 이해하는 데에도
한 걸음 더 다가섰다.

과거는 그저 지나간 사건이 아니라 현재를 해석하는 열쇠다. ■

이 흉터는 내가 월남전 스키부대로 파병했을 때…
여보, 살아오면서 허풍으로 큰 위기를 모면했던 적 있어?

06. 니코틴 중독

담배를 규제하다

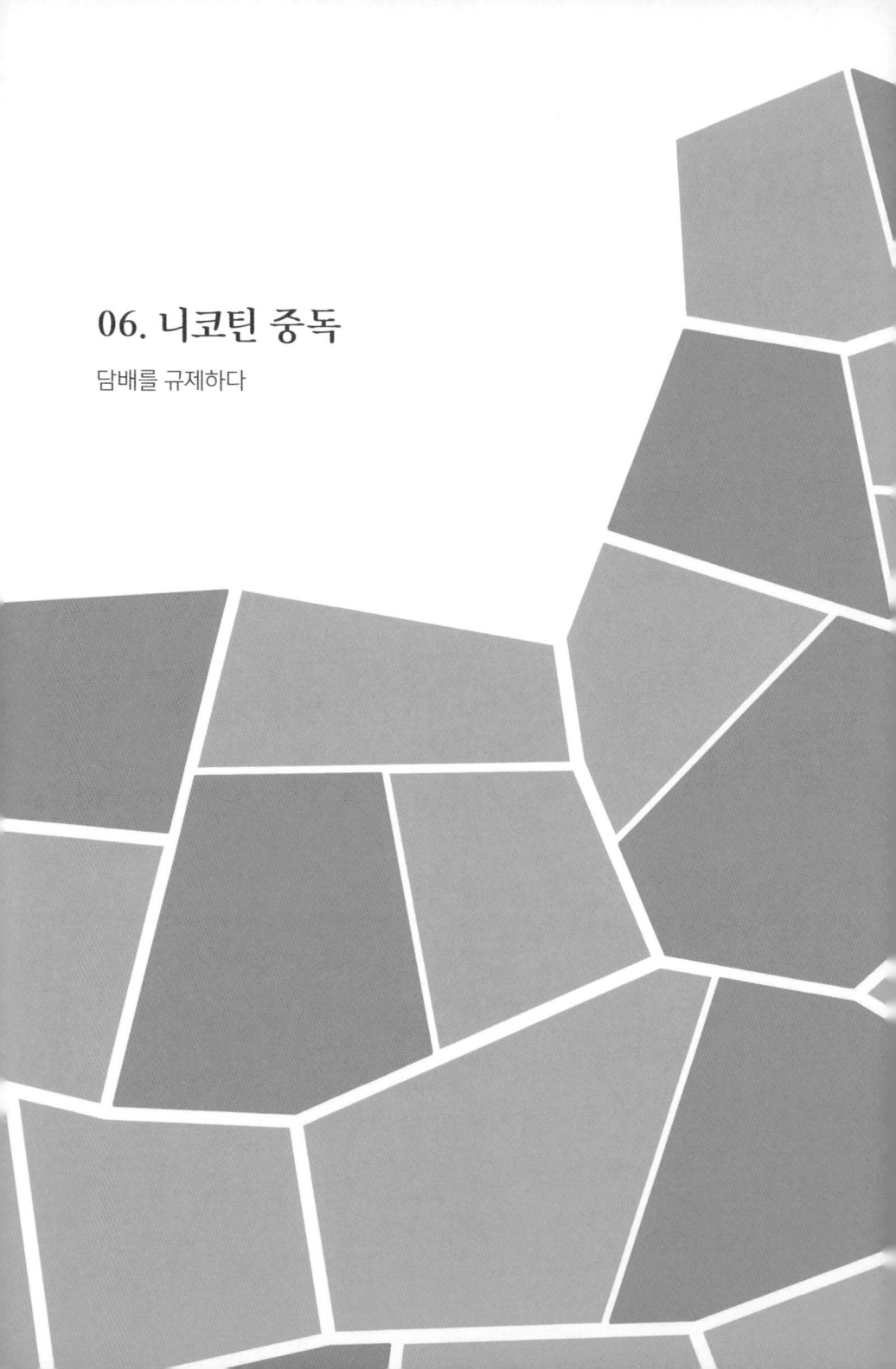

치이이
딱
딸! 또 콜라 마시니?
치이-
콜라 중독이다, 중독!
쿵!
파스타에 와인 마시고 있는 아빠가 할 말은 아닌데! 아빠도 알코올 중독이야!
이건 어묵에 간장을 찍어 먹는 것과 같은 거야. 그렇다고 간장 중독이라고 하지 않잖아? 파스타와 와인은 음식의 조합이라고 하는 거야.

문명이 시작된 이래로 인류가 지키지 못한 새해 결심을 한 줄로 세운다면 그 길이는 우리 은하를 벗어나 안드로메다에 닿았을 것이다.

애 앞에서 무슨
개똥 같은 논리야!

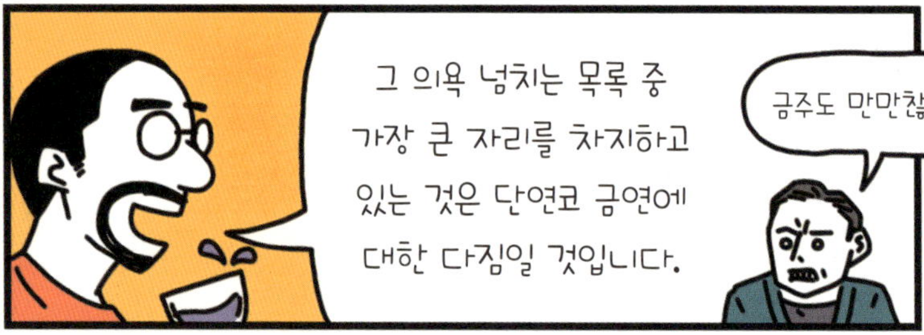
그 의욕 넘치는 목록 중
가장 큰 자리를 차지하고
있는 것은 단연코 금연에
대한 다짐일 것입니다.
금주도 만만찮거든!

연기처럼 흩어진
흡연가들의 금연 맹세가
매 새해 하늘을
자욱하게 채운 가운데
저 멀리 뉴질랜드에서
단호한 소식이 들려왔다.
이 나라에서 담배를
근절하겠다!
뉴질랜드
호주

뉴질랜드는 늘 담배 규제의 선봉에 있었다. 가장 먼저 공공장소에서 흡연을 금지했고, 담배에 높은 세금을 부과했으며, 담뱃갑에 끔찍한 사진과 경고의 글을 붙였다.

SMOKING
BLINDNESS
WARNING
Brand

그 덕분에 2021년 기준 뉴질랜드의 성인 흡연율은 10.9%로 세계에서 가장 낮은 수준을 기록했다. 참고로 2021년 한국 성인의 흡연율은 19.3%(남성 31.3%, 여성 6.9%)였다.

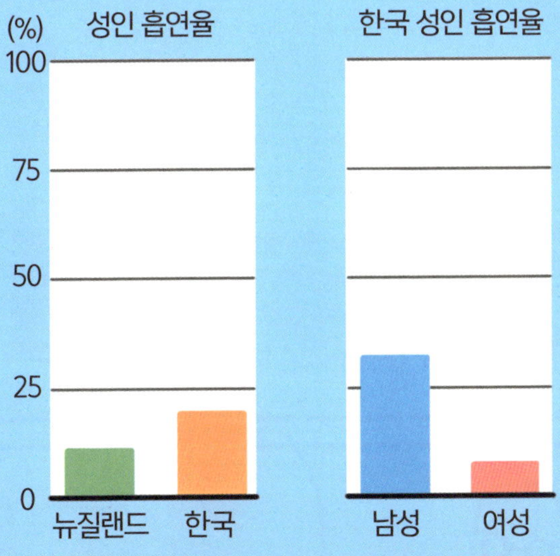
(%)
성인 흡연율
한국 성인 흡연율
100
75
50
25
0
뉴질랜드
한국
남성
여성

하지만 이 숫자에는 다른 맥락이 가려져 있습니다.

뉴질랜드에서 유럽계의 흡연율은 8.3%에 불과한 반면, 원주민인 마오리족은 22.3%에 달한다. 이러한 차이는 인종 간 건강 불평등으로 이어져서 유럽계 뉴질랜드인의 기대수명이 남성 81세, 여성 85세인 것에 비해, 마오리족은 각각 73세, 77세로 훨씬 낮다.

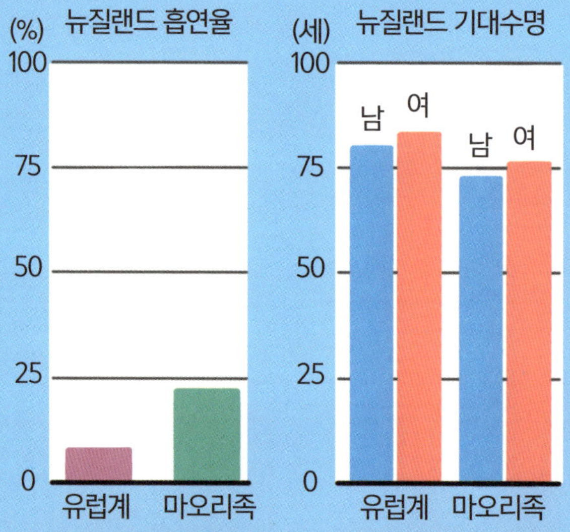
뉴질랜드 흡연율
(%)
100
75
50
25
0
유럽계
마오리족
뉴질랜드 기대수명
(세)
100
75
50
25
0
남
여
남
여
유럽계
마오리족

따라서 뉴질랜드는 낮은 흡연율에도 불구하고 더 많은 조처를 해야 한다고 판단했습니다.

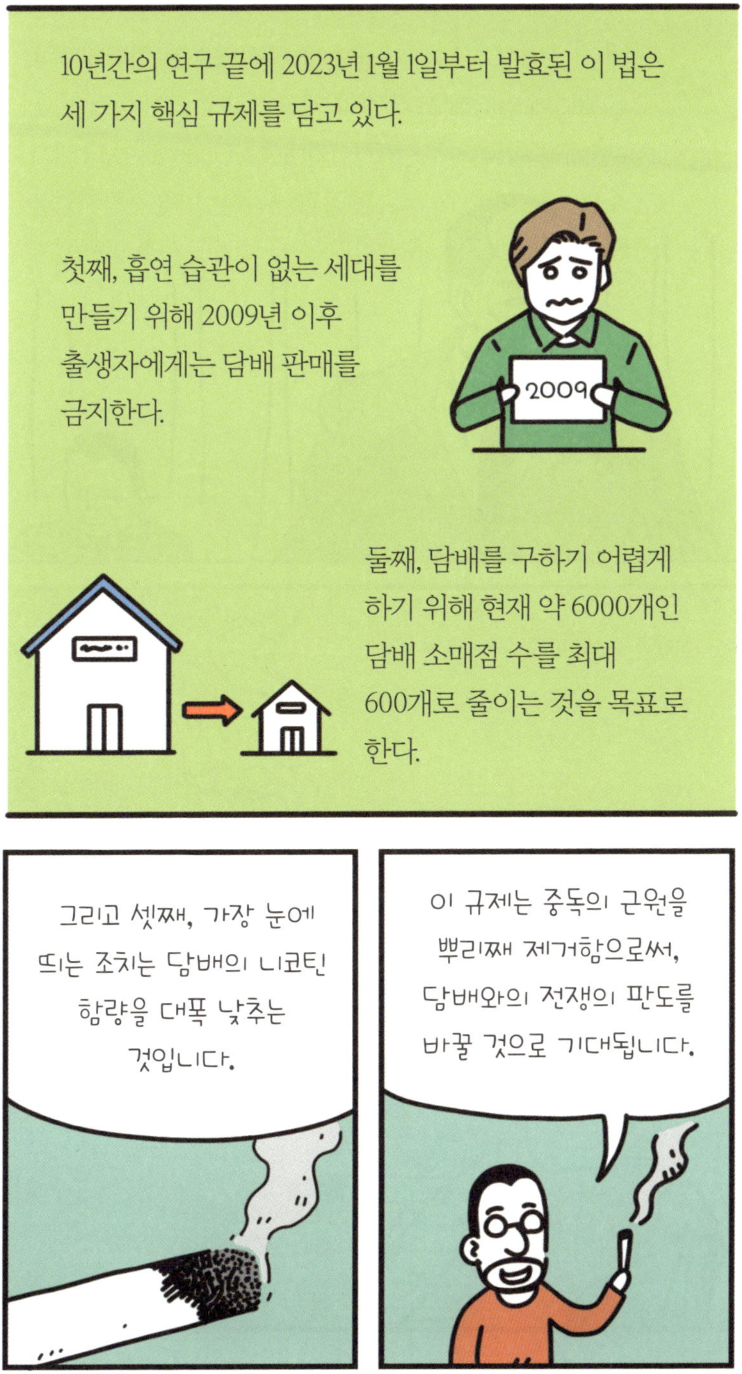
10년간의 연구 끝에 2023년 1월 1일부터 발효된 이 법은 세 가지 핵심 규제를 담고 있다.
첫째, 흡연 습관이 없는 세대를 만들기 위해 2009년 이후 출생자에게는 담배 판매를 금지한다.
2009
둘째, 담배를 구하기 어렵게 하기 위해 현재 약 6000개인 담배 소매점 수를 최대 600개로 줄이는 것을 목표로 한다.
그리고 셋째, 가장 눈에 띄는 조치는 담배의 니코틴 함량을 대폭 낮추는 것입니다.
이 규제는 중독의 근원을 뿌리째 제거함으로써, 담배와의 전쟁의 판도를 바꿀 것으로 기대됩니다.

담배의 유해성은 20세기 중반에 공식적으로 인정되었다. 1952년에 인간에서 흡연과 폐암의 관련성이 밝혀졌고, 1964년에는 미국 의무감(U.S. Surgeon General)이 담배가 폐암과 후두암, 만성기관지염을 유발한다는 공식 보고서를 발표했다.

담배는 수천 가지 화학물질로 구성되어 있으며, 거기에 50여 종 이상의 발암물질이 포함되어 있다.
사람들이 이렇게 해로운 담배를 끊지 못하게 하는 주요 원인은 바로 니코틴이다.

니코틴 의존의 생물학적 메커니즘은
20세기 후반에 이르러서야
본격적으로 밝혀지기 시작했다.
지금까지의 연구에 따르면
니코틴은 생각보다 중독성이
훨씬 강한 물질인 것으로
드러났다.

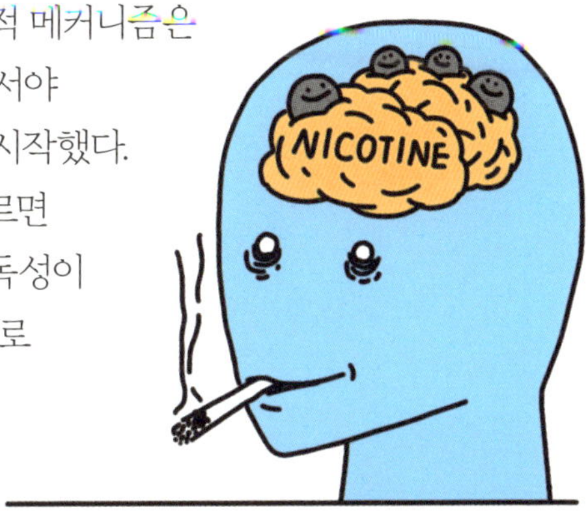
NICOTINE

그전까지만 해도 흡연은 중독이 아닌 습관으로 간주되었기 때문에 니코틴은 오랫동안 면죄부를 받아 왔다.
단지 살짝 권할 뿐이라니까요.
NICOTINE

약물의 중독성은 얼마나 강한 즐거움을 주느냐가 아니라, 얼마나 지속적으로 사용하게 만드느냐에 달려 있습니다.

헤로인이나 코카인 같은 마약이 주는 강렬한 행복감에 비하면, 니코틴의 보상 효과는 초라할 정도다. 그럼에도 니코틴이 마약에 필적할 만큼 강한 중독성을 지니는 이유는 뇌에서 만족감과 이완감을 유도하는 신경전달물질인 도파민의 방출을 자극하기 때문이다.

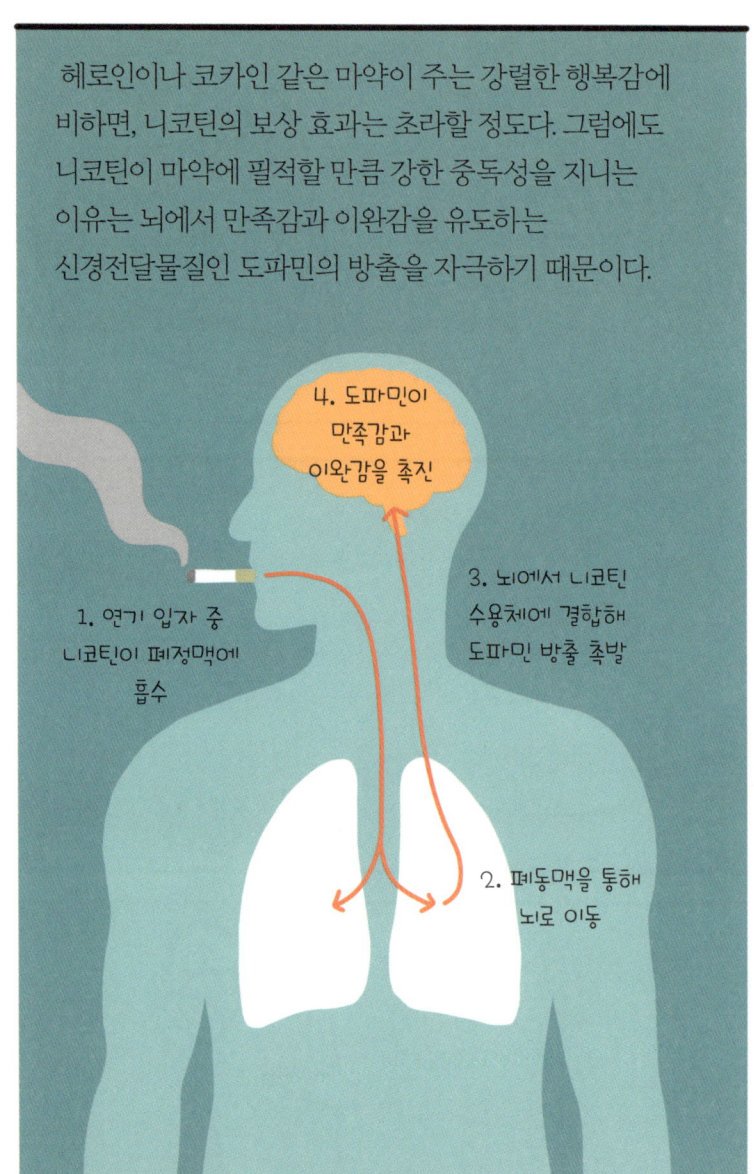

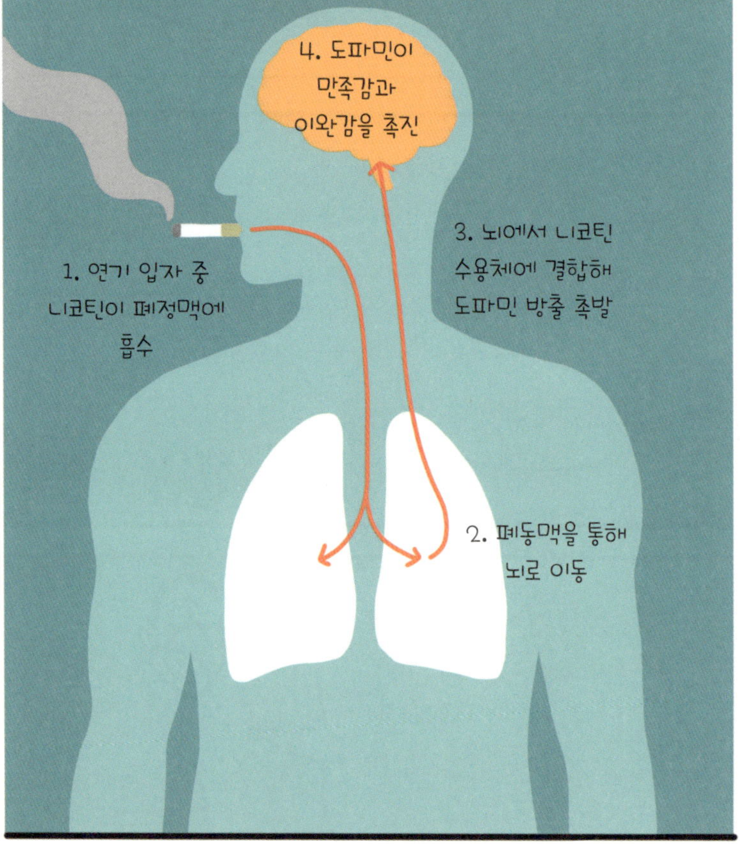
4. 도파민이
만족감과
이완감을 촉진
1. 연기 입자 중
니코틴이 폐정맥에
흡수
3. 뇌에서 니코틴
수용체에 결합해
도파민 방출 촉발
2. 폐동맥을 통해
뇌로 이동

담배 한 대를 피울 때 분비되는 도파민의 양은 다른 약물에 비해 적고, 그 효과도 오래가지 않습니다.

그래서 흡연자는 반복적으로 담배를 피우게 된다.
이 과정이 반복될수록, 뇌는 이 보상 경로를 학습하고
강화한다.

도파민 보상 경로

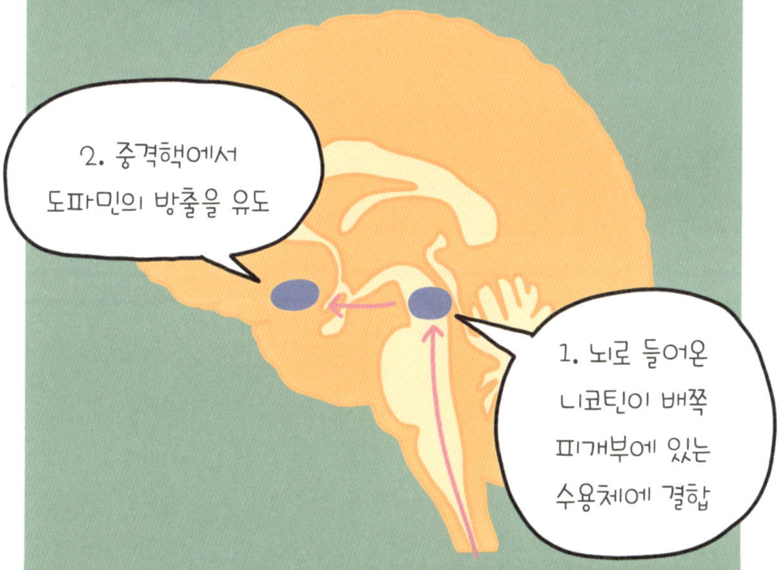
2. 중격핵에서 도파민의 방출을 유도
1. 뇌로 들어온 니코틴이 배쪽 피개부에 있는 수용체에 결합

동물 실험에서는 니코틴이 뇌에서 다른 중독성 약물을 반복적으로 찾도록 학습시키는 과정을 더욱 쉽게 만드는 것으로 나타났다.

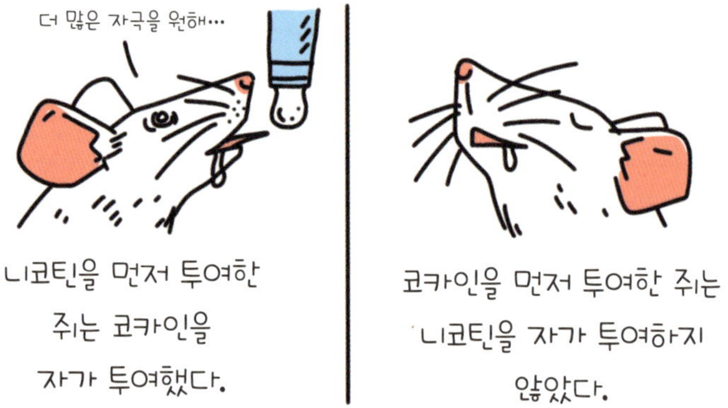
더 많은 자극을 원해…
니코틴을 먼저 투여한 쥐는 코카인을 자가 투여했다.
코카인을 먼저 투여한 쥐는 니코틴을 자가 투여하지 않았다.

또한 니코틴은 다른 활동의 즐거움을 증폭하는 역할도 한다. 흡연은 영화나 음악 감상의 즐거움을 높이고, 지루함을 덜 느끼게 했다.

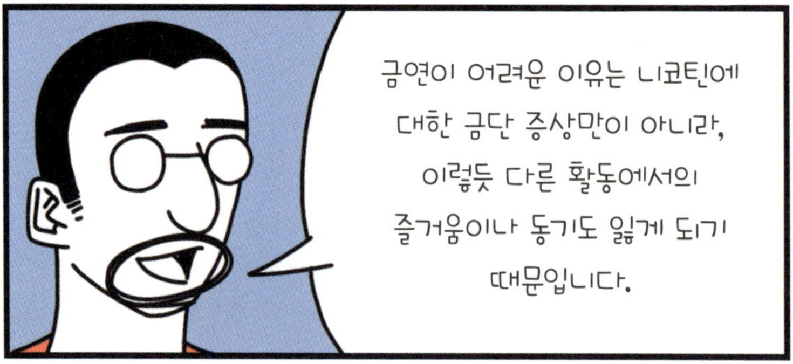
금연이 어려운 이유는 니코틴에 대한 금단 증상만이 아니라, 이렇듯 다른 활동에서의 즐거움이나 동기도 잃게 되기 때문입니다.

NICOTINE
중독의 핵심 원인인 니코틴을 줄이려는 시도는 뉴질랜드뿐 아니라 미국에서도 논의되고 있습니다.
미국 식품의약국(FDA)은 2022년 6월, 시중 담배의 니코틴 함량을 낮추는 방안을 고려하고 있다고 발표했으며, 2023년 5월에는 관련 제안서를 공개할 예정이다.
NICOTINE
연구자들은 니코틴 함량을 기존보다 95% 줄이는 것을 이상적인 수준으로 보고 있는데, 그 이상이면 여전히 뇌의 보상 회로가 활성화될 수 있기 때문이다.
별로 즐겁지 않군.
보통 저니코틴 담배는 수확 후 화학적 처리를 통해 니코틴을 제거하는 방식으로 만들어지지만, 최근에는 유전공학의 도움으로 애초에 니코틴 함량이 낮은 담배 식물이 등장했습니다.

2019년, 독일 도르트문트 공과대학교 연구팀은 유전자 편집 기술을 이용해 니코틴 생합성 유전자를 비활성화함으로써, 1g당 니코틴 함량이 0.04mg에 불과한 담배 작물을 개발했다. 이는 기존 품종 개량을 통해 얻은 최저 수치인 1g당 0.4mg보다도 10분의 1 낮은 수준이다.

하지만 어떤 담배회사도 우리가 개발한 품종에 관심을 보이지 않았습니다.

저니코틴 정책이 어떤 효과를 불러올지는 미지수다.
혹자는 혼란만 야기할 것이라고 비판한다.
암시장만 부추기게 될 것입니다. 과학적 근거도 부족해요!
그 주장의 근거는 뭔가요?

하지만 한때 공공장소에서의 흡연 금지도 불가능해 보이던 시절이 있었다.
좋아, 알았어. 올해부터 술을 줄이겠다!
오~

언제나 변화는 누군가 먼저 나서고, 다른 이들이 그 뒤를 따르면서 이루어졌다. ■

당신도 같이다!
잠깐! 왜 나까지?!

지금 세계는?

가장 강력한 담배 규제 정책을 제일 먼저 천명했던 뉴질랜드는 2023년 11월에 새로 연립정부가 출범하면서 이전 정부가 추진했던 법안을 철회했습니다.

새 정부는 해당 법안이 흡연 감소에 효과적이지 않고, 암시장을 조장할 우려가 있으며, 세수 감소로 인한 재정 부담이 크다는 점을 이유로 들었습니다.

법안 철회를 이끈 크리스토퍼 럭슨(Christopher Luxon) 총리

아마도 마지막이 진짜 이유겠지요?

2025년 1월 15일, FDA는 담배 제품의 니코틴 함량을 1g당 0.7mg으로 제한하는 규제안을 마침내 공식 발표했습니다.
그러나 1월 20일에 트럼프 행정부가 출범하면서 이 규제안의 미래는 불투명해졌습니다.
축소! 폐지! 관세!
FDA와 질병통제예방센터(CDC)의 금연 관련 예산과 인력이 대폭 축소되었고, 관련 부서는 전면 폐지되었으며, 금연 및 청소년 흡연 예방 프로그램도 중단되었습니다.
이러한 조치들은 미국 내 담배 규제 정책의 후퇴로 이어질 것이라는 우려를 낳고 있습니다.

영국이 강력한 담배 규제 국가로 새롭게 떠올랐습니다.

2009년 1월 1일 이후 출생자에게 담배 판매를 금지하는 법안이 2024년 4월에 하원을 통과했습니다.
이 법안은 또한 전자담배의 광고·포장·판매 방식에 대한 규제를 강화하고, 공공장소에서의 흡연 및 전자담배 사용도 제한하고 있습니다.

이번 담배 규제 법안을 주도했던 리시 수낵(Rishi Sunak) 총리

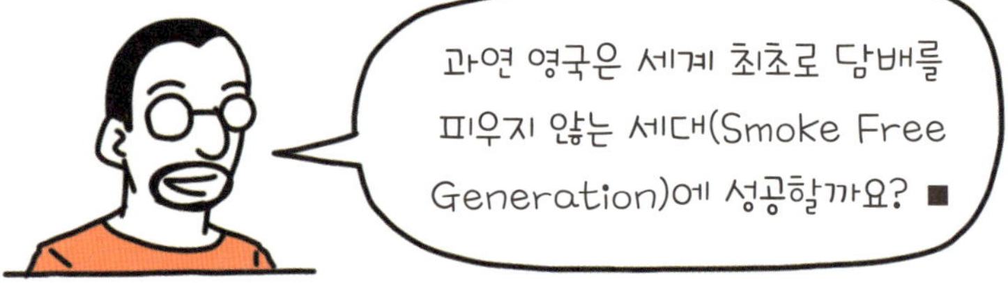
과연 영국은 세계 최초로 담배를 피우지 않는 세대(Smoke Free Generation)에 성공할까요? ■

07. 통증

남녀가 느끼는 통증은 다르다

나 발목 삐었어.
어머! 부었잖아. 어쩌다가?
조금 부었네.
도서관 뒤쪽 길 계단 내려오다가 미끄러져서 삐었어.
병원 가봐야 하는 거 아냐?
병원은 무슨.
발목 좀 삔 거 가지고. 쉬면 나아. 나도 어렸을 때 발목 많이 삐었는데 뭐.

통증은 같은 실수를 반복하지 말라는 경고이자,
몸 어딘가에 문제가 생겼다는 신호다.
그러니까 어둡고 비도 오는데 왜 그쪽 길로 가서…
으그-

발목 많이 삐어서 아빠 키가 안 자란 거 아냐?!
아프다면 먼저 위로를 해줘야지 무슨 소리야!

몸 곳곳에 퍼져 있는 통각수용기와 신경은 통증 신호를 전달하며, 이 신호는 척수와 대뇌에 의해 수신되어 통증으로 인식된다. 일반적으로 통증은 두 가지 유형으로 나뉜다.

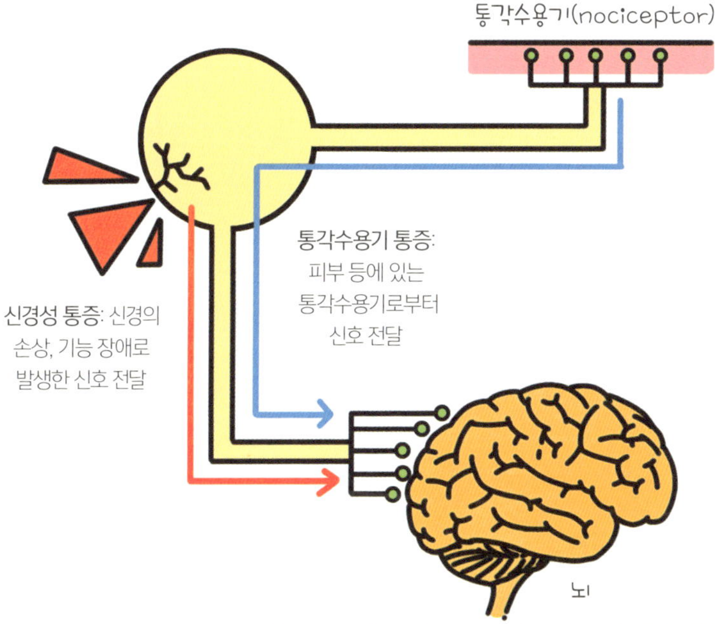
통각수용기(nociceptor)
통각수용기 통증: 피부 등에 있는 통각수용기로부터 신호 전달
신경성 통증: 신경의 손상, 기능 장애로 발생한 신호 전달
뇌

그러나 우리 몸의 통증 시스템, 즉 경보 장치는 객관적이지 않습니다. 오히려 매우 주관적이고 개인적입니다.

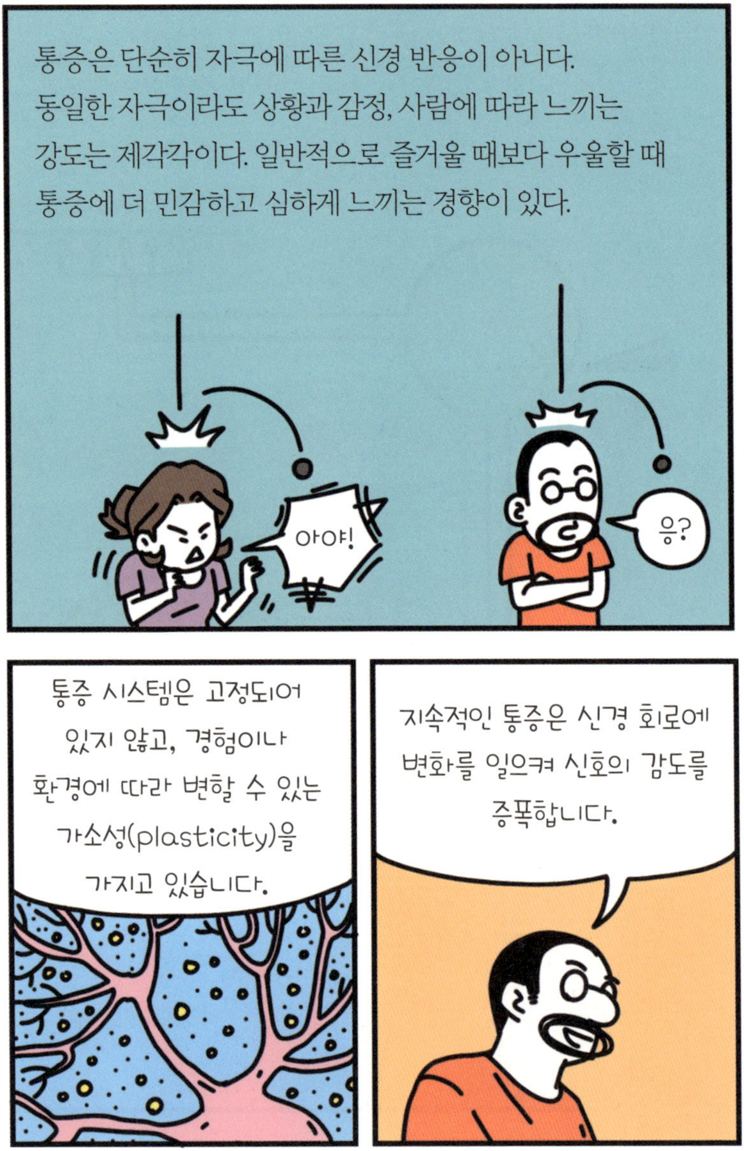
통증은 단순히 자극에 따른 신경 반응이 아니다. 동일한 자극이라도 상황과 감정, 사람에 따라 느끼는 강도는 제각각이다. 일반적으로 즐거울 때보다 우울할 때 통증에 더 민감하고 심하게 느끼는 경향이 있다.
아야!
응?
통증 시스템은 고정되어 있지 않고, 경험이나 환경에 따라 변할 수 있는 가소성(plasticity)을 가지고 있습니다.
지속적인 통증은 신경 회로에 변화를 일으켜 신호의 감도를 증폭합니다.

그로 인해 과민 반응이
일어날 수 있으며,
만성 통증의 원인이 된다.

최근엔 남녀에 따라서도
통증의 정도가 다르다는
것이 드러나고 있습니다.

전 세계 인구의 20% 이상이
만성 통증을 겪고 있고, 이 중에서
여성이 과반수를 차지한다.

여성은 편두통, 섬유근육통
등을 더 흔하게 앓는다.
임상 연구에서도 여성 환자는
통증을 더 심하게 느끼는
것으로 나타났다.

어떻게 성의 차이가
통증의 차이로 나타나는
걸까요?
성호르몬은 남녀 간의
두드러진 차이 중
하나로 통증에 중요한
영향을 끼칩니다.

성호르몬은 통증 신호를 강화하거나 염증 반응을 유도할 수 있고, 세로토닌·도파민과 같은 다른 신경전달물질 분비에도 영향을 끼쳐 통증에 대한 인식과 반응을 변화시킨다.

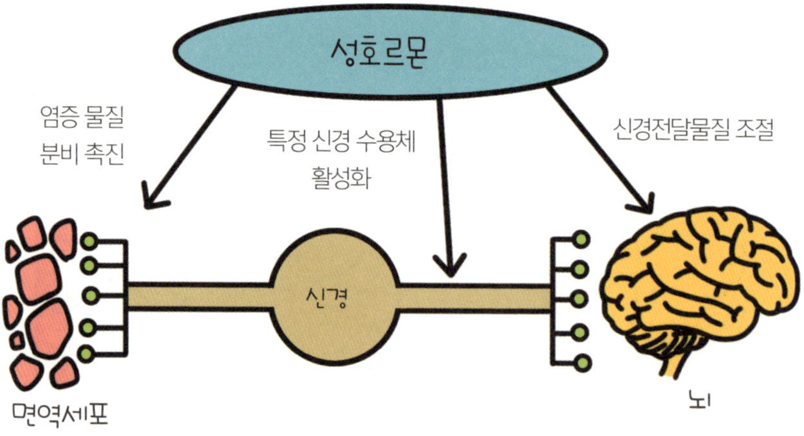
성호르몬
염증 물질
분비 촉진
특정 신경 수용체
활성화
신경전달물질 조절
신경
면역세포
뇌

여성호르몬인 에스트로겐과 프로게스테론은 통증에 더 민감하게 만들며,
으~ 생리통!
반면 남성의 테스토스테론은 일반적으로 통증을 억제하는 방향으로 작용한다.
까짓거!
따라서 사춘기 이전에는 남녀 간의 통증 민감도에 차이가 없지만, 사춘기가 시작되며 성호르몬 분비가 왕성해지면 여성의 통증 민감도가 증가하는 경향이 있습니다.
참고로, 월경 전 증후군(PMS)은 월경 직전 에스트로겐과 프로게스테론 수치가 급격히 떨어지는 호르몬 변화와 깊은 관련이 있습니다.

성호르몬만이 아니다. 남녀는 신경 면역계의 반응도 다르다.

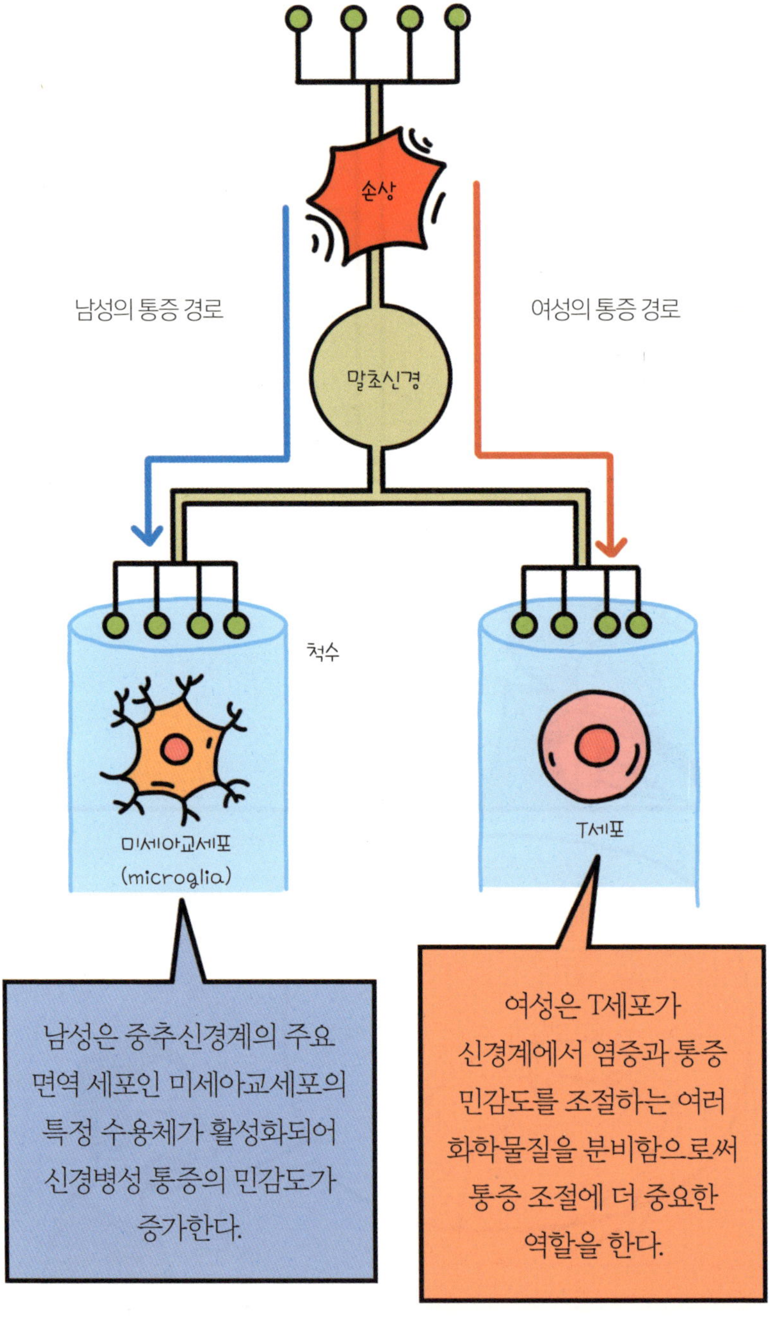
손상
남성의 통증 경로
여성의 통증 경로
말초신경
척수
미세아교세포
(microglia)
T세포
남성은 중추신경계의 주요 면역 세포인 미세아교세포의 특정 수용체가 활성화되어 신경병성 통증의 민감도가 증가한다.
여성은 T세포가 신경계에서 염증과 통증 민감도를 조절하는 여러 화학물질을 분비함으로써 통증 조절에 더 중요한 역할을 한다.

이러한 사실은 쥐 실험에서도 확인됐다. 테스토스테론 수치가 낮아진 수컷 쥐는 암컷의 통증 경로와 유사해졌고, T세포가 부족하거나 임신한 쥐는 수컷의 통증 경로로 전환됐다.
그러나 통증은 매우 복잡하고 가변적이며, 사회적·심리적 요인에 따라 느끼는 정도가 달라질 수 있습니다. 또한, 개인의 유전적·생리적 특성도 큰 영향을 미칩니다.
이러한 복잡성 때문에 연구 결과가 일관되지 않은 경우가 많아, 이를 단순히 성별 차이로 해석해야 하는지에 대해 의문이 제기되기도 합니다.

만약 남녀에 따라
통증 메커니즘이 실제로 다르다면,
진통제 역시 성별에 맞게 설계될
수 있다. 남성과 여성에서 특정
신경전달물질이나 신경 수용체를
표적으로 삼아 억제한다면, 더욱
효과적인 통증 관리가 가능할
것이다.

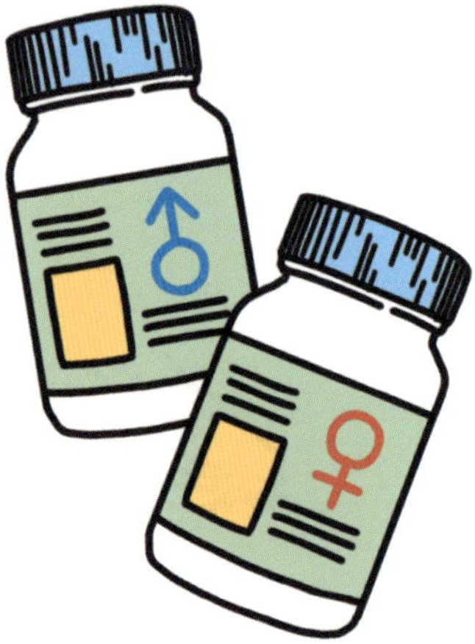

컥!
퍽
남녀의 통증 차이를 명확히 인식하기 시작한 것은 20세기 후반에 이르러서였다.
아야~
많이 아파?

우리는 저 먼 우주를 탐구했지만,
바로 곁에 있는 여성의 고통에
대해선 너무 늦게 깨달았다. ■

놀리냐!
나도 많이 아프다.

08. 물 마시기 신화

물은 목마를 때만 마시면 된다

아~ 목마르다.
탄산 중독 딸, 목마르면 물을 마셔.
물도 마실 거야.
벌컥벌컥
으! 토할 거 같다.
우웩!
사이다 마시고 물은 왜 또 마셔? 오기 부립니까, 사춘기 따님?

사이다는 사이다고. 물 많이 마셔야 건강에도 좋고, 피부도 좋아진다고 했단 말이야.
맙소사. 수분을 공급하니 벌써 피부가 촉촉하니 좋아진 거 같은데…
아빠는 좋아 보이지 않네?

세상에는 건강과 관련한 근거 없는 믿음들이 떠돌고 있다.

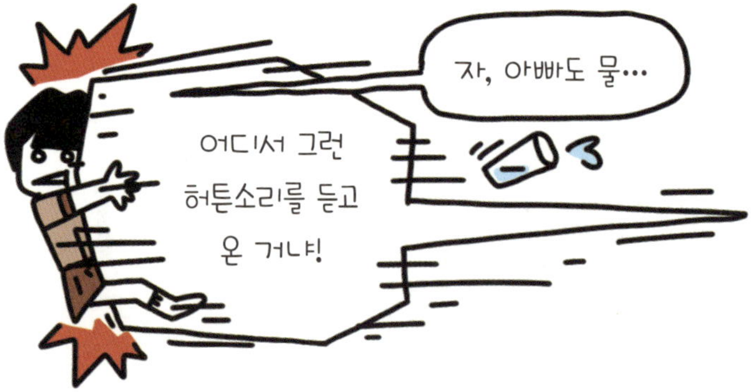
자, 아빠도 물…
어디서 그런 허튼소리를 듣고 온 거냐!

그중 하나는 우리가 물을 적게 마셔서 늘 탈수 상태에 있으며, 하루 2리터(8잔)의 물을 마셔야 건강해진다는 이른바 '맹물 만물설'이다.
당신은 이미 탈수 상태다! 마셔라, 물!
WATER
목 안 마른데요.
매일 8잔의 물을 마시세요.
물을 많이 마시면 독소가 배출되고, 피부에 수분을 공급해 주름이 사라지는 등 온갖 효능이 있다고 주장한다.
건강은 물에 있습니다.
'내가 해봤더니' 부류의 여러 증언은 이것이 사실임을 앞다퉈 주장하고 있다.

그러나 '하루 물 2리터'는 꽤 유서 깊은 허튼소리로 그 기록은 무려 18세기까지 거슬러 올라갑니다.

독일의 저명한 의사 크리스토프 빌헬름 후플란트(Christoph Wilhelm Hufeland, 1762~1836)는 1796년에 발표한 논문에서 노인이 물을 마시고 건강해졌다는 일화를 소개했다.
80세의 활기찬 남성이 매일 7~8잔의 냉수를 마시는 습관을 들인 결과, 젊었을 때보다 오히려 건강이 더 좋아졌지 뭡니까.

19세기에는 물에 특별한 효능이 있다는 수치료 열풍이 유럽과 미국을 휩쓸면서 물을 많이 마셔야 한다는 주장에 생명력을 더했고, 그 믿음은 21세기까지도 끈질기게 이어지고 있다.

2013년에 미셸 오바마는 건강을 위해 물을 자주 마시자는 'Drink up' 캠페인을 벌였다.

좀 더 신뢰할 만한 출처로는 1945년 미국 식품영양위원회의 권고안을 들 수 있습니다.
후
거기엔 성인은 하루에 약 2.5리터의 수분을 필요로 한다고 적혀 있습니다.
하지만 그다음 문장은 어째선지 망각의 너머로 사라져 버렸습니다.
"이 양의 대부분은 음식에 포함되어 있다."
물은 과일, 채소를 비롯해 거의 모든 음식에 들어 있다. 게다가 우리는 주스, 술, 차, 커피 등 다양한 음료도 마신다.

대부분의 사람은 음식과 음료를 통해 필요한 수분을 충분히 섭취하며, 필요한 양의 약 3분의 1 정도만 생수를 통해 보충하는 것으로 나타났다.

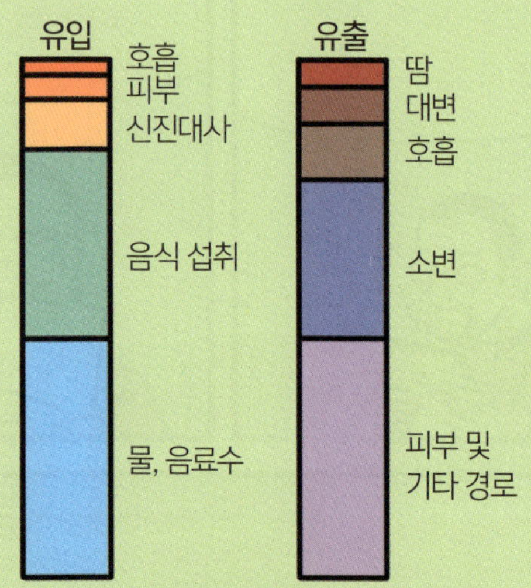
유입
호흡
피부
신진대사
음식 섭취
물, 음료수
유출
땀
대변
호흡
소변
피부 및
기타 경로

수분 회전율•

• 수분 회전율(turnover of water): 몸속 수분이 섭취와 배출을 통해 하루 동안 얼마나 자주 교체되는지를 나타내는 지표.

맹물주의자들은 음료는 오히려 탈수를 일으키며, 오로지 물로만 수분을 보충해야 한다고 주장한다.

목마를 땐 시원한 아이스 아메리카노 한 잔.
커피는 탈수의 주범이오!

특히 커피는 늘 탈수의 주범으로 지목되어 왔지만, 그건 사실이 아니다. 여러 연구에 따르면 커피는 탈수를 유발하지 않으며, 물과 마찬가지로 수분을 공급하는 효과가 있는 것으로 나타났다.

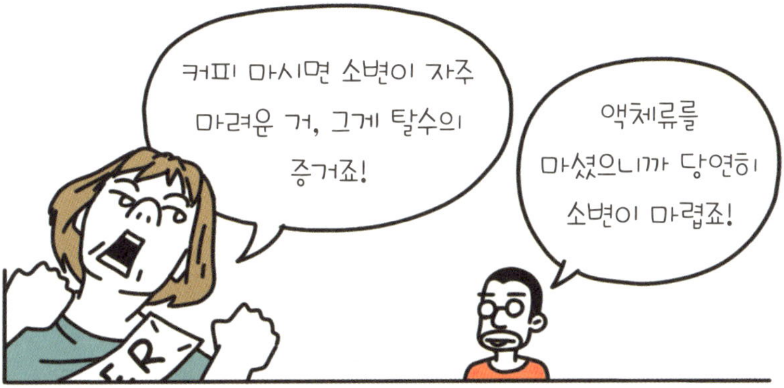
커피 마시면 소변이 자주 마려운 거, 그게 탈수의 증거죠!
액체류를 마셨으니까 당연히 소변이 마렵죠!

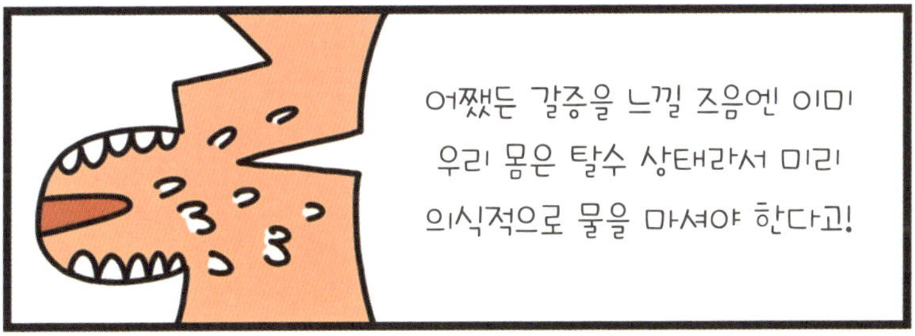
어쨌든 갈증을 느낄 즈음엔 이미 우리 몸은 탈수 상태라서 미리 의식적으로 물을 마셔야 한다고!

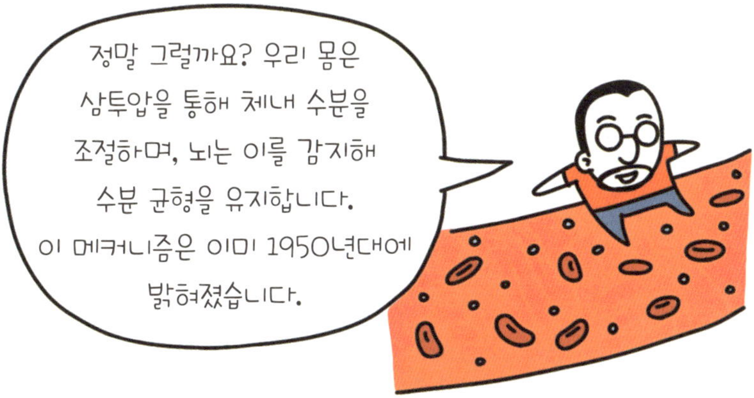
정말 그럴까요? 우리 몸은 삼투압을 통해 체내 수분을 조절하며, 뇌는 이를 감지해 수분 균형을 유지합니다.
이 메커니즘은 이미 1950년대에 밝혀졌습니다.

수분이 부족하면 혈액량이 줄어들면서 염분과 기타 미네랄의 농도가 상대적으로 높아지고, 이로 인해 삼투현상이 발생한다. 그러면 뇌의 활밑기관에서 이를 감지해 갈증 신호를 보낸다.

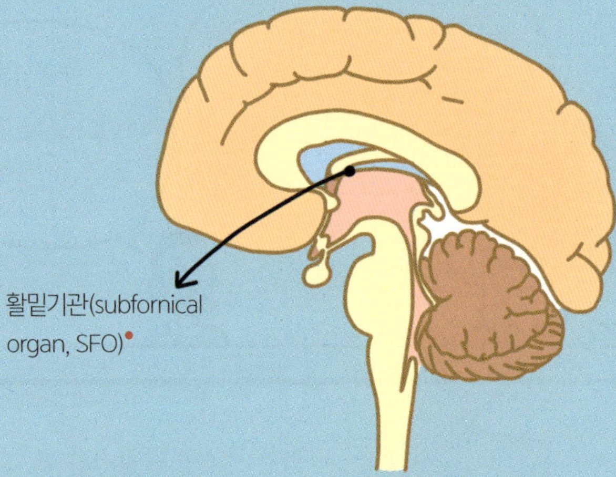
활밑기관(subfornical organ, SFO)•

• 뇌의 대부분은 혈액과 직접 접촉하지 않도록 혈뇌장벽이 보호하지만, 활밑기관은 예외적으로 그런 보호막이 없어 혈액 속 상태를 실시간으로 감지할 수 있다.

그러나 삼투압에 의한 변화는 느립니다. 물을 마셔도 체내로 흡수되기까지 시간이 필요한데, 그럼에도 갈증이 즉시 해소되는 이유는 의문이었습니다.

최근의 신경과학은 여기에 해답을 제시한다. 삼투압 외에도, 입과 장에서 특정 뉴런들이 액체를 감지하고 반응하는 것으로 나타났다.

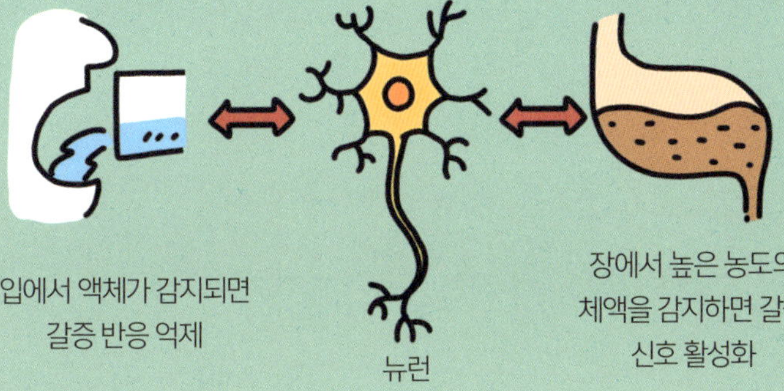
입에서 액체가 감지되면 갈증 반응 억제
뉴런
장에서 높은 농도의 체액을 감지하면 갈증 신호 활성화

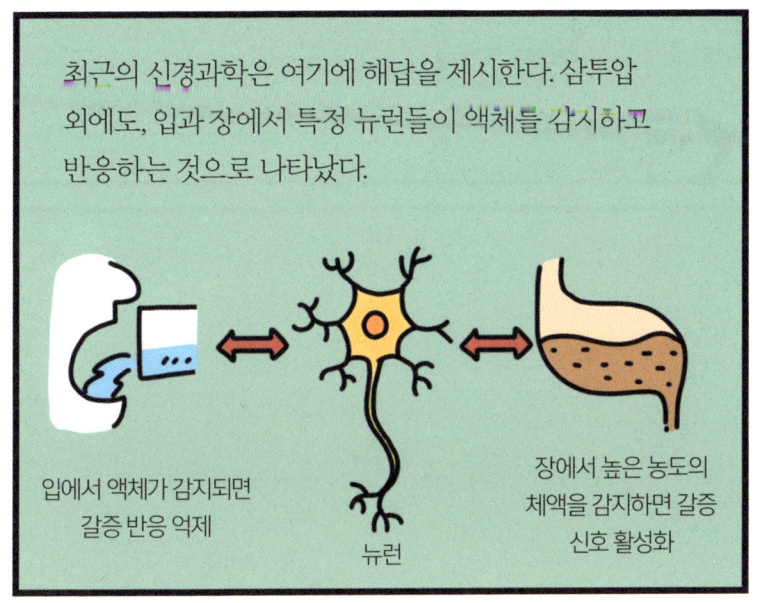

이 밖에도 뇌는 혈압, 혈액량, 식사 여부, 생체 시계 등의 다양한 정보를 종합해 인체가 탈수 상태에 이르기 훨씬 전에 물을 마시도록 미세하게 조율하고 있다.

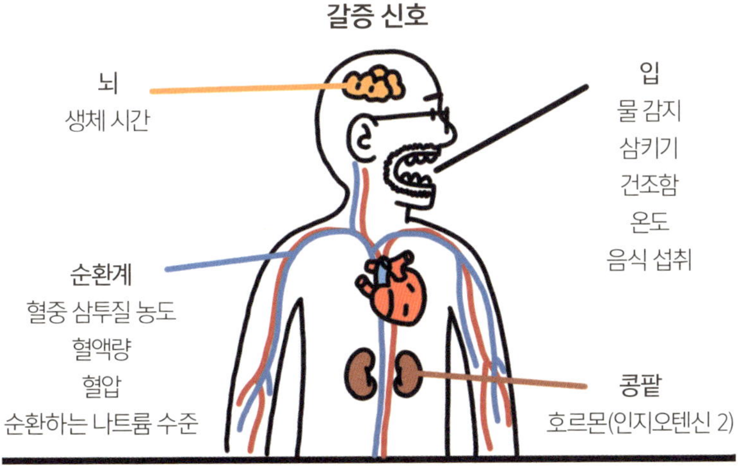
갈증 신호
뇌
생체 시간
입
물 감지
삼키기
건조함
온도
음식 섭취
순환계
혈중 삼투질 농도
혈액량
혈압
순환하는 나트륨 수준
콩팥
호르몬(인지오텐신 2)

하루에 2리터의 물을 마셔야
한다는 기준도 틀렸습니다.

2022년에 발표된 연구에서는 중수소를 이용해 체내 수분의 이동을 추적했다. 그 결과, 20~30대에서 수분 회전율이 가장 높았으며, 이후 나이와 개인의 신체적·환경적 요인에 따라 차이가 컸다.

물 회전율이 낮은 그룹
물 회전율이 높은 그룹
하루 평균 약 1~1.5리터
하루 평균 약 6리터

인간개발지수•가 낮은 국가에 사는 사람들의 수분 회전율이 더 높게 나타났다는 점도 흥미롭다. 이는 실내 온도 조절이 어려운 환경에서 생활하는 탓에 땀을 더 흘리는 등 수분 손실이 많기 때문인 것으로 해석된다.

더워!

• 인간개발지수(HDI): 교육, 소득, 수명 등을 종합한 통계 지표.

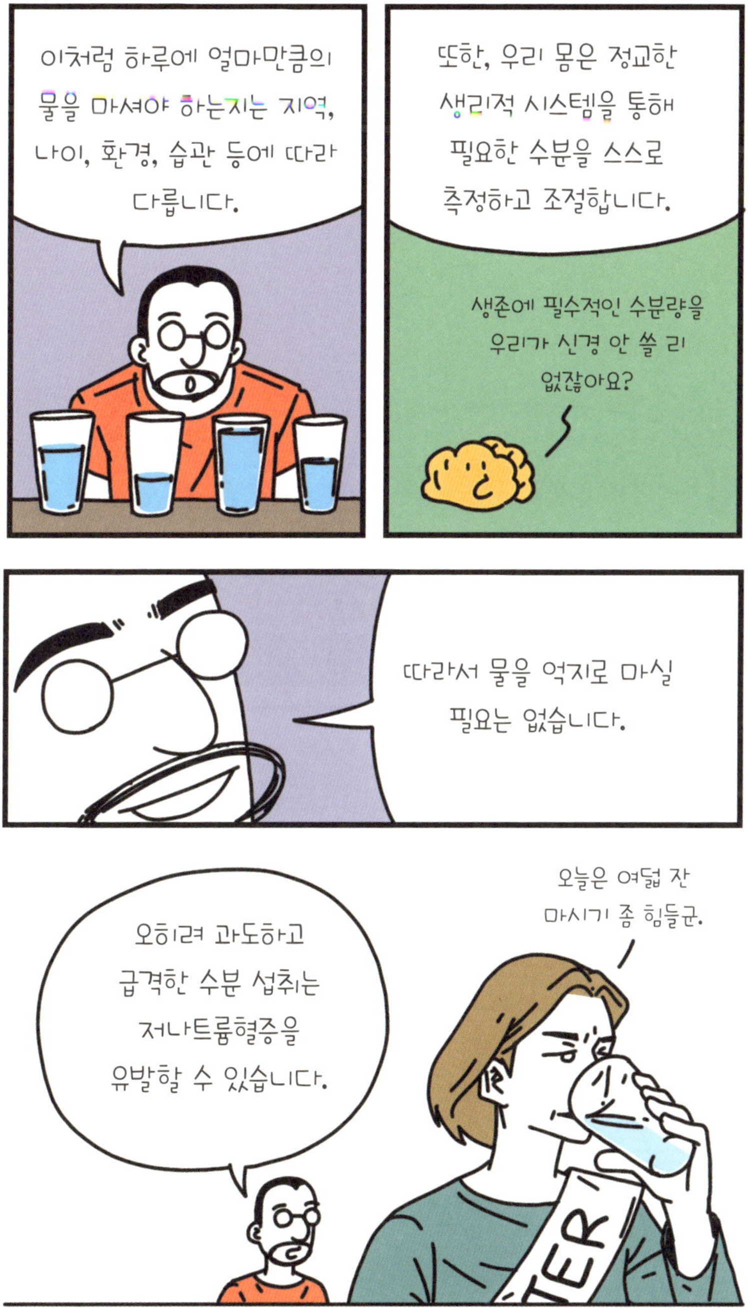
이처럼 하루에 얼마만큼의 물을 마셔야 하는지는 지역, 나이, 환경, 습관 등에 따라 다릅니다.
또한, 우리 몸은 정교한 생리적 시스템을 통해 필요한 수분을 스스로 측정하고 조절합니다.
생존에 필수적인 수분량을 우리가 신경 안 쓸 리 없잖아요?
따라서 물을 억지로 마실 필요는 없습니다.
오히려 과도하고 급격한 수분 섭취는 저나트륨혈증을 유발할 수 있습니다.
오늘은 여덟 잔 마시기 좀 힘들군.
TER

저나트륨혈증의 대표적인 증상으로 두통, 구토, 피로감 등이 있으며, 심각한 경우 뇌 신경 손상이나 사망에 이를 수도 있다.
아무리 맹물이라도 많이 마시면 큰일 난다고요.

다만, 평균적으로 70세 이상 고령자는 갈증을 인식하는 감각이 둔화되기 때문에 의식적으로 물을 챙겨 마실 필요가 있습니다.

또한 신장결석, 설사 등의 특정한 질환이 있거나 무더운 날씨에 격렬한 신체 활동을 하기 전에도 추가적인 수분 섭취가 필요하다.

알겠냐! 물은 목마를 때만 마시면 된다고.
음~ 논리적으로 따지기 좋아하는 걸 보니 아빠 MBTI는 ENTP구나.
뭐~ MBTI? 이 신성한 과학의 전당에서 MBTI 따위를 입에 올리다니!
언제부터 우리 집이 신성한 과학의 전당이 된 건데?!
내 MBTI는 HDMI다! 멀티미디어 좋아하는 잘생긴 사람! ■
맙소사~

09. 남성 피임약

함께 짊어지다

결혼 초, 아내를 대신해 프리랜서였던 내가 일을 줄이고 육아하기로 했다.

이번 달까지
육아 휴직이지?
다음 달부터는 내가
육아할게. 고생했어!
육아. 그것은 시시포스의
형벌이었다.

아니, 시시포스에게 쓸데없는 돌 굴리기가 아니라 보람찬 괴로움인 육아를 시켰어야 했다.
그냥 돈 벌러 나가고 싶다.
전업주부들이 왜 우울증 걸리는지 알겠네.

1960년에 등장한 최초의 여성 피임약 에노비드는 원치 않는 임신과 낙태의 위험으로부터 여성을 보호했다.

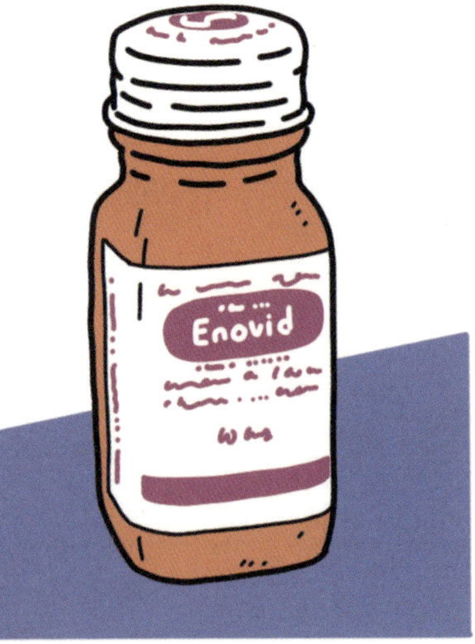
Enovid

이런 이점 때문에 여성들은 피임약의 부작용을 감수할 수밖에 없었습니다.
그렇다면 남성 피임약은 남성을 무엇으로부터 보호해야 할까요?
여성 피임약이 등장한 후, 호르몬을 이용한 남성 피임약 연구도 이어졌다. 하지만 호르몬은 생식 기능에만 영향을 주는 것이 아니기 때문에 여성 피임약과 마찬가지로 여러 불쾌한 부작용을 일으켰다.
우울증, 체중 증가, 여드름, 성욕 감퇴 등등등…

남성은 임신으로 인한 건강 위험을 감수할 필요가 없기 때문에
이러한 부작용은 연구 중단으로 이어졌다.

이렇게 위험한 부작용이라니… 개발 중단!
여자에게 익숙한 부작용이라고요!

남자들이 이런 약을 먹을리 없…
이런 겁쟁이들!
으악!
퍽!

안전성에 대한 이중 잣대라는 비판의 목소리가 끊이지 않는 가운데, 남성의 생리적 특성은 피임약 개발을 어렵게 만들었다.

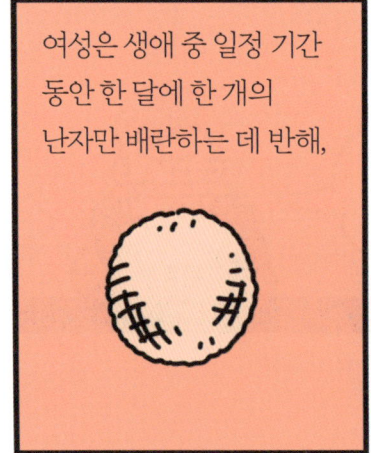

여성은 생애 중 일정 기간 동안 한 달에 한 개의 난자만 배란하는 데 반해,

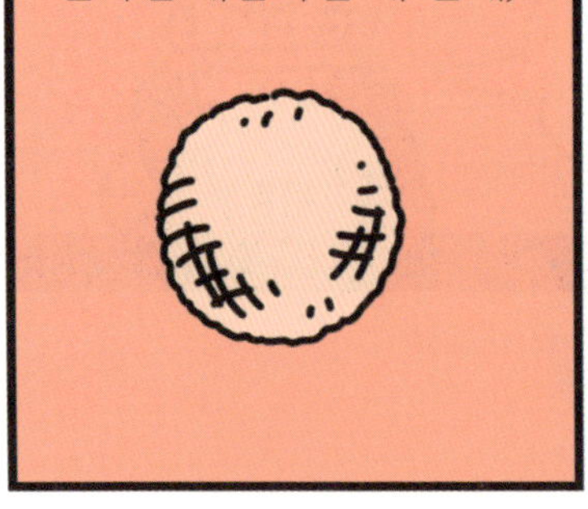

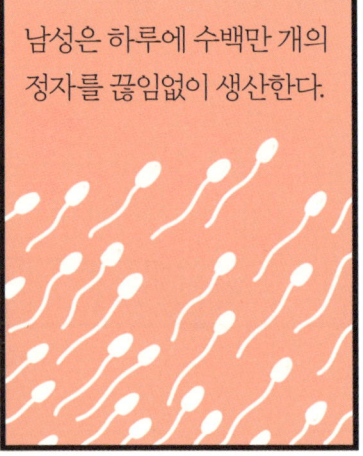

남성은 하루에 수백만 개의 정자를 끊임없이 생산한다.

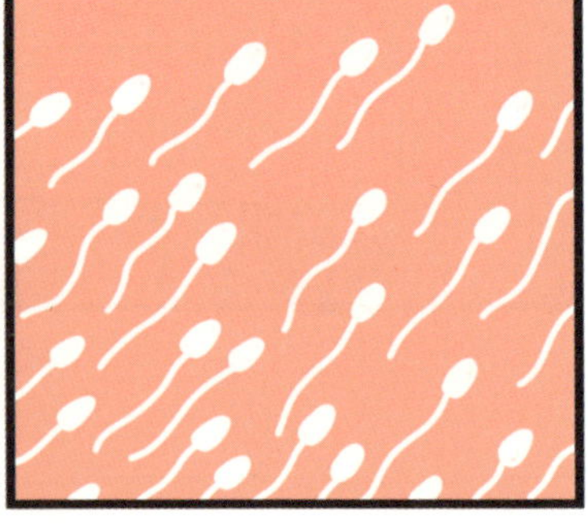

상대해야 하는
숫자부터
달랐습니다.

이렇게 연구의 어려움과
불투명한 시장성으로
제약회사의 외면을 받아왔기
때문에 남성 피임은 아직도
콘돔과 정관수술밖에는
없습니다.

그러나 성 의식에 대한 사회적 변화와 연구자들의 꺾이지 않은 집념은 변화를 불러오고 있다.

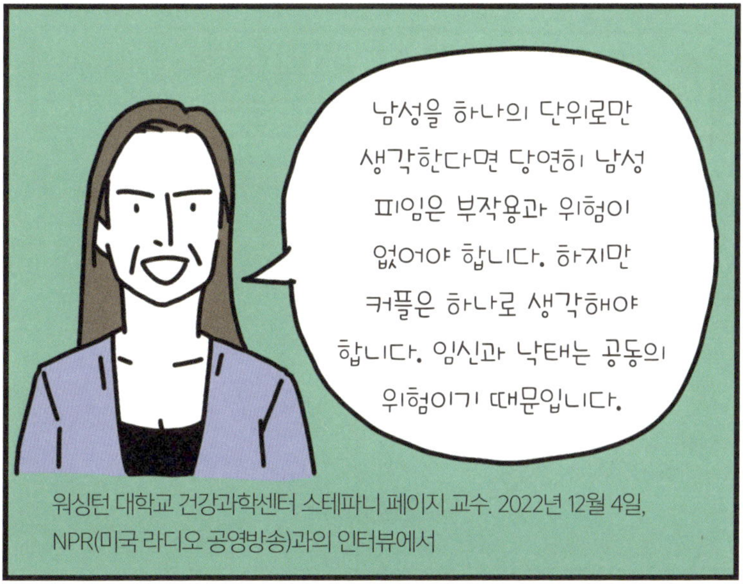
남성을 하나의 단위로만
생각한다면 당연히 남성
피임은 부작용과 위험이
없어야 합니다. 하지만
커플은 하나로 생각해야
합니다. 임신과 낙태는 공동의
위험이기 때문입니다.

워싱턴 대학교 건강과학센터 스테파니 페이지 교수. 2022년 12월 4일, NPR(미국 라디오 공영방송)과의 인터뷰에서 현재 남성 피임약은 크게 세 가지를 목표로 진행되고 있다.

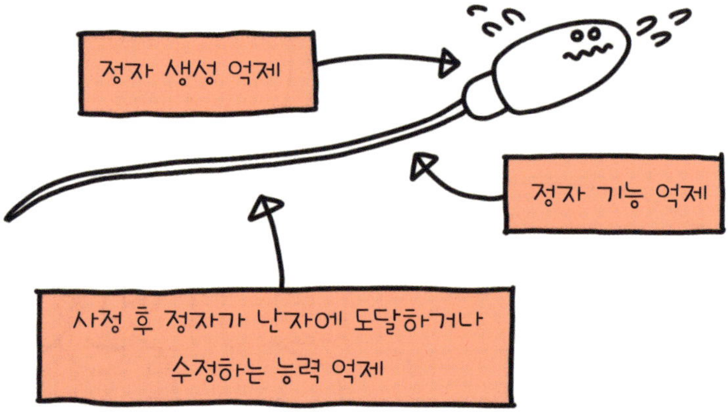
정자 생성 억제
정자 기능 억제
사정 후 정자가 난자에 도달하거나 수정하는 능력 억제

호르몬을 이용한 연구에서는 테스토스테론 단독 또는 프로게스틴과의 조합이 일시적으로 정자 생성을 억제할 수 있는 것으로 나타났다. 현재 이를 활용해 피부에 바르는 겔 타입, 경구용 알약, 주사제 등 다양한 방식의 남성 피임법이 개발되고 있다.

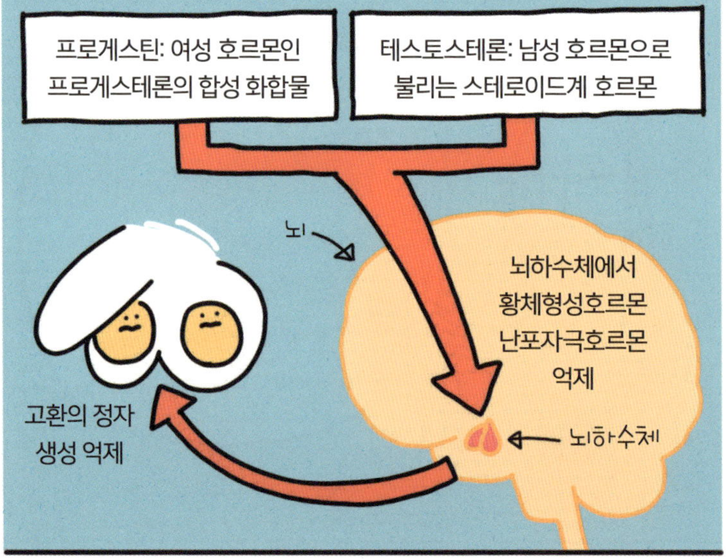
프로게스틴: 여성 호르몬인 프로게스테론의 합성 화합물
테스토스테론: 남성 호르몬으로 불리는 스테로이드계 호르몬
뇌
뇌하수체에서 황체형성호르몬 난포자극호르몬 억제
뇌하수체
고환의 정자 생성 억제

비타민 A의 대사산물인 레티노산은 정자의 형성과 형태, 운동성 등 여러 부분에서 필수적인 역할을 하기 때문에 이를 조절하는 레티노산 수용체를 표적으로 하는 연구도 진행 중이다.

RAR-α

주로 고환에서 발현되며 정자세포가 분화하는 데 핵심적인 역할을 한다.

RAR-β RAR-γ

여러 조직에서 발현되며 배아 발달, 면역반응, 조직 항상성 유지 등 다양한 생리적 과정에 관여한다.

요 녀석만 억제하면 정자 생성은 감소시키면서 부작용은 최소한으로 줄일 수 있지 않을까?

정자세포에서 주로 발견되며 정자의 운동성을 조절하는 효소를 차단해 정자의 움직임을 멈추려는 시도도 있다.

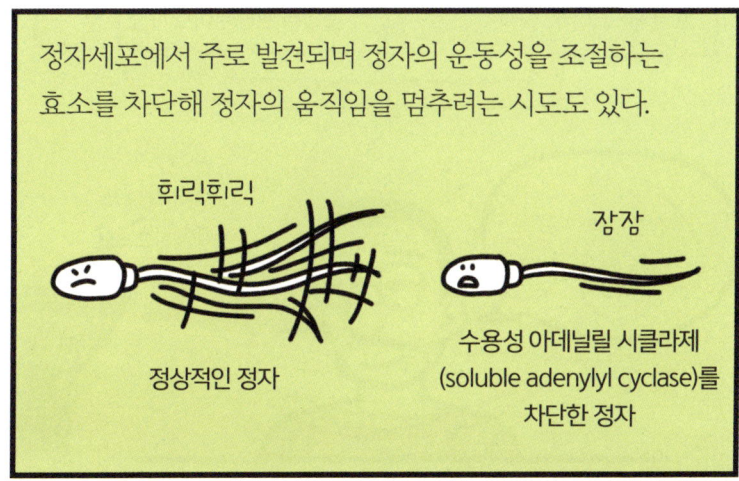

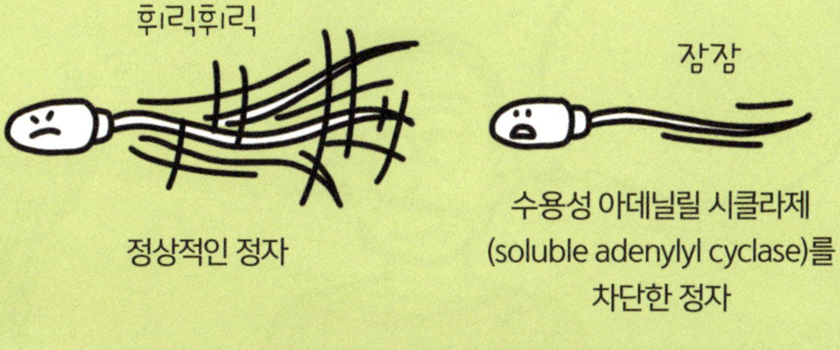
휘리릭휘리릭
잠잠
정상적인 정자
수용성 아데닐릴 시클라제 (soluble adenylyl cyclase)를 차단한 정자

실제로, 수용성 아데닐릴
시클라제 유전자에
돌연변이가 있는 남성은
불임인 것으로
확인되었습니다.

쥐를 대상으로 한 실험에서는
이 효소를 억제하는 약물을
투여한 후 약 2시간 동안
임신을 100% 예방할 수
있었으며, 24시간 후에는
정자의 운동성이 다시
회복되었다.

"앞으로 5년 남았다"는 헛헛한 소리만 수십 년째 메아리치고 있는 남성 피임약 분야에는 과연 언제 그 영광의 순간이 도래할까.

이번엔 메아리가
그칠까요?
남성 피임약은
이제 곧!

형? 형! 내 말 듣고 있어?
응? 어. 왜?
둘째도 만들어야지.
둘째? 지금 둘째랬냐? 네가 육아를 알아?!
육아의 망령이다
아니, 왜 화를 내고 그래.
날아다니는 건 뭐야?

최고의 남성 피임법? 그건 남성이 육아를 맡는 것이다. ■

애 서너 명씩 낳는 집은 분명 남자가 육아에 참여 안 해서다!
형, 벌써 취했어?!

늘 그렇듯 술이 모든 걸 망쳤다!

사실 남성 피임약은
여성의 것보다 더 일찍
등장했다.

1950년대 뉴욕에서 기생충
치료제로 시험 중이던 약물
WIN-18446은 실패작이었다.
또 망했네. 치료 효과가 하나도 없잖아!

하지만 다른 효과가 눈에
띄었다. 이 약을 먹는 동안
임신한 쥐가 한 마리도
없었던 것이다.
왜 번식을 안 하지?

조사해 보니 약을 먹은 수컷 쥐의
정자 수가 급감한 것으로
나타났다. 약효가 사라지면
정자 수는 다시 회복되었다.
그 외에 다른 모든 면에선 건강했다.

이것은 너무나 이상적인 남성
피임약 효과였기에 연구 목표는
급격히 수정됐습니다.
우리가 기생충 치료제가 아닌
피임약을 찾은 것 같소!

그 후 오리건 주립교도소의
수감자들을 대상으로 임상 시험이
이뤄졌고, 결과는 희망적이었다.

하지만 마침내
한 수감자에게서 치명적인
부작용이 나타났다.
가슴 두근거림, 발한,
메스꺼움, 구토 등의
증상이 나타난 것이다.
어찌된 영문일까.

당신만 부작용이 나타났는데, 대체 뭘 한 거요?
밤에 몰래 위스키를 마신 것 말고는…
남성 피임약으로 큰 기대를 모았던 WIN-18446은 결국 이 부작용을 극복하지 못한 채 조용히 연구가 중단되었다.
술을 마시지 못하는 부작용이라니. 너무 끔찍하군!

왜 이런 부작용이 나타난 거지?

2000년대 초반, 워싱턴 대학교 의과대학의 존 에이머리(John Amory) 교수는 우연히 WIN-18446에 대한 이야기를 접하고 이 약물을 다시 조사했다.

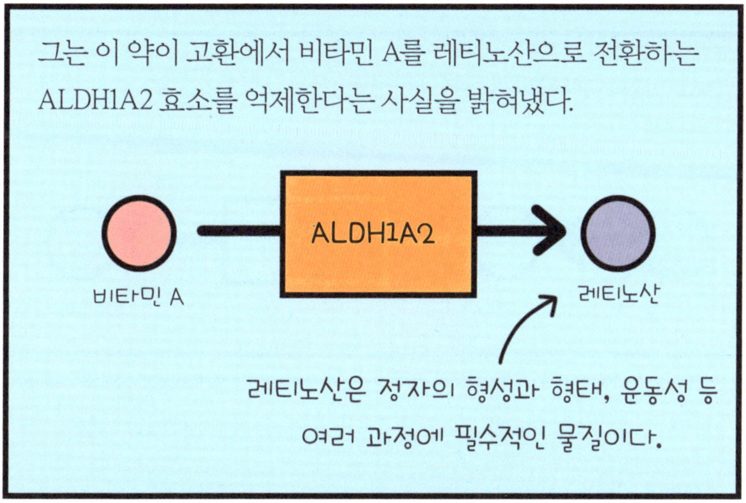
그는 이 약이 고환에서 비타민 A를 레티노산으로 전환하는 ALDH1A2 효소를 억제한다는 사실을 밝혀냈다.
ALDH1A2
비타민 A
레티노산
레티노산은 정자의 형성과 형태, 운동성 등 여러 과정에 필수적인 물질이다.

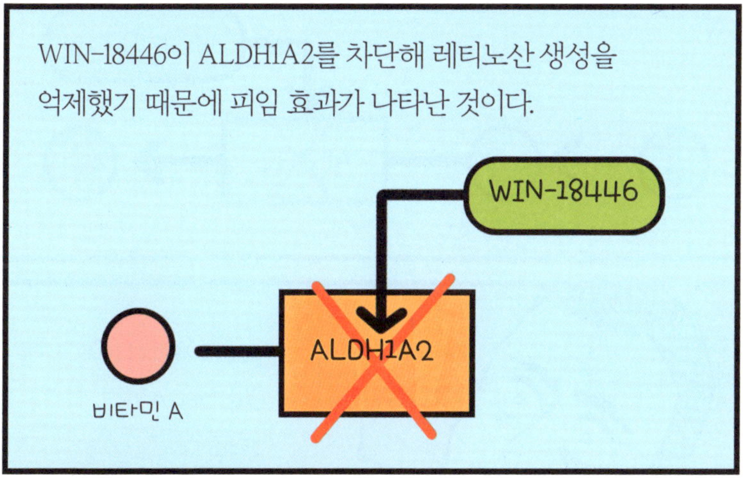
WIN-18446이 ALDH1A2를 차단해 레티노산 생성을 억제했기 때문에 피임 효과가 나타난 것이다.
WIN-18446
ALDH1A2
비타민 A

문제는 이 약이 ALDH1A2와 같은 계열 효소인 ALDH2도 억제한다는 점이었습니다.

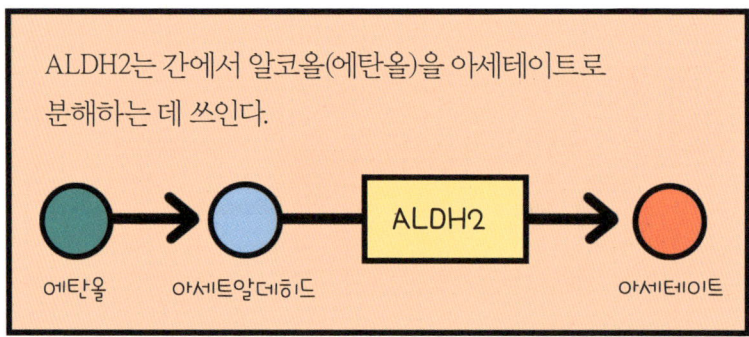

ALDH2는 간에서 알코올(에탄올)을 아세테이트로 분해하는 데 쓰인다.

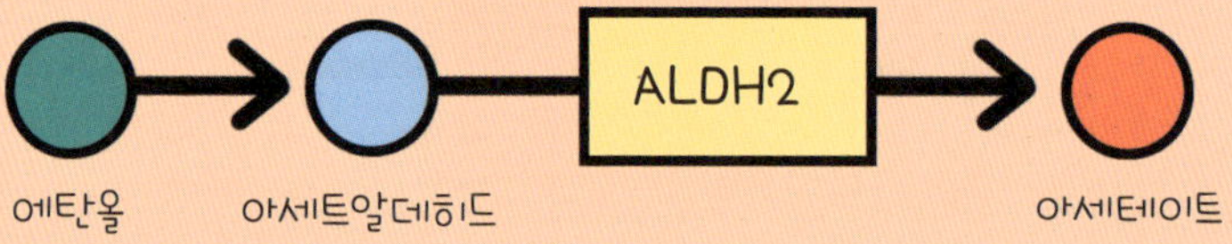
ALDH2
에탄올
아세트알데히드
아세테이트

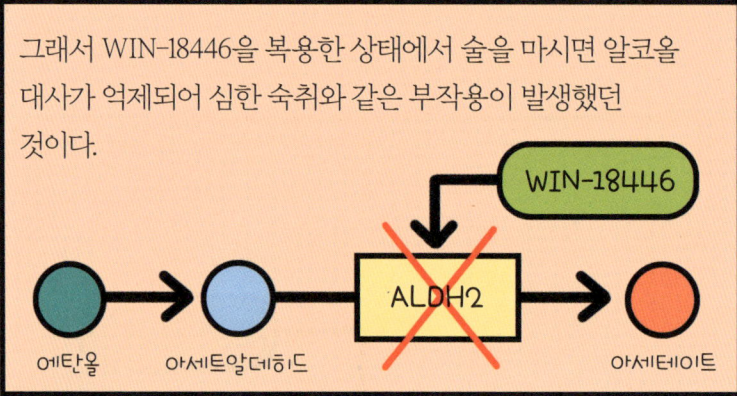

그래서 WIN-18446을 복용한 상태에서 술을 마시면 알코올 대사가 억제되어 심한 숙취와 같은 부작용이 발생했던 것이다.

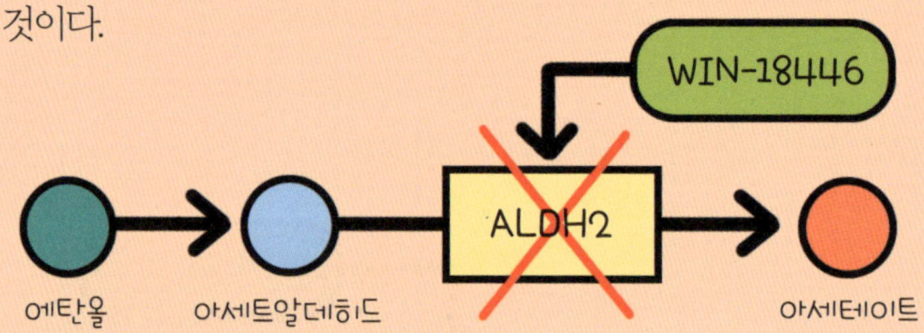
WIN-18446
ALDH2
에탄올
아세트알데히드
아세테이트

ALDH2는 놔두고 ALDH1A2만 억제하게 만들면 되잖아?!

그는 ALDH1A2만 억제하는 화합물을 개발했지만, 결과는 실패였다. 그 약은 정자 수를 감소시키지 못했다. ■

아오~! 술 땡기네!

10. 아시아 홍조

술, 유전자에 흔적을 남기다

이거 어때?
숱잔으로 딱이지 않아?
이쁘다!
숱이 술술 넘어가겠는데~
이건 이건~

여기다 막걸리 담아서 허리춤에 차고
다니면 폼나겠지?
동네 정자에서 그걸로
마시면서 만화 그리고
있으면 만화계의 이백이
따로 없겠네.
으하하하~
엄마… 아빠… 당신들은
대체…

값비싼 30년산이든, 값싼 소주든 간에 목구멍으로 넘어간 술은 간에서 다음과 같은 과정을 거쳐 몸 밖으로 배출된다.

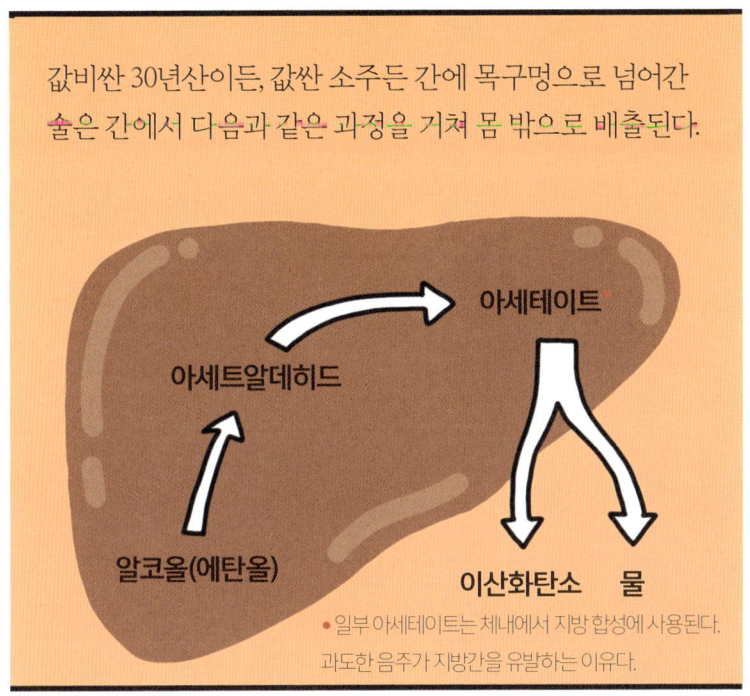

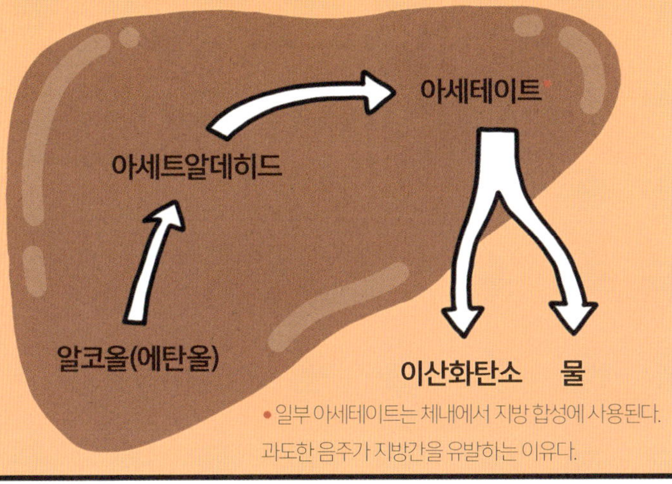
알코올(에탄올)
아세트알데히드
아세테이트*
이산화탄소
물
* 일부 아세테이트는 체내에서 지방 합성에 사용된다. 과도한 음주가 지방간을 유발하는 이유다.

이 과정에는 두 개의 효소가 필요하다.

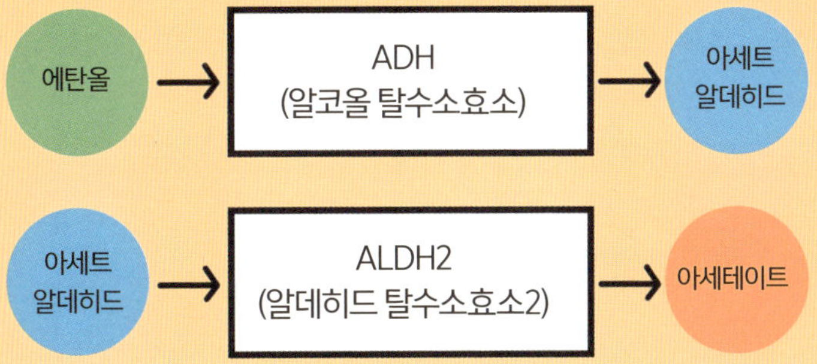
에탄올
ADH
(알코올 탈수소효소)
아세트
알데히드
아세트
알데히드
ALDH2
(알데히드 탈수소효소2)
아세테이트

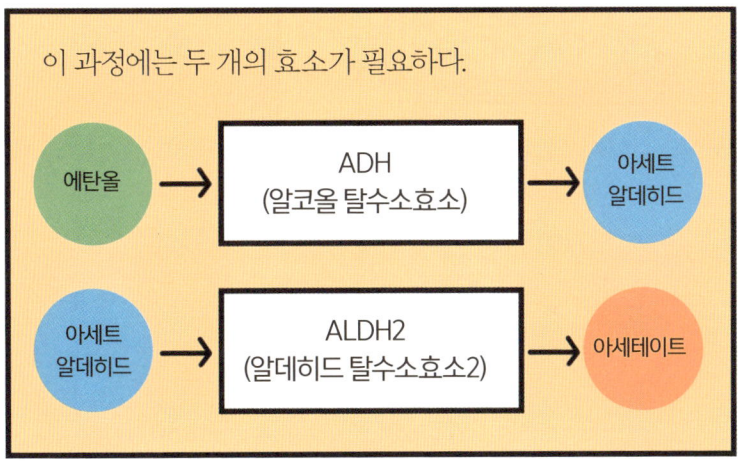

그런데 불행인지 축복인지 모르겠지만, 이 아름다운 알코올 분해 과정이 원활하게 이루어지지 않는 사람들도 있다.

ADH 돌연변이는 알코올을 아세트알데히드로 훨씬 빠르게 변환시킨다. 이로 인해 아세트알데히드가 급격히 생성되지만, 분해 속도가 이를 따라가지 못하면 체내에 축적된다.

아세트알데히드
에탄올
ADH
돌연변이

ALDH2의 변이형인 ALDH2*2는 효소의 활성을 현저히 감소시키기 때문에 아세트알데히드를 아세테이트로 분해하는 속도가 매우 느리다. 따라서 아세트알데히드가 체내에 축적된다.

ALDH2
돌연변이
아세테이트

최악의 경우는 ADH 돌연변이와 ALDH2*2를 모두 가지고 있을 때다. 알코올이 빠르게 아세트알데히드로 전환되지만, 분해가 제대로 이루어지지 않아 체내 아세트알데히드 농도가 급격히 상승한다.

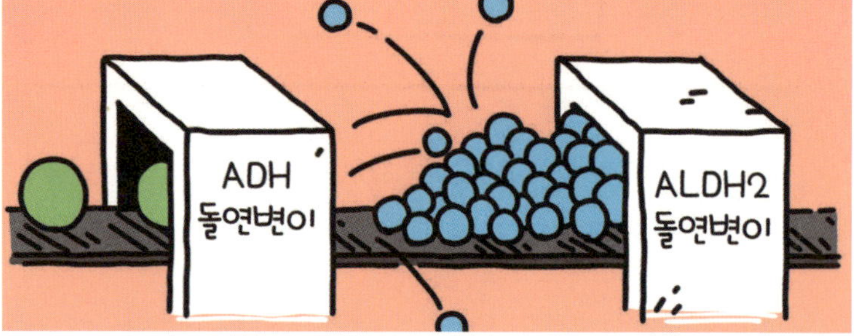
ADH
돌연변이
ALDH2
돌연변이

이런 사람들은 조금만 술을 마셔도 체내에 아세트알데히드가 축적되어 안면 홍조, 빠른 심장박동, 현기증, 메스꺼움 등 여러 불쾌한 부작용이 나타난다.

너 얼굴 터지겠다.
술 그만 마셔.

이 돌연변이는 전 세계 인구의 약 8%가 보유하고 있으며, 특히 중국·한국·일본 등 동아시아에서 흔하다. 그 외 지역에서는 거의 나타나지 않는다.
동아시아인
그 외 인종
약 30~50%
5% 미만

힝~
술을 못 마시는 것도 억울한데, 이 돌연변이는 다른 건강 문제도 일으킵니다.

독성 물질인 아세트알데히드는 알코올을 대사하는 과정에서만 생기는 건 아니다. 세포가 에너지를 만들 때 몸에서는 활성산소종이라는 부산물이 생긴다.

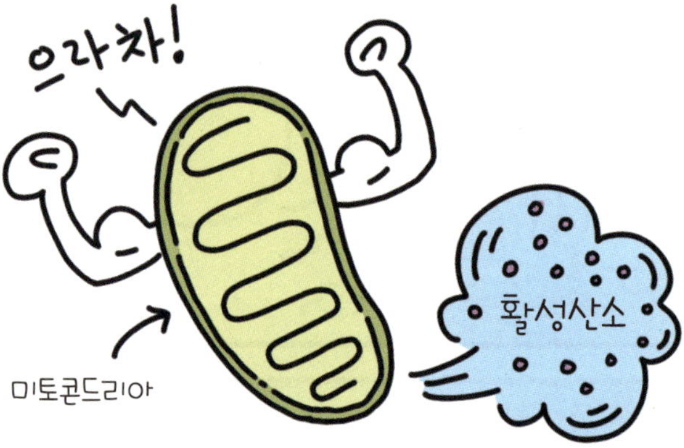

으라차!
활성산소
미토콘드리아

활성산소종이 너무 많아지면 세포를 손상시킬 수 있는데, 이 과정에서 아세트알데히드 같은 유해한 물질이 추가로 만들어질 수 있다.

아세트알데히드를 분해하는 데 문제가 생기면 몸에 쌓이는 독성 물질이 늘어나 건강에 악영향을 미칠 수 있습니다.

ALDH2*2를 가진 사람은 식도암의 위험이 증가하고, 고혈압 및 심혈관 질환 발생률도 더 높은 것으로 밝혀졌다.
뇌졸중 위험 증가
폐동맥고혈압 위험 증가
말초동맥질환의 위험 증가
관상동맥질환 위험 증가
맙소사
내가 이 망할 돌연변이의 마지막 보유자이길….
그러나 이 변이가 단점만 있었다면 동아시아에서 이처럼 널리 퍼지지 않았을 것입니다.
일부 연구에서는 ALDH2*2가 건강상 이점을 제공할 가능성을 제기했다. 또한 명확한 기전은 아직 밝혀지지 않았지만, 이 변이가 결핵과 B형 간염 감염 위험을 낮출 수 있다는 연구도 보고되었다.
노화 관련 심장 기능 장애 위험 감소
대동맥류와 대동맥박리 위험 감소
고혈압 위험 감소
휴~

ALDH2*2가 일으키는
건강상의 문제를 해결하기
위한 연구도 진행 중이다.

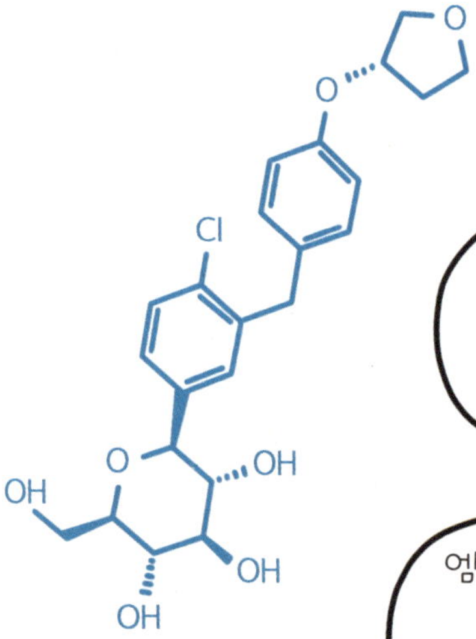
O
O
Cl
O
OH
OH
OH
OH

엠파글리플로진 화학 구조

아직 초기 단계지만, ALDH2*2 보유자의 효소 기능을 회복시키기 위한 화합물이 개발되고 있습니다.

엠파글리플로진(Empagliflozin)이라는 당뇨병 치료제는 혈관 내피 기능을 개선하여 ALDH2*2와 관련된 혈관 건강 문제를 완화할 가능성이 연구되고 있습니다.

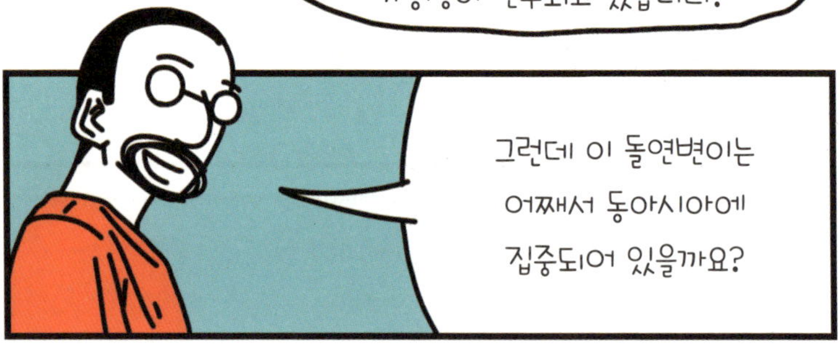
그런데 이 돌연변이는 어째서 동아시아에 집중되어 있을까요?

그 이유는 아직 명확히 밝혀지지 않았지만, 일부 연구에서는 동아시아가 쌀 농사의 기원지로서 쌀을 이용한 발효주가 일찍부터 발달하면서 술과 관련된 선택 압력이 작용했을 가능성을 제기한다.

우웩
이 돌연변이는 술을 마실 때 나타나는 불쾌한 부작용으로 과도한 음주를 억제해 알코올 중독 위험을 낮춤으로써 확산된 것일까요?

그러나 인간의 굳건한 의지는 이런 진화를 무색하게 만듭니다.

아시아인들에게 흔하기 때문에 '아시아 홍조'라고 불리는 변이에 의한 홍조는, 일반적인 음주로 인한 홍조와는 다르다.

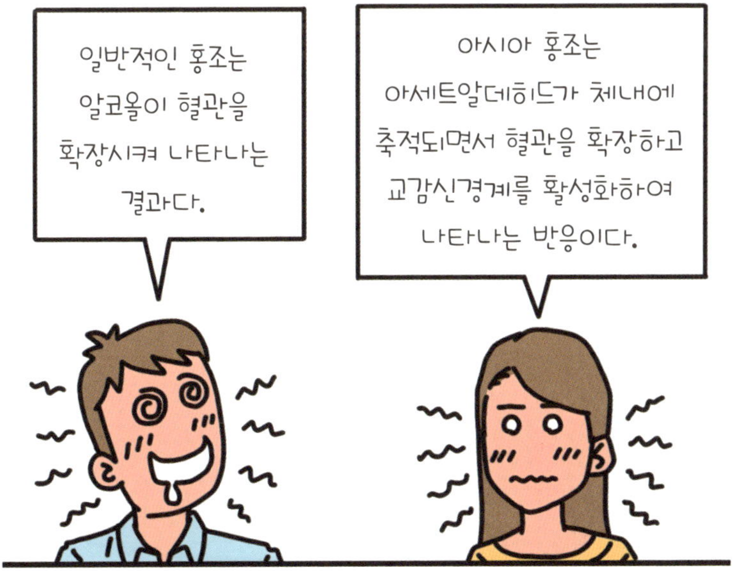
일반적인 홍조는 알코올이 혈관을 확장시켜 나타나는 결과다.
아시아 홍조는 아세트알데히드가 체내에 축적되면서 혈관을 확장하고 교감신경계를 활성화하여 나타나는 반응이다.

그래서 홍조를 피하기 위해 술 마시기 전 항히스타민제를 먹는 이들이 있습니다.

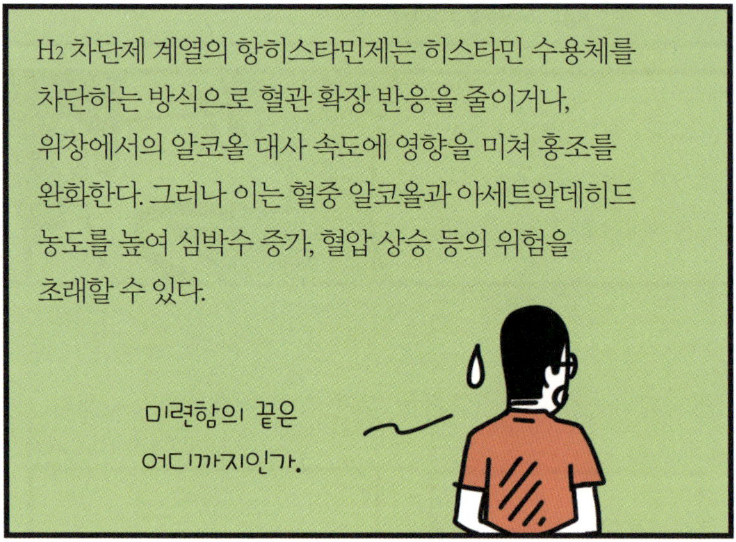
H_2 차단제 계열의 항히스타민제는 히스타민 수용체를 차단하는 방식으로 혈관 확장 반응을 줄이거나, 위장에서의 알코올 대사 속도에 영향을 미쳐 홍조를 완화한다. 그러나 이는 혈중 알코올과 아세트알데히드 농도를 높여 심박수 증가, 혈압 상승 등의 위험을 초래할 수 있다.
미련함의 끝은 어디까지인가.

적당한 음주가 건강에 이로운지에 대한 논쟁은 여전히 계속되고 있다. 그러나 이에 대해서만큼은 의학계의 목소리가 일치한다. ■

조금만 마셔도 얼굴 빨개지는 사람은 제발 술 마시지 마세요. 당신들에게 술은 백해무익합니다.

11. 좋은 콜레스테롤(HDL)

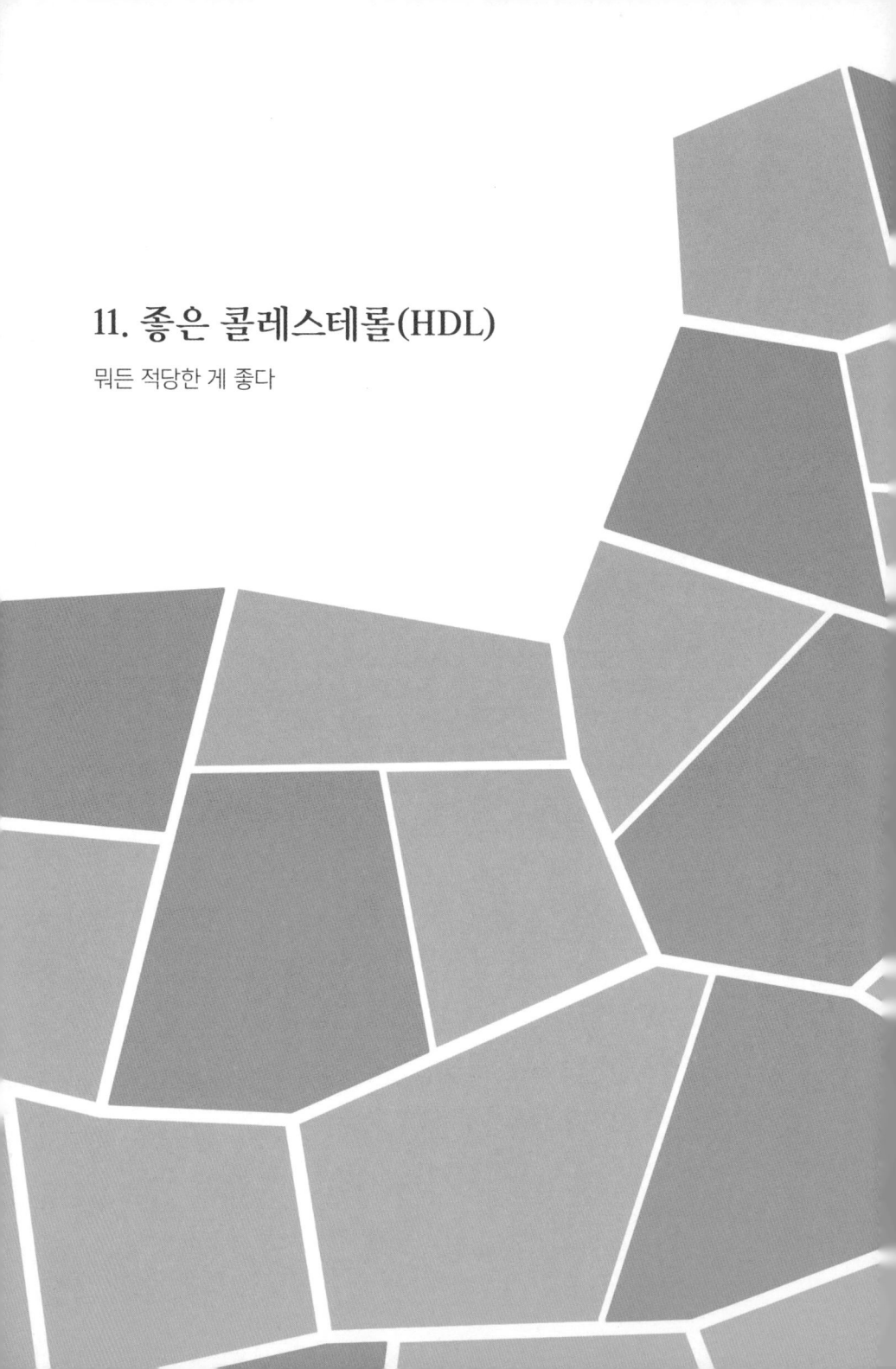

뭐든 적당한 게 좋다

저저~ 밀림에서 사냥하는 아마존 여전사의 눈빛이 따로 없군.
날렵하기는 먹이를 낚아채는 독수리 버금가네.
고기만 집어 먹지 말고 야채도 먹어라. 혈관 막힌다.
귀한 야채는 아버님 드세용~

앗! 양파잖아!
쌤통이다! 그 양파가 네 혈관을 구한 것이다.
하! 하! 하!
이게 다 신이 굽어 살피시기 때문이다! 오~ 모두 감사의 기도를 올리자~
깐족 깐족
건강의 여신이여~ 딸의 혈관을 계속 지켜주세요.
육식의 신이시여. 제게 고기를 구별할 힘을 주소서!

아빠나 딸이나. 밥 먹다 말고 갑자기 주술 대전이냐고!
과유불급. 적당함이 좋다는 건 만고의 진리다. 특히 몸의 생리에 있어서는 말이다.
우리 몸에서 건강에 해롭다고 알려진 물질들도 대개 적절한 균형이 깨졌을 때 문제가 됩니다.
아빠는 고기 줄여라~
동맥경화와 심장 질환의 주범으로 지목되는 콜레스테롤도 마찬가지입니다.
콩트 끝났으면 퇴장하지?!
메롱~

콜레스테롤은 혈관을 막기 위해
존재하는 물질이 아니다.

우리 몸은 콜레스테롤을 음식에서
섭취할 수도 있지만, 주로 간에서
직접 합성한다.
내가 해로운 물질을 굳이
만들 리는 없잖아요?
간

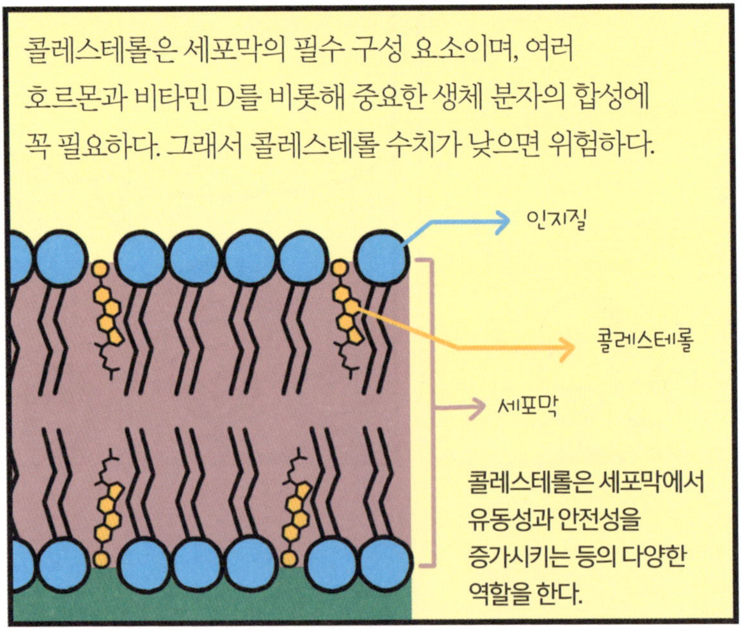
콜레스테롤은 세포막의 필수 구성 요소이며, 여러
호르몬과 비타민 D를 비롯해 중요한 생체 분자의 합성에
꼭 필요하다. 그래서 콜레스테롤 수치가 낮으면 위험하다.
인지질
콜레스테롤
세포막
콜레스테롤은 세포막에서
유동성과 안전성을
증가시키는 등의 다양한
역할을 한다.

반대로 콜레스테롤이 과해도 문제입니다.

음식이 남으면
음식 쓰레기가 되는 것처럼
필수적인 콜레스테롤도
과다하면 문제가 된다.
혈중 콜레스테롤이 많으면
혈관 벽에 염증이 생기고,
그 부위에 지방과
콜레스테롤이 쌓여
동맥이 좁아지면서
심장 질환 위험이 높아진다.

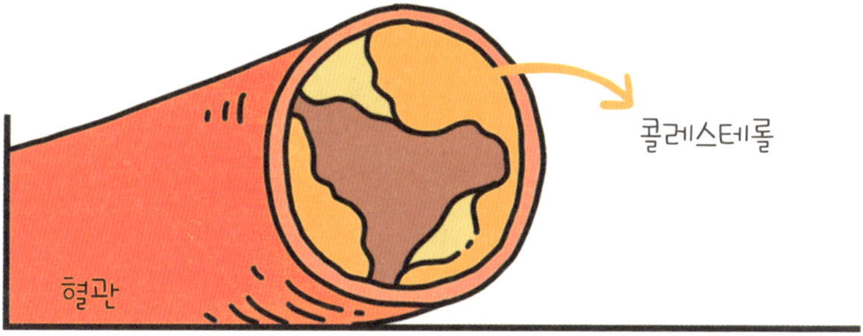
콜레스테롤
혈관

흔히 콜레스테롤은 나쁜 콜레스테롤(LDL)과 좋은 콜레스테롤(HDL)로 나눕니다.

하지만 엄밀히 말하면 콜레스테롤 자체는 하나입니다.

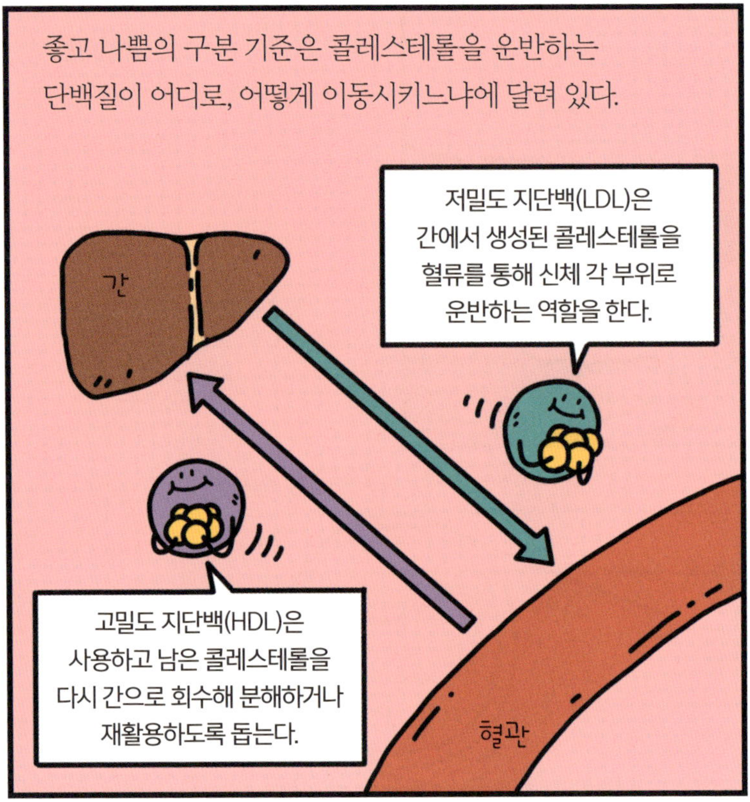
좋고 나쁨의 구분 기준은 콜레스테롤을 운반하는
단백질이 어디로, 어떻게 이동시키느냐에 달려 있다.
저밀도 지단백(LDL)은 간에서 생성된 콜레스테롤을 혈류를 통해 신체 각 부위로 운반하는 역할을 한다.
간
고밀도 지단백(HDL)은 사용하고 남은 콜레스테롤을 다시 간으로 회수해 분해하거나 재활용하도록 돕는다.
혈관

이처럼 기능상의 차이일 뿐이지만, 콜레스테롤을 좋은 놈과 나쁜 놈으로 나누게 된 것은 20세기 후반 미국 정부가 주도한 연구에서 비롯됐다.

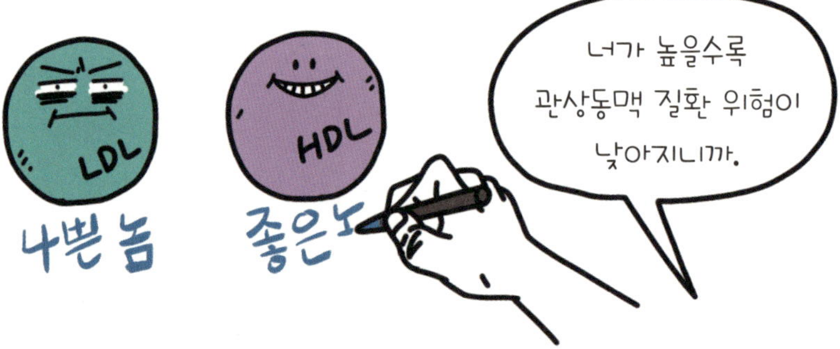
LDL
HDL
너가 높을수록 관상동맥 질환 위험이 낮아지니까.
나쁜 놈
좋은 노

그 영향으로 HDL이 높을수록 건강에 좋다는 인식이 퍼졌고, 현재도 많은 의료 기관이 권장 HDL 수치를 60mg/dL 이상으로 설정하고 있다.

과식한 니가 아니라 필요한 곳에 쓰라고 운반한 내가 나쁜 놈이라고? 기가 차네!
LDL
과유불급의 진리는 여기에도 적용됩니다.
HDL이 '좋은 콜레스테롤'로 불리는 이유는 남은 콜레스테롤을 회수해 혈관에 쌓이는 것을 방지하기 때문이다.
그러나 HDL 수치를 높이는 것이 반드시 심혈관 질환 예방으로 이어지는 것은 아니라는 연구 결과가 이어지고 있습니다.

인위적으로 HDL 수치를 높인 임상 시험에서는 높은 HDL 수치와 심혈관 질환 위험 간의 뚜렷한 연관성이 관찰되지 않았다. 오히려 HDL 수치가 지나치게 높으면 심혈관 질환 위험이 높게 나타나고, 골밀도 감소와 관련되어 골절 위험을 높일 가능성이 있다는 연구 결과도 나오고 있다.

너 좋은 놈… 맞지?
HDL

인종 간 차이도 발견되었다. 2022년에 미국심장학회에서 발표한 연구에 따르면, 백인과 흑인 모두 HDL 수치가 높아도 심장병 예방 효과는 나타나지 않았다.
HDL이 낮은 경우, 백인 참가자는 심장 질환의 위험이 증가했지만, 흑인 참가자는 그러한 연관성이 보이지 않았다.
반면, LDL 수치가 높으면 인종에 관계없이 심혈관 질환 위험이 증가하는 것으로 나타났다.

HDL이 높아도 심장병 예방이 안 된다고?
HDL이 낮아도 위험이 커지지 않는다고?

HDL은 단순히 콜레스테롤을 회수하는 역할만 하는 건 아닙니다. 항염증, 항산화 작용 등 여러 좋은 역할도 맡고 있습니다.
내 말이!

그렇다면 왜 이처럼 유익한 물질의 양이 증가하면 오히려 해로운 영향이 나타나기도 할까요?
나도 궁금하네.

그 이유는 HDL이 단일한 물질이 아니라 다양한 크기와 형태를 가진 복잡한 입자들이기 때문이다. 이러한 입자들은 물리적·화학적 특성이 서로 다르며, 기능도 균일하지 않다.

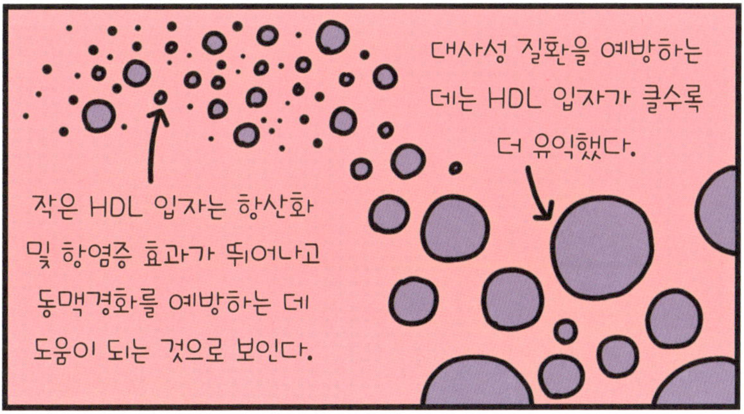
대사성 질환을 예방하는 데는 HDL 입자가 클수록 더 유익했다.
작은 HDL 입자는 항산화 및 항염증 효과가 뛰어나고 동맥경화를 예방하는 데 도움이 되는 것으로 보인다.

또한, 특정 질병이 HDL의 기능을 저하시키거나, 정상적으로 작동하지 못하게 해서 산화와 염증을 촉진하는 경우도 관찰되었다.

따라서 HDL의 절대적인 양보다는 어떻게 구성되어 있는지, 그래서 얼마나 효율적으로 콜레스테롤을 제거하는지가 더 중요합니다.
문제는 일반적인 혈액 검사로는 이러한 차이를 알 수 없다는 것입니다.
현재, HDL 수치가 높은 것이 건강에 어떤 의미를 가지는지 명확히 밝혀지지 않았다. 일부 전문가들은 '적당한' HDL 수치를 40~80mg/dL로 제시하기도 한다.
HDL
쌤통이다.
LDL

다만, 높은 LDL 수치는 여전히 심혈관 질환의 주요 위험 요인으로 확인되고 있다. ■

칫!
LDL

12. 종양 미생물군집

암 치료를 위한 새로운 수단

으악! 나방이다!
나방 가지고 호들갑은.
두근 두근
사람 사는 데 벌레도 있는 거지.
징그럽잖아.
그렇게 벌레가 싫으면 벌레 서식하기에 딱 좋은 네 방부터 청소해.
아빠 책상도 만만치 않거든.
하지만 오염의 정도가 다르지.

아빠 책상은 예측할 수 있는 생태계의 일원으로서의
생물이 살 것 같다면,

네 방은 불온하고 세상에 존재해서는 안 될
무언가가 있을 것 같다고 할까.

인간은 문명이란 이름으로 자연을 밀어내고, 이곳에 우리가 허락한 생물만 살아야 한다는 오만한 착각을 하고 있다.

색깔부터 너무
편파적이잖아!
으악! 나타났다.
불온한 존재!
그래서 종종 초대한 적 없는 존재의 등장에 놀라고 기겁한다.
생물은 인간의 허락과는 상관없이 늘 존재했다.
퍼덕
퍼덕
우리 몸도 마찬가지다.
몸은 온전히 내 것이 아닌,
수많은 미생물이 공존하는
하나의 생태계다.

이처럼 우리 몸에 사는 미생물 집단을 미생물군집(micro-biome)이라고 합니다.
미생물군집은 개인마다, 신체 부위마다 그 종류가 크게 다릅니다.
난 겨드랑이 소속인데 넌?
난 콧구멍.
이들은 비만, 당뇨, 자가면역질환뿐만 아니라 심지어 정신 건강에도 영향을 끼치는 것으로 추정됩니다.
즉, 미생물은 '자아'의 한 축을 이루는 존재일 수 있습니다.

일찍이 이들의 중요성을 깨달으면서 2007년에 인간의 미생물군집을 수집·분석하는 '휴먼 마이크로바이옴 프로젝트'가 시작됐다.

5년간 진행된 이 프로젝트에서 연구자들은 입, 코, 피부, 위장관, 질 등 신체 여러 부위에서 샘플을 채취해 분석했습니다.

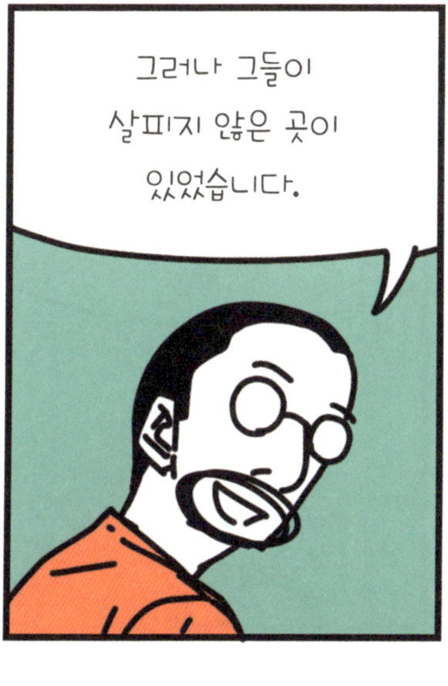
그러나 그들이 살피지 않은 곳이 있었습니다.

바로 종양이었습니다. 암은 무균 지대라고 여겨졌기 때문입니다.

왜 항암제를 써도 암세포가 계속 증식할까?
2008년, 암 생물학자 라비드 스트라우스만(Ravid Straussman)은 시험관에서 배양 중인 일부 암세포가 항암제에 내성을 보이는 것에 의문을 가졌다.
??
흠~
그는 1년이 넘는 연구 끝에 그 원인이 세포 배양 과정에서 흔히 발견되는 오염원인 마이코플라즈마라는 박테리아임을 발견했다.
넌 뭐야, 엉?
박테리아가 종양 내부에 살면서 항암제를 차단하고 있었구나!

그의 의문은 거기서 멈추지 않았다.

체내 암 조직에서도
이런 미생물이 존재하며
항암 치료에 영향을 미칠까?

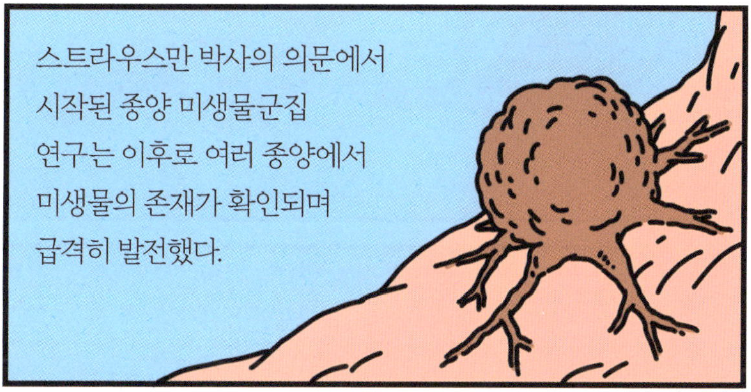
스트라우스만 박사의 의문에서
시작된 종양 미생물군집
연구는 이후로 여러 종양에서
미생물의 존재가 확인되며
급격히 발전했다.

종양은 작은 생명체들의
또 다른 서식지였습니다.

이들은 어디서, 어떻게
종양까지 도달한
것일까요?

미생물은 종양 주변의 건강한 조직뿐만 아니라, 장과 구강 등 다른 기관에서 혈관을 통해 유입되는 것으로 보인다. 종양에 복잡하게 얽혀 있는 혈관은 미생물이 정착하는 데 영향을 미칠 수 있다.

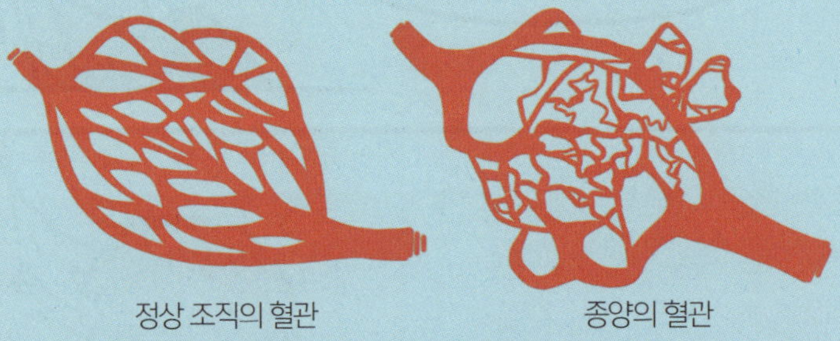
정상 조직의 혈관
종양의 혈관

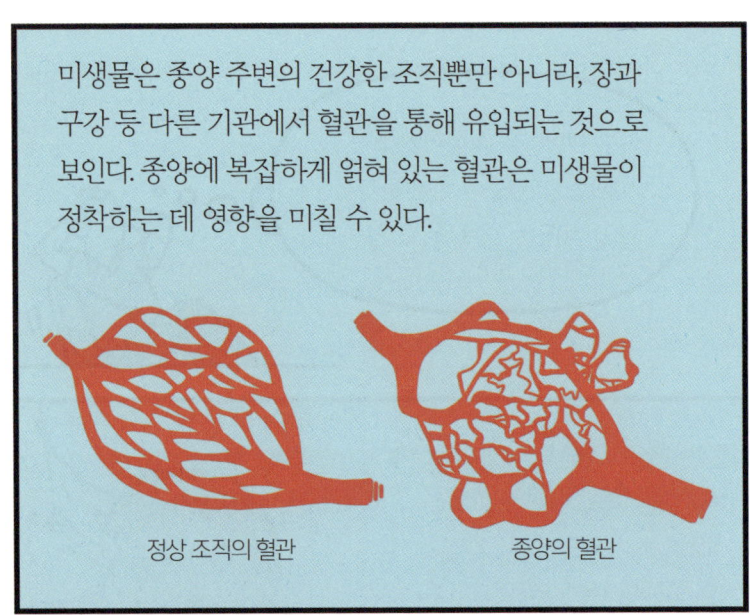

종양의 빠른 대사 작용은 미생물에게 풍부한 영양원을 제공하며, 낮은 산소 농도는 혐기성 미생물을 끌어들일 수 있다. 종양 내 환경은 특정 미생물이 번성하는 데 적합하다.

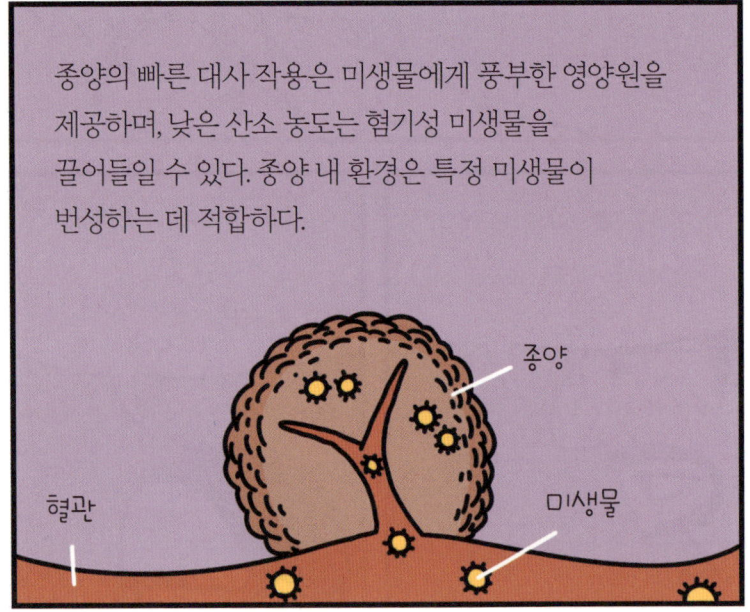

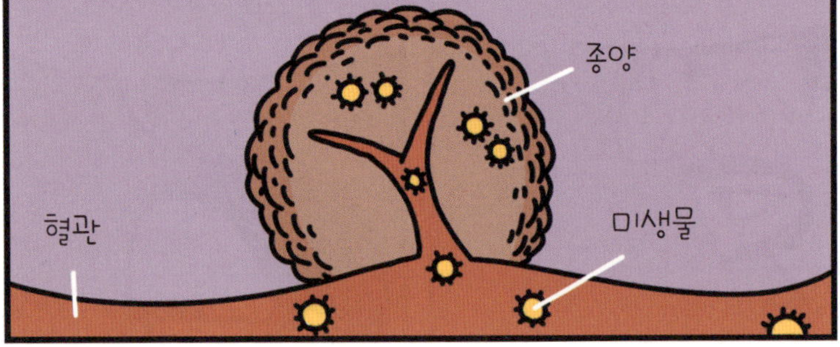
종양
혈관
미생물

이런 미생물 대부분은 직접적으로 암을 유발하지 않지만, 일부는 암의 성장에 관여하는 것으로 보입니다.
일부 미생물은 면역 억제 분자를 분비해 종양의 면역 회피를 돕거나, 항암제를 분해하는 효소를 만들어 치료 효과를 약화할 수도 있다.
그러나 미생물이 항상 공범인 것은 아니다. 일부 미생물은 오히려 면역계를 활성화해서 종양을 공격하도록 유도할 수도 있다.
헤이~!
면역세포

종양마다 독특한 미생물군집이 존재할 수 있음이 밝혀지면서, 최근 암 치료에서 미생물의 역할을 이용한 흥미로운 접근법이 시도되고 있다.

나쁜 미생물을 제거하거나 좋은 미생물을 투입하는 전략이다.

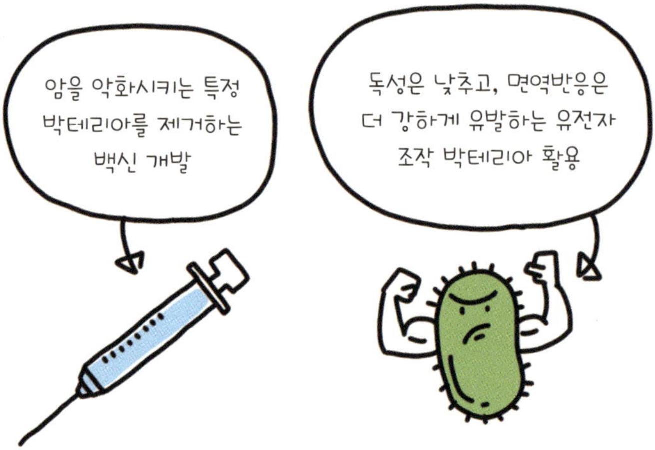
암을 악화시키는 특정 박테리아를 제거하는 백신 개발
독성은 낮추고, 면역반응은 더 강하게 유발하는 유전자 조작 박테리아 활용

최근에는 장내 미생물이 종양 미생물군집에 영향을 미칠 가능성이 제기되면서, 대변 이식을 이용한 암 치료도 연구되고 있다.

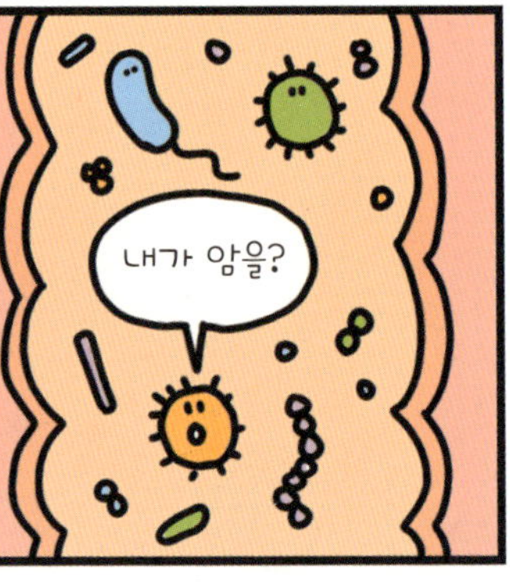
내가 암을?

과연 이 작은 생물이 암이라는 난공불락 성채의 뒷문을 열어 줄지 지켜볼 일이다. ■

13. 항노화제 연구

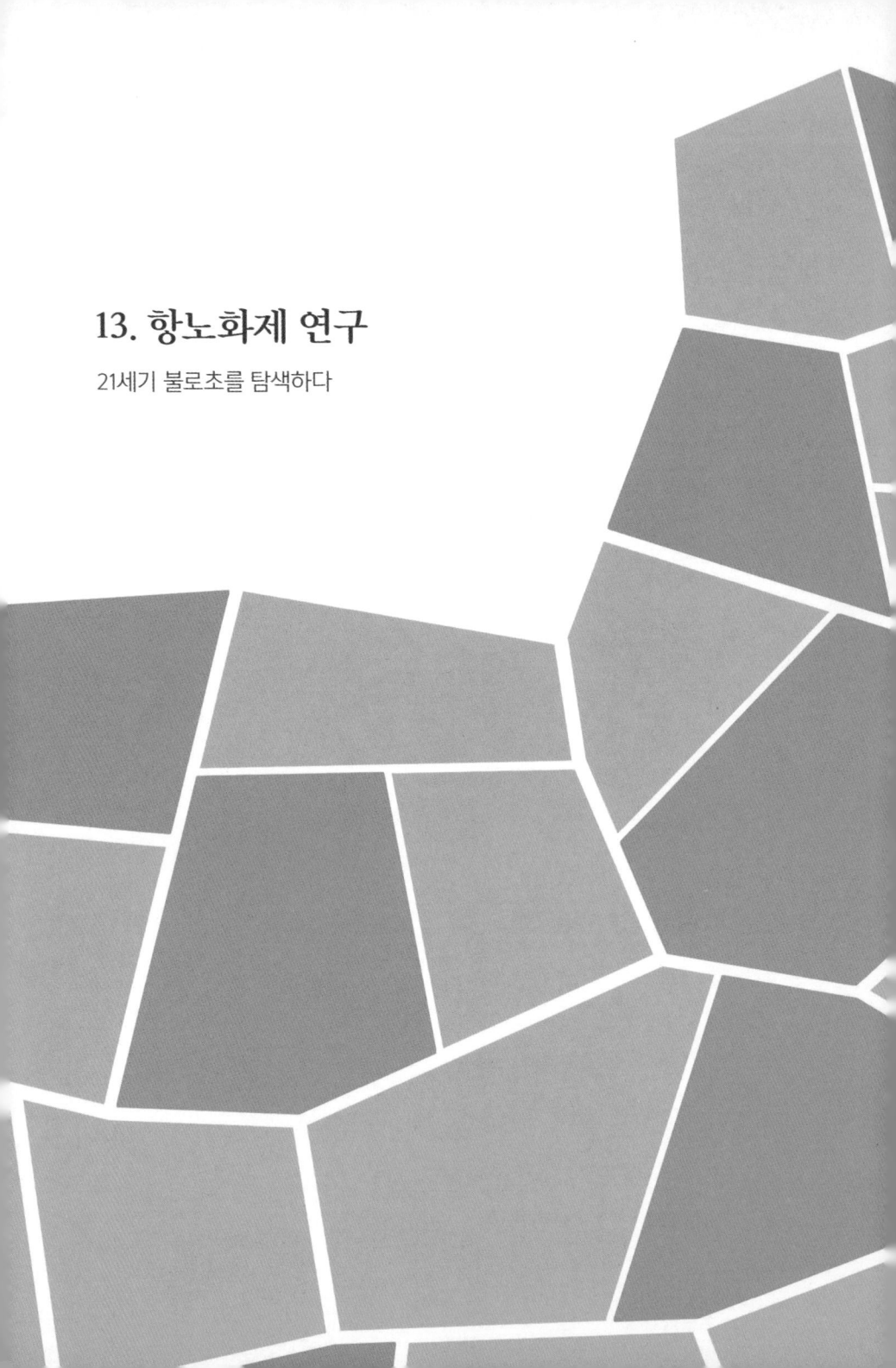

21세기 불로초를 탐색하다

달
달
달
달
느려서 하나도 안 시원하네.
덜덜
우리 집 선풍기들은 왜 하나같이 기력이 쇠한 거야?
덜덜
덜덜
집에 있는 오래된 선풍기는 모두 이래. 선풍기가 고장 날 게 있나?

고장이 잘 안 나니까 선풍기 회사에서 일부러 성능 제한을 걸어 둔 거 아냐?
오래된 휴대전화 속도가 느려지는 것처럼 말이야.
선풍기도 3~4년 지나면 팬 속도가 점점 느려지게 무슨 장치를 했을지도 모르지!
팟
팟
하하하~ 근데 정말 왜 느려질까?
인간 지능으로 모르겠으니 인공지능에게 물어보자!

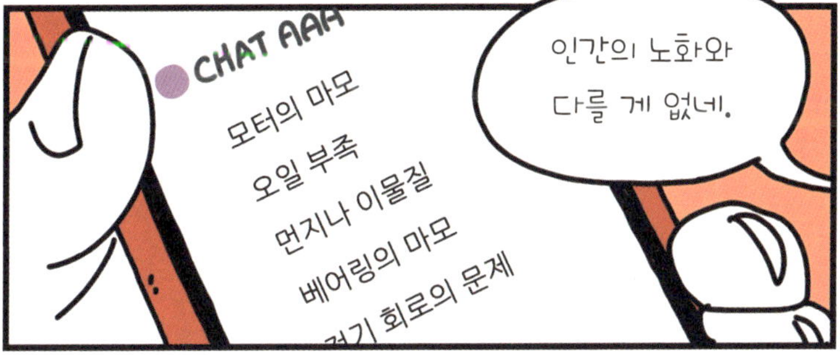
CHAT AAA
모터의 마모
오일 부족
먼지나 이물질
베어링의 마모
회로의 문제
인간의 노화와
다를 게 없네.

아이고… 우리 할배 선풍기~

세상 모든 것은
시간이 지나며 쇠하고,
끝을 맞이한다.

노화는 '고장'도 '형벌'도
아닌 자연의 섭리다.

모든 생물은 이를
받아들이지만, 인간만은
영 못마땅하다.
늙기 싫어!

다른 어떤 생물도 누리지 못한 풍요로움이
생에 대한 미련을 키운 걸까?

옛 왕들이 불로장생을 갈구하고,
지금 전 세계 재벌들이 앞다투어
항노화 연구에 투자하는 걸 보면
전혀 틀린 생각은 아닌 듯합니다.

대화형 인공지능
챗지피티(ChatGPT)를 개발한
오픈에이아이(OpenAI)의 대표
샘 올트먼, 아마존의 제프 베이조스를
비롯해 전 세계 거부들은 항노화를
연구하는 생명공학 회사에
수억에서 수십억 달러를
투자하고 있다.

노화는 단지 피부가 주름지고, 검은 머리가 백발이 되는 것이 아니다.
늙는다는 건 마모되고, 불필요한 것이 쌓여 기능이 저하되는 과정이다.
마치 우리 집 선풍기처럼 말이죠.
달달
달
달
달
그 결과 파킨슨병, 관절염, 골다공증, 시력 저하 같은 퇴행성 질환이 찾아오고, 약해진 신체는 외부 침입에도 쉽게 무너집니다.

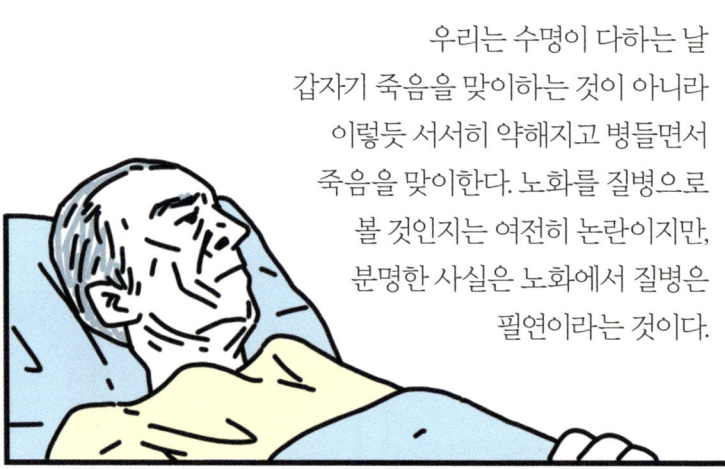

우리는 수명이 다하는 날
갑자기 죽음을 맞이하는 것이 아니라
이렇듯 서서히 약해지고 병들면서
죽음을 맞이한다. 노화를 질병으로
볼 것인지는 여전히 논란이지만,
분명한 사실은 노화에서 질병은
필연이라는 것이다.

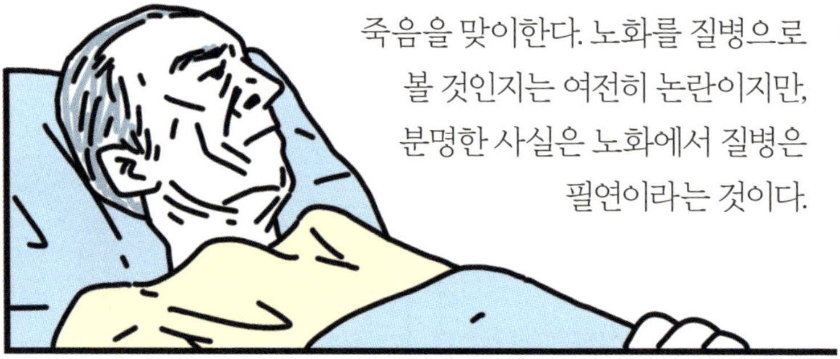

항노화(Anti-aging)란 특별한 무언가가 아닙니다. 그것은 마모된 것을 보강하고, 불필요한 것을 청소해 기능을 회복시켜 건강한 상태로 만들고 유지하는 것입니다.

따라서 항노화제 역시 전혀 새로운 개념의 약이 아니다.
대부분 기존의 질병 치료에 쓰이고 있는 약이거나,
건강보조식품에서 익숙하게 보던 물질들인 이유다.

세놀리스틱스, 라파마이신, 메트포르민 등
이름이 낯선 잠재적 항노화 약물들은
원래 면역 억제제, 항암제, 당뇨병 치료제
등으로 사용되던 것들이다.

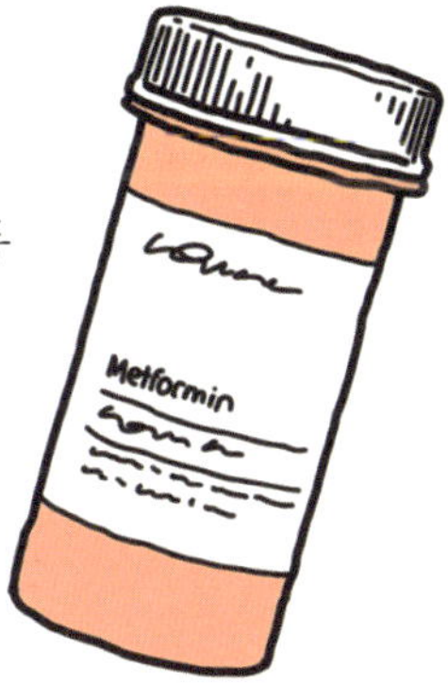
Metformin

이러한 약물은 세포 성장, 증식 경로를 조절하거나
노화 세포를 표적으로 삼아 작용하는 경우가 많다.

노화 세포란 스트레스를 받거나 수명이 다해 증식과
기능을 멈춘 세포를 말한다. 정상적인 경우라면 이런
세포들은 제거되지만, 그렇지 못할 경우 염증 반응을
유발해 주변의 건강한 세포에도 악영향을 끼친다.

그 밖에도 레스베라트롤, 코엔자임 Q10, 강황, 오메가-3 지방산 등이 항노화제 후보로 앞다퉈 이름을 올리고 있다.
불로초 후보가 너무 많은데?
항노화제

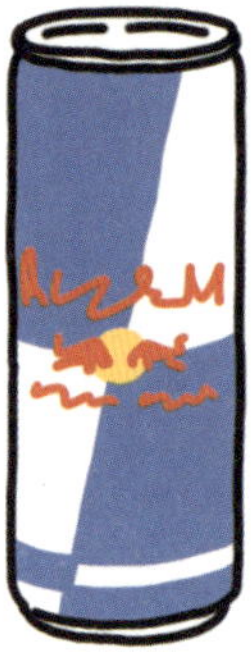

최근에는 에너지 음료에서 쉽게 볼 수 있는 타우린이 쥐를 대상으로 한 실험에서 수명을 연장하는 효과를 보이며 큰 주목을 받았다.

21세기 불로초를 찾기 위한 여정은 여기서 끝이 아닙니다.

젊은 혈액을 수혈받으면 항노화 효과가 나타난다는 소식이 전해지며, 한바탕 소란이 일었습니다.

2017년에는 젊은 기증자의 혈장을 주입받는 실험을 위해 35세 이상 지원자 600명을 모집하고 참가비로 8000달러를 받으려다가 중단된 일이 있었다.

미친 놈들아!
미식약청
FDA
후다닥~

2023년 5월에는 한 사업가가 자신의 10대 아들로부터 수혈받았다는 사실이 알려지며 논란이 되기도 했다.

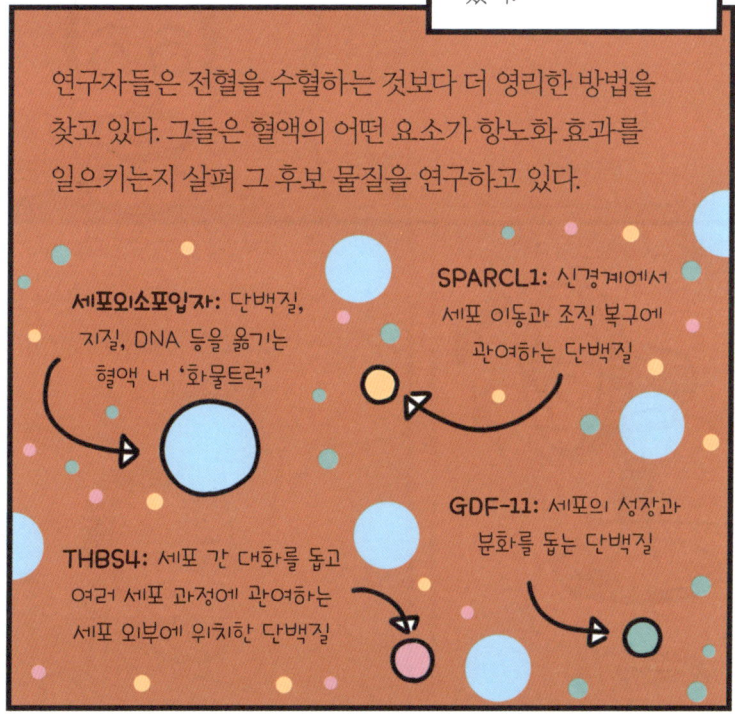

연구자들은 전혈을 수혈하는 것보다 더 영리한 방법을 찾고 있다. 그들은 혈액의 어떤 요소가 항노화 효과를 일으키는지 살펴 그 후보 물질을 연구하고 있다.

세포외소포입자: 단백질, 지질, DNA 등을 옮기는 혈액 내 '화물트럭'
SPARCL1: 신경계에서 세포 이동과 조직 복구에 관여하는 단백질
THBS4: 세포 간 대화를 돕고 여러 세포 과정에 관여하는 세포 외부에 위치한 단백질
GDF-11: 세포의 성장과 분화를 돕는 단백질

현재까지 항노화제로
승인된 약은 없다.
효과가 제한적이며,
부작용과 장기적인 영향에
대한 평가도 확실치 않다.

이렇게 항노화에 대한 노력에
관심이 집중되고 있지만,
환경을 보호하고 기후 위기를
막으려는 노력은 여전히
미약합니다.

덜덜
덜

오염된 바다와 메마른 땅,
먼지로 가득 찬 하늘에서
긴 수명이 무슨 의미일까?
뜨거워진 지구에서 우리는
건강한 삶을 살 수
있을까? ■

14. 비타민 D

필수 영양소인가, 불필요한 보충제인가

휴일인데 집에만 있지 말고 나가서 놀아. 친구도 없냐?!
덥고 뜨거워서 집에 있을래.
털썩—
원래 낮에는 덥고 뜨거운 맛으로 노는 거야.
햇볕 쬐면 피부암 걸려.
악! 내 발!
그럼 숨은 왜 쉬냐. 활성산소 생기게.
다른 집은 나가지 말고 집에서 공부하라던데.

아빠 병약한 수재보다
건강한 바보…
아니, 건강하고
공부 잘하는
사람이 좋다.
어?! 문장
대조가
이상한데?
안 이상하거든! 친구
없으면 산책하면서
광합성이나 하고 와!
내가
식물이냐고!
아~ 진짜!

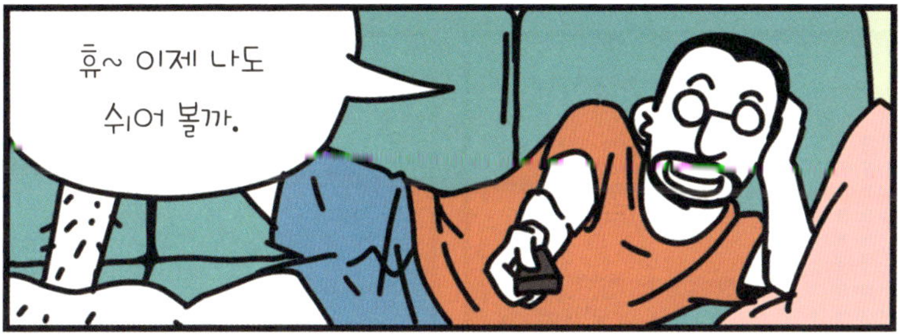
휴~ 이제 나도
쉬어 볼까.

뼈가 물러지고 변형이
일어나는 구루병은
오랫동안 원인 모를
병으로 남아 있었습니다.
우리 딸이랑
닮았네?

20세기 초반에 이르러서야 구루병이 식단에서 특정 인자가 부족해 발생하는 결핍성 질환임이 밝혀졌고, 1922년에 비타민 D가 발견되면서 비로소 이 질환의 전모가 드러났다. 구루병은 칼슘을 흡수하는 데 도움을 주는 비타민 D가 부족할 때 발생하는 질환이었다.

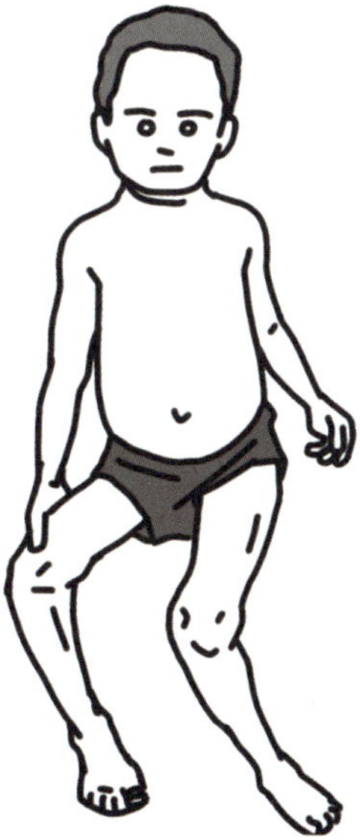

그 역할이 밝혀지면서 비타민 D는 뼈 건강의 대명사가 되었습니다.
곧이어 다양한 조직과 세포에서 비타민 D 수용체가 발견되었습니다.
이는 비타민 D가 단순히 뼈 건강뿐만 아니라 인체의 여러 생리적 과정에 중요한 역할을 한다는 뜻이었습니다.
예상대로 비타민 D는 면역 체계를 강화하여 감기 및 기타 감염을 예방하고 천식, 당뇨병, 암, 심장병 등 여러 만성 질환과도 관련이 있었다. 비타민 D 농도가 낮은 사람들에게서 이러한 질병의 사망률이 더 높게 나타났다.
내가 바로 현대판 만병통치약!
D
비타민

비타민 D의 유익한 효과,
낮은 혈중 비타민 D 농도와
질병의 연관성, 그리고 많이
섭취해도 안전하다는 연구를
근거로 보충제 사용을 지지하는
목소리가 높아졌습니다.

그 인기를 타고 미국에서는 비타민 D 보충제 판매량과 혈중 비타민 D 수치 검사가 급증했다.

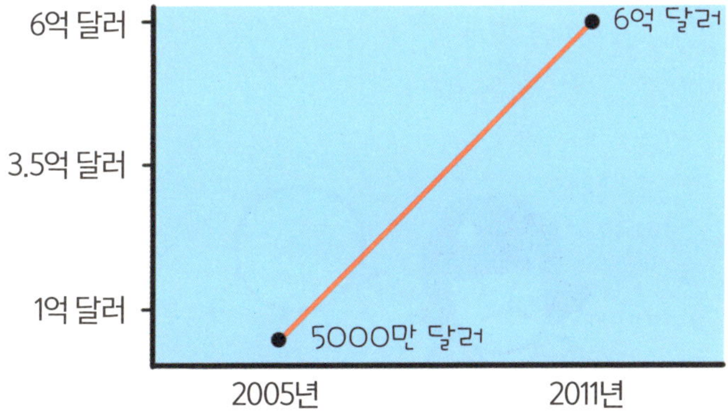
6억 달러
3.5억 달러
1억 달러
6억 달러
5000만 달러
2005년
2011년

미국의 2005년과 2011년 비타민 D 보충제 판매량 변화

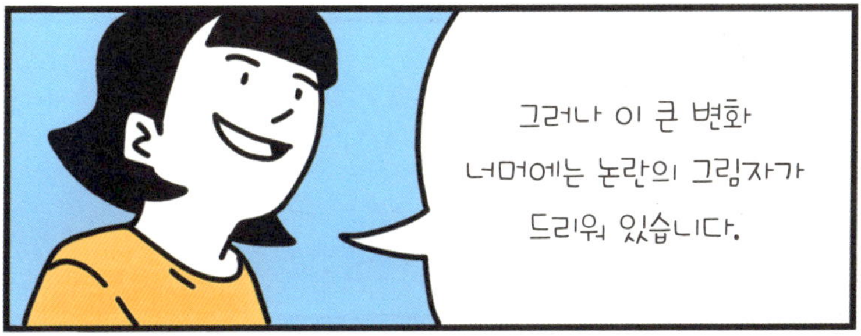
그러나 이 큰 변화
너머에는 논란의 그림자가
드리워 있습니다.

2010년에 미국 정부의 의뢰로 비타민 D에 관한 지침을 발표했던 미국의학연구소(IOM)는 기존 연구를 검토한 후에 다음과 같이 언급했다.

비타민 D가 뼈 건강을 제외한 암, 심혈관 질환, 당뇨병, 자가면역질환 등의 예방에 효과적이라는 근거는 충분하지 않습니다.

최근에 발표된 몇몇 대규모 임상 시험 결과도 이를 뒷받침한다. 연구에 따르면 고용량 비타민 D 보충제는 성별, 나이, 인종과 관계없이 중년 및 노년층의 골절이나 골다공증을 예방하는 효과가 없었으며, 기타 질병 예방에도 기여하지 않았다.
이런!
D
비타민

그렇다고 비타민 D 보충제가 전혀 불필요하다는 뜻은 아닙니다. 비타민 D는 여전히 건강에 중요합니다.

다만, 심한 영양 결핍이나 골다공증과 같은 특별한 이유가 없다면 건강한 사람에게 비타민 D 보충제가 가져다주는 추가적인 건강상의 이점은 거의 없다는 것입니다.
따라서 무분별하게 비타민 D를 복용해서는 안 되며, 골절을 예방하려면 비타민 D만으로는 충분하지 않다는 것이 현재까지의 연구 결과다.
비타민이 건강에 두루 유익하다는 주장이 과학적 검증 과정에서 반박된 사례도 존재합니다.

비타민 A가 암 유발 화합물로부터 신체를 보호할 수 있다는 연구 결과는 1994년 임상 시험에서 무너졌다. 연구 결과, 비타민 A를 보충한 실험군에서 오히려 사망률이 증가했다.
연구 중단!
비타민 E 역시 암을 예방하는 것으로 선전되었지만, 2008년 임상 시험에서 전립선암 발생 위험이 증가하는 것으로 나타나 연구가 조기에 종료되었다.
연구 중단!
비타민 D는 햇볕을 쬐는 것만으로 인체에서 자연적으로 합성되기 때문에 전체 섭취량 중 약 10%만이 음식에서 얻어진다.
90%
나가서 놀고 싶다!
하지만 보충제 지지자들은 현대인의 생활방식이 비타민 D 결핍을 초래한다고 주장한다. 하루의 대부분을 실내에서 보내고, 자외선 차단제를 사용하는 습관이 필수적인 햇빛 노출을 방해한다는 것이다.

현재 혈중 비타민 D 수치가 50nmol/L 이하면 결핍 상태로 정의합니다.

이 기준에 따르면 전 세계 비타민 D 결핍률은 국가별로 20%에서 최고 90%에 이르게 됩니다.

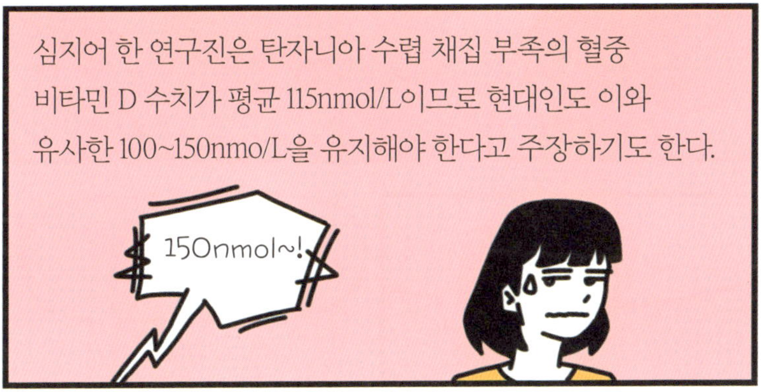
심지어 한 연구진은 탄자니아 수렵 채집 부족의 혈중 비타민 D 수치가 평균 115nmol/L이므로 현대인도 이와 유사한 100~150nmo/L을 유지해야 한다고 주장하기도 한다.
150nmol~!

역사상 가장 풍족한 시대에 전 세계인의 과반수가 비타민 D 결핍 상태에 놓여 있다는 것은 역설적으로 보인다.

이는 구루병이나 골연화증과 같은 골격 질환의 발생률과도 일치하지 않습니다.
D

우리는 일상에서의 햇빛 노출과 음식으로도 건강에 충분한 비타민 D를 얻고 있고, 낮은 수치가 건강에 미치는 영향은 그리 크지 않을지도 모릅니다. 낮은 비타민 D 수치는 건강 악화의 원인이 아닌, 결과가 아닐까요?
재미없어.
이제 슬슬 일하러 갈까?
어? 끝났다고요?

건강을 둘러싼 믿음과 과학의 경계는 흐릿하고, 인과관계와 상관관계를 밝히는 것은 늘 고되다. ■

15. 엡스타인-바 바이러스

면역계로 숨어든 골칫거리

뭘 이런 걸로 병원을 가. 밤에만 잠깐씩 열난 거잖아.
밤마다 이유 없이 열이 나면 이상한 거지. 애가 얼굴도 좀 부은 거 같고, 축 늘어져 있잖아.
딸애가 다섯 살이었을 즈음의 일이었다.
그냥 피곤해서 그런 거겠지.
쪽쪽~
무신경한 난 대수롭지 않다고 여겼지만, 아내는 무언가를 느꼈던 듯했다.
쪽쪽~
일주일이 넘게 일정한 시간에 열이 나는 건 열이 지속되고 있다고 봐야 합니다. 큰 병원으로 가는 게 좋겠습니다.
예!

아내의 판단은 옳았다. 혈액검사 결과 아이의 간 수치와 염증 수치가 높았다.
엡스타인-바 바이러스에 의한 감염성 단핵구증입니다.
비장도 크게 부어서 외부 충격에 파열될 수 있었습니다. 입원 치료를 해야겠습니다.
뭐? 뭘 이런 걸로?
사실상 전 세계 인구 대부분을 감염시킨 이 바이러스는 타액을 통해 전파된다. 따라서 입맞춤뿐만 아니라 음식이나 음료를 나눠 먹는 과정에서도 쉽게 감염될 수 있다.

전염력이 높아 대부분의 사람들은 청소년기가 지나기 전에 이 바이러스에 노출됩니다.
난 다섯 살에 걸렸다고?
감염되면 가벼운 감기 증상이나 극심한 피로감을 유발하는 감염성 단핵구증이 나타나기도 하지만, 아무 증상 없이 지나가는 경우도 많습니다.
엄마가 널 살렸다. 꼭 효도로 갚아라!
하지만 증상이 없거나 사라졌다고 해서 바이러스를 완전히 물리친 것은 아닙니다.

엡스타인-바 바이러스는
평생 체내에 남아 문제를
일으킬 수도 있거나,
아무 일도 일어나지
않을 수도 있다.

이거 뭐, 슈뢰딩거의
바이러스도 아니고…

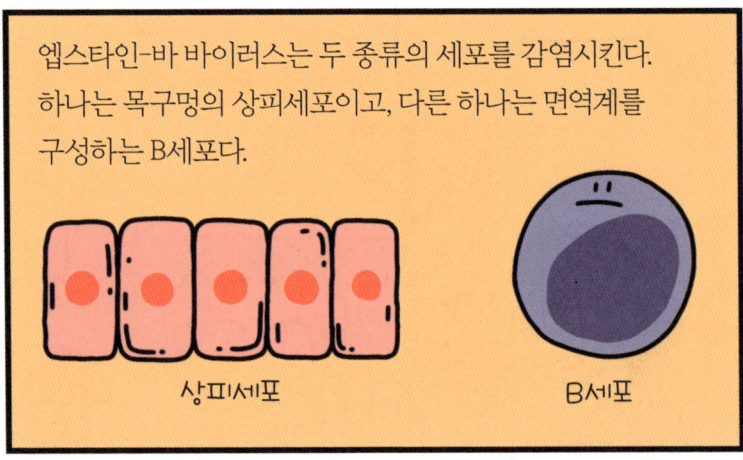

엡스타인-바 바이러스는 두 종류의 세포를 감염시킨다.
하나는 목구멍의 상피세포이고, 다른 하나는 면역계를
구성하는 B세포다.

상피세포
B세포

상피세포가 감염되면
세포 내부에서
바이러스가 대량으로
복제되면서 결국 세포를
파괴하고 방출된다.

바이러스

반면, B세포에 침투한
바이러스는 복제를 멈춘
채 잠복하면서 면역계의
감시를 피한다.

?

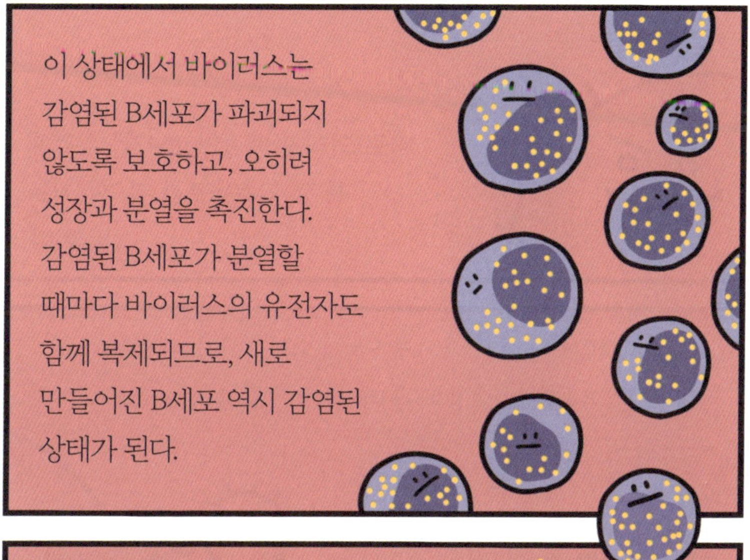
이 상태에서 바이러스는
감염된 B세포가 파괴되지
않도록 보호하고, 오히려
성장과 분열을 촉진한다.
감염된 B세포가 분열할
때마다 바이러스의 유전자도
함께 복제되므로, 새로
만들어진 B세포 역시 감염된
상태가 된다.

이렇게 인체 내에 숨어
있다가 특정 조건이
갖춰지면 바이러스는
다시 활성화되어, 감염된
B세포에서 바이러스
입자를 대량으로
쏟아낸다.

여기서 엡스타인-바
바이러스는 감염을
확산시키기 위해 또 하나의
놀라운 전략을
진화시켰습니다.

gp42
바로 외피 단백질인 gp42를 조절해 특정 숙주세포를 감염시키는 방식이다.

상피세포에서 복제된 바이러스는 gp42 단백질의 발현이 줄어들고, B세포의 수용체에 더 잘 결합할 수 있도록 구조가 변형된다.
상피세포
B세포

반대로, B세포에서 복제된 바이러스는 gp42 단백질이 완전히 기능하는 형태로 조립되어 상피세포에 더 잘 결합할 수 있게 된다.
상피세포

따라서 상피세포에서 방출된 바이러스는 B세포를 선호하고, B세포에서 방출된 바이러스는 상피세포를 선호한다.

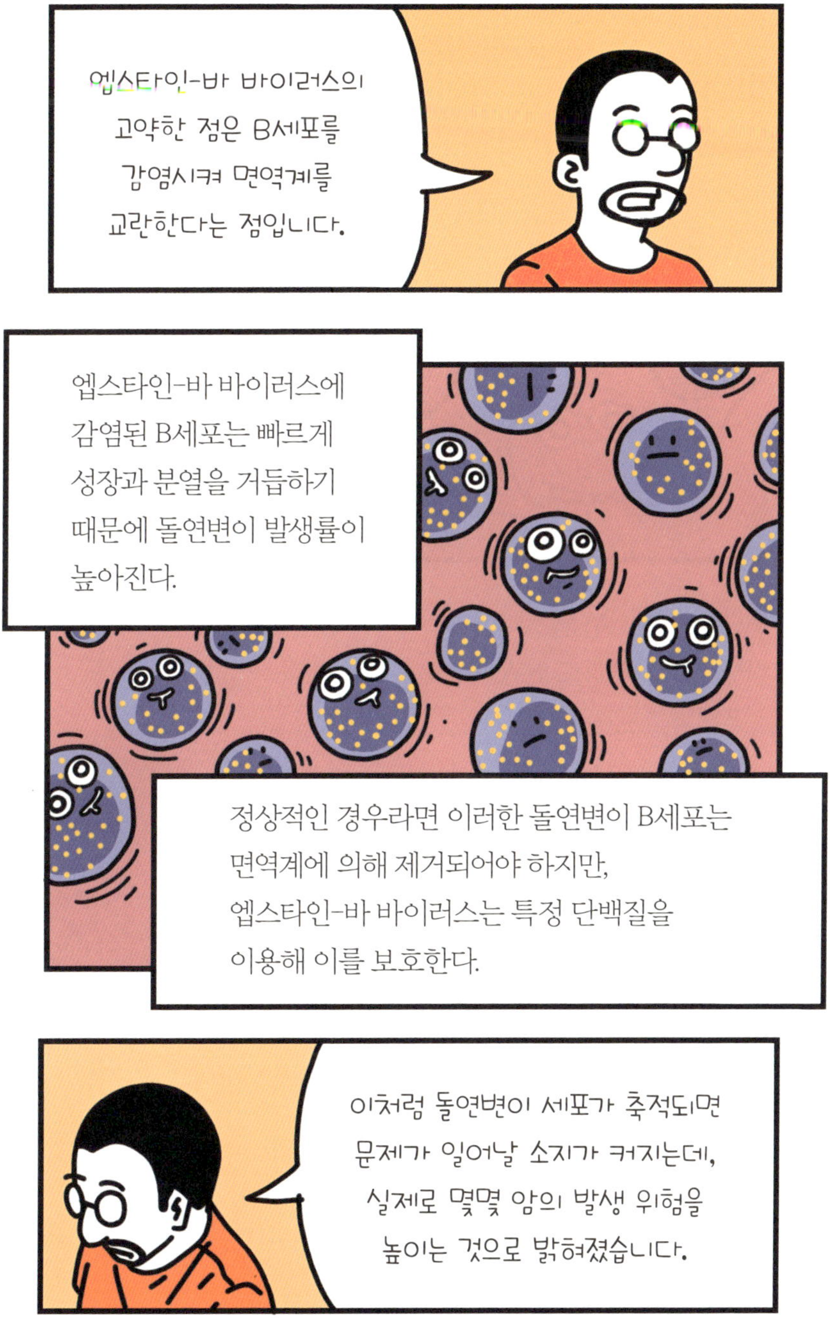
엡스타인-바 바이러스의 고약한 점은 B세포를 감염시켜 면역계를 교란한다는 점입니다.
엡스타인-바 바이러스에 감염된 B세포는 빠르게 성장과 분열을 거듭하기 때문에 돌연변이 발생률이 높아진다.
정상적인 경우라면 이러한 돌연변이 B세포는 면역계에 의해 제거되어야 하지만, 엡스타인-바 바이러스는 특정 단백질을 이용해 이를 보호한다.
이처럼 돌연변이 세포가 축적되면 문제가 일어날 소지가 커지는데, 실제로 몇몇 암의 발생 위험을 높이는 것으로 밝혀졌습니다.

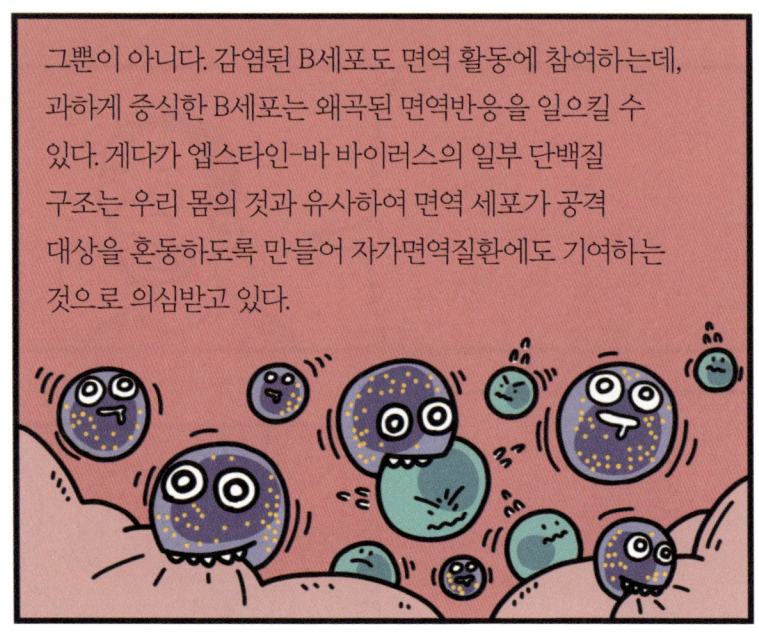

그뿐이 아니다. 감염된 B세포도 면역 활동에 참여하는데, 과하게 증식한 B세포는 왜곡된 면역반응을 일으킬 수 있다. 게다가 엡스타인-바 바이러스의 일부 단백질 구조는 우리 몸의 것과 유사하여 면역 세포가 공격 대상을 혼동하도록 만들어 자가면역질환에도 기여하는 것으로 의심받고 있다.

최근 연구에서는 엡스타인-바 바이러스가 다발성 경화증과도 연관이 있음이 밝혀졌다.

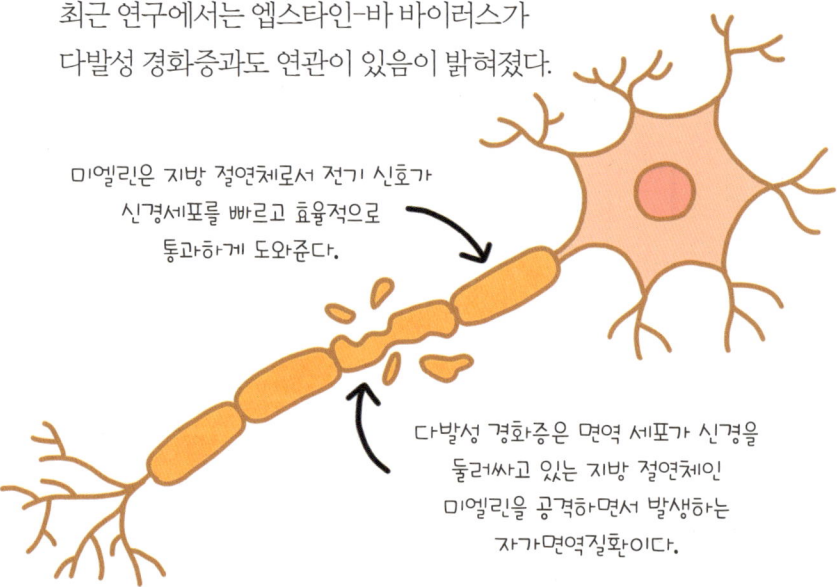

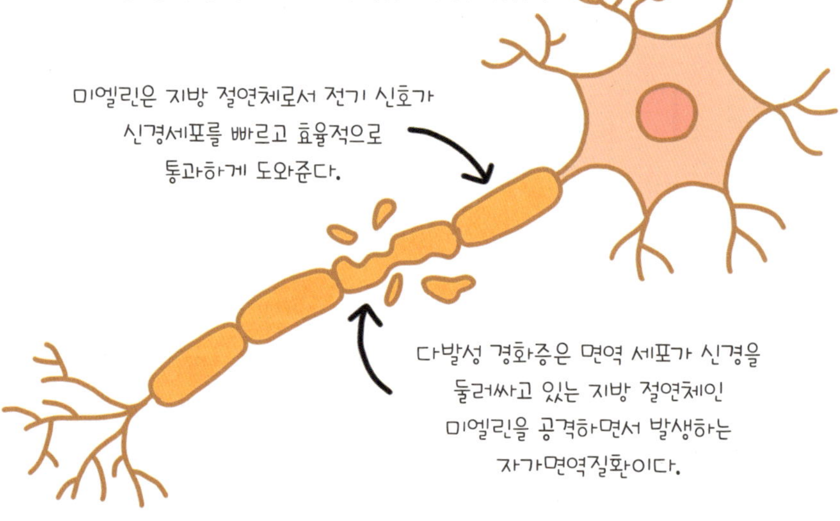
미엘린은 지방 절연체로서 전기 신호가
신경세포를 빠르고 효율적으로
통과하게 도와준다.
다발성 경화증은 면역 세포가 신경을
둘러싸고 있는 지방 절연체인
미엘린을 공격하면서 발생하는
자가면역질환이다.

이러한 발견은 엡스타인-바 바이러스가 단순한 감염 바이러스가 아니라, 면역계와 깊은 영향을 주고받는 존재임을 시사한다.

엡스타인-바 바이러스는 평생 우리 몸에 머물며 암이나
자가면역질환을 유발할 수 있기 때문에 이 불청객을
두 손 놓고 지켜볼 수만은 없었습니다.
찝찝하네.

그러나 아직 엡스타인-바
바이러스 감염을 치료하거나
예방할 수 있는 약물이나
백신은 없습니다.

이 바이러스는 여러 단백질을 이용해 상피세포와 B세포를 감염시킨다. 두 세포 유형 모두의 감염을 효과적으로 막으려면 이런 단백질들을 함께 표적으로 삼아야 하기에 백신 개발이 쉽지 않다.

나는 도구가 많지!

그럼에도 불구하고, 새로운 시도들은 계속되고 있다. 최근에는 mRNA 백신 기술을 이용해 엡스타인-바 바이러스를 막으려는 연구가 활발히 진행 중입니다.
일반적인 백신이 바이러스 자체를 주입해 면역계에 항원을 직접 인식시킨다면,
mRNA 백신은 바이러스의 일부 단백질을 만드는 설계도(mRNA)를 체내에 전달하는 방식이다.
GCCCC AGGUU
일반적인 백신: 여러 항원을 사용할 수 있지만, 제조 과정의 어려움으로 대부분 한 가지 항원만 사용한다.
mRNA 백신: 설계와 제조가 단순해, 필요하면 여러 단백질을 동시에 표적으로 쉽게 설계할 수 있다.

우리 몸의 세포가 이 설계도를 읽고 바이러스 단백질을 일부 생성하면, 면역계는 이를 인식하고 방어할 항체를 만든다. 이렇게 형성된 면역 기억 덕분에, 나중에 실제 바이러스가 침입해도 신속하게 방어할 수 있다.
잘 기억해!
과거에는 대부분의 사람이 담배 연기에 노출되어 있었기 때문에 담배와 암의 연관성을 명확히 밝히는 것이 어려웠다.
담배 연기에 노출되지 않은 대조군을 찾을 수가 없군!
마찬가지로 엡스타인-바 바이러스도 대부분의 사람이 감염되어 있기 때문에 질병과의 인과관계를 밝히기 어려웠다.
감염되지 않은 대조군을 찾을 수가 없어!

이제야 조금씩 연기가 걷히고 있다. ■

의학의 최전선에 선 균대

거의 모든 사람이 담배를 물고 살았던 1950년대에는 흡연과 폐암의 관계를 입증하기가 쉽지 않았다.
폐암에 걸렸든 안 걸렸든 모두가 담배를 피웠기 때문입니다.
콜록

마찬가지로 엡스타인-바 바이러스와 다발성 경화증의 연관성을 의심하던 연구자들도 같은 어려움에 봉착했습니다.

엡스타인-바 바이러스는 성인의 약 95%가 감염됐을 만큼 흔한 바이러스인 반면, 다발성 경화증은 매우 드문 질환이다.

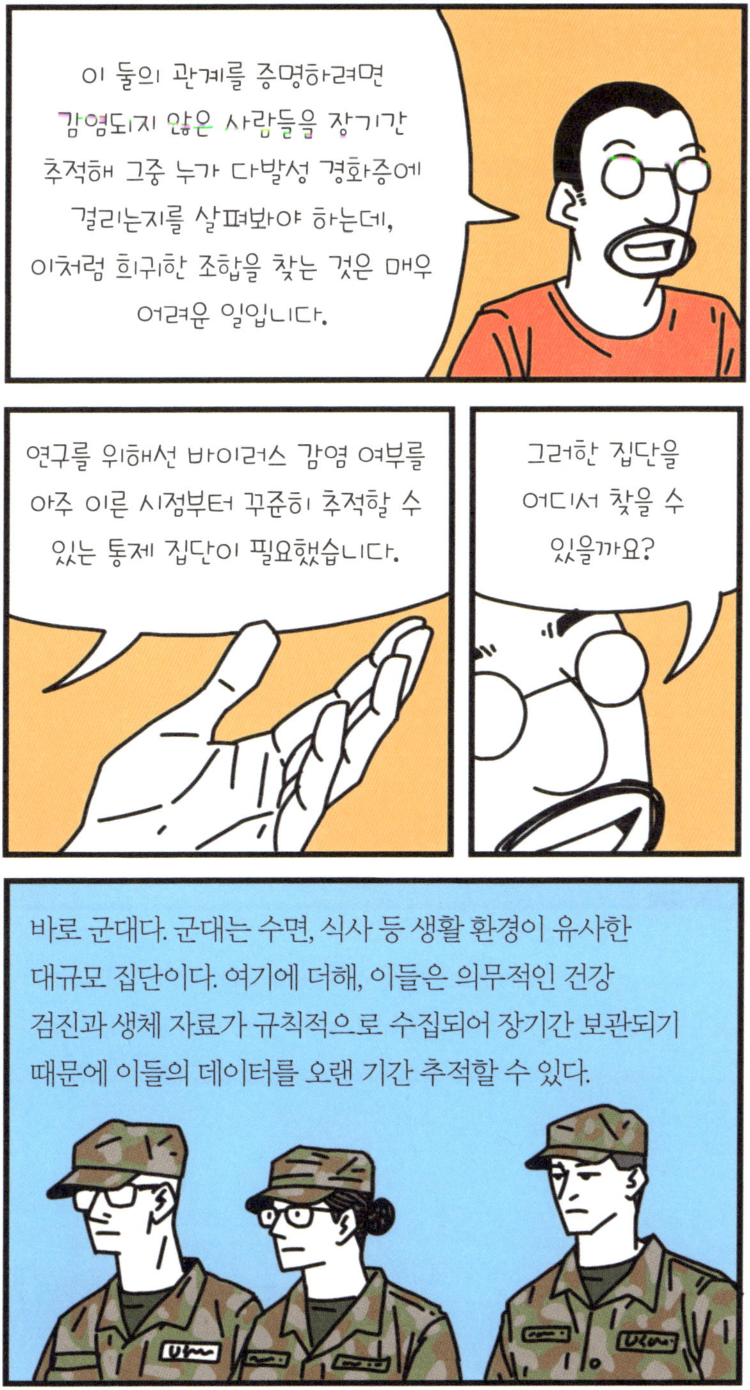
이 둘의 관계를 증명하려면 감염되지 않은 사람들을 장기간 추적해 그중 누가 다발성 경화증에 걸리는지를 살펴봐야 하는데, 이처럼 희귀한 조합을 찾는 것은 매우 어려운 일입니다.
연구를 위해선 바이러스 감염 여부를 아주 이른 시점부터 꾸준히 추적할 수 있는 통제 집단이 필요했습니다.
그러한 집단을 어디서 찾을 수 있을까요?
바로 군대다. 군대는 수면, 식사 등 생활 환경이 유사한 대규모 집단이다. 여기에 더해, 이들은 의무적인 건강 검진과 생체 자료가 규칙적으로 수집되어 장기간 보관되기 때문에 이들의 데이터를 오랜 기간 추적할 수 있다.

하버드 대학교 연구팀은
이렇게 미군에서 장기적으로
수집한 군인들의
혈청 데이터를 분석해
엡스타인-바 바이러스에
감염된 후 다발성 경화증
위험이 32배 증가한다는 것을
발견했다.

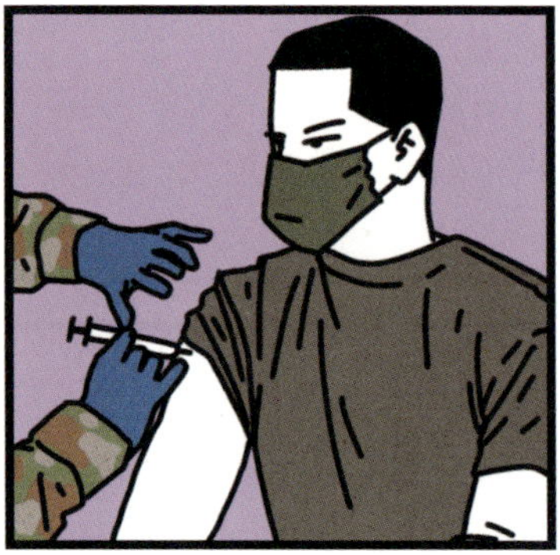

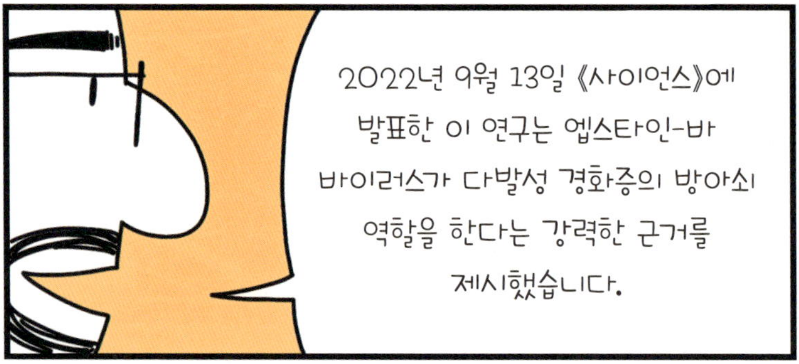
2022년 9월 13일 《사이언스》에
발표한 이 연구는 엡스타인-바
바이러스가 다발성 경화증의 방아쇠
역할을 한다는 강력한 근거를
제시했습니다.

군대는 역학조사에 매우 이상적인 통제 집단으로
에이즈 연구부터 최근의 코로나19 백신 효과 분석에
이르기까지 다양한 질병 연구에서 귀중한 데이터를
제공하고 있다. ■

16. 가슴샘

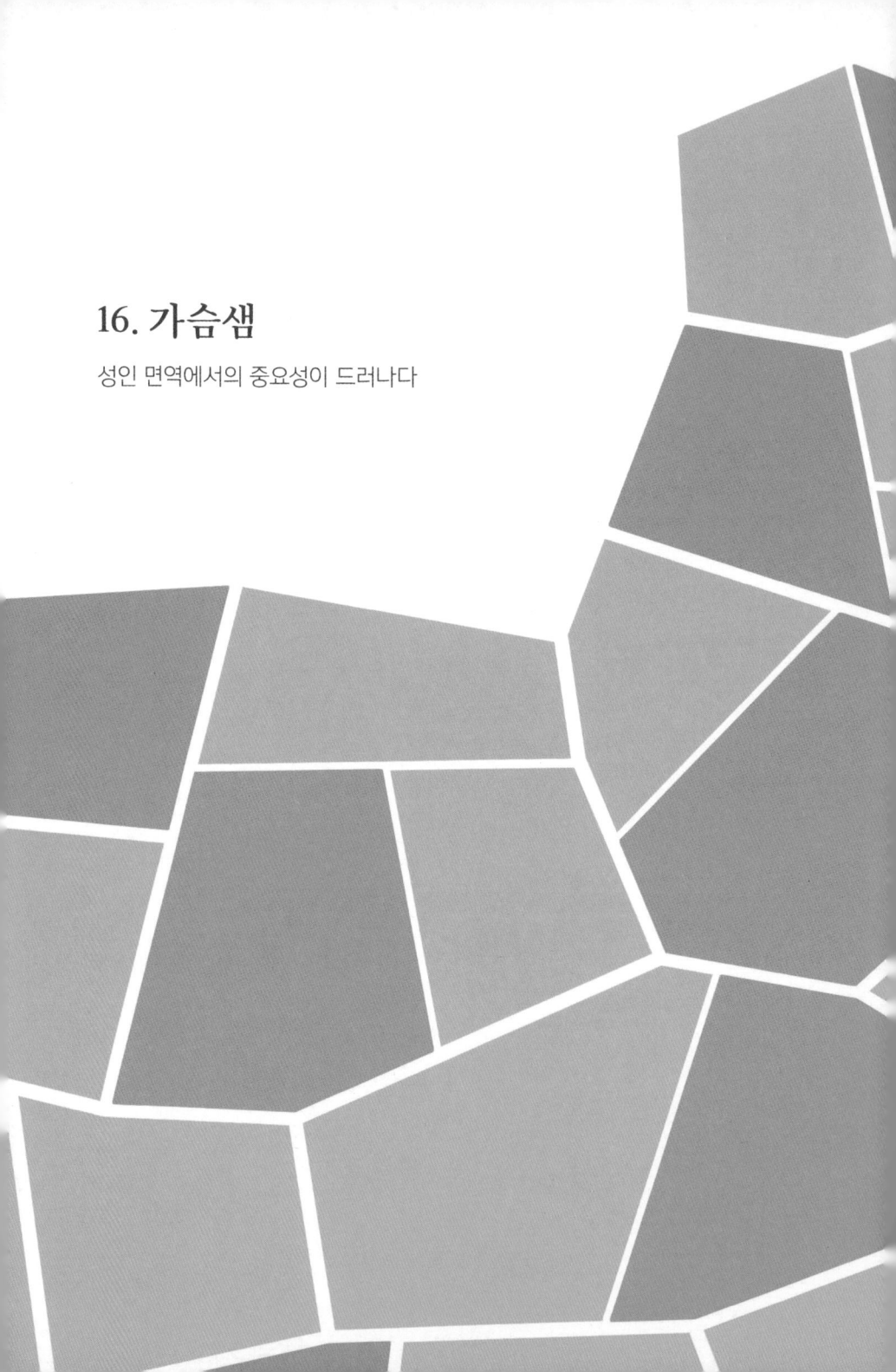

성인 면역에서의 중요성이 드러나다

차가운 바람이 불기 시작하자 어김없이 알레르기 비염이 돌아왔다.
에취
몇 해 전부터는 건조성 비염까지 생겨서 괴로움이 한층 더해졌다.
아~ 죽겠다.
에취
집 떠나가겠네.
나이가 들면 비염이 좀 나아질까?
왜?

노인이 병에 잘 걸리는 건
면역력이 약해서잖아.
면역력이 약해지면
자가면역질환 증상은
약해지지 않을까?
오~ 그렇겠네. 근데 당신
비염이 심해진 걸 보면
그렇지 않은가 봐. 나이 들면
류머티즘성 관절염 같은
자가면역질환도 증가하잖아.
인체의 다른 장기와
마찬가지로, 면역계도
나이를 먹는다.
뭐야. 이 개똥 같은
역설은!
면역 노화는 단순히 면역력이
약해져 질병에 쉽게 걸리는
것만을 의미하지 않는다.
면역계가 점점 영리하지
못해진다는 뜻이기도 하다.
눈도 침침
비실비실
면역 세포

그 결과, 공격해야 할 외부 침입자와 보호해야 할 아군을 제대로 구분하지 못하게 되면서 자가면역질환의 위험이 증가한다.
내가 아니라 저쪽을 공격해야지!
덥썩!

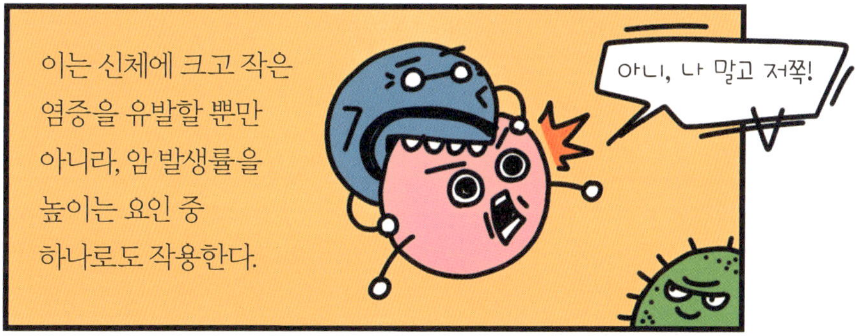
이는 신체에 크고 작은 염증을 유발할 뿐만 아니라, 암 발생률을 높이는 요인 중 하나로도 작용한다.
아니, 나 말고 저쪽!

이러한 면역 노화와 관련해, 성인 면역계에서는 중요하지 않다고 여겨졌던 가슴샘(흉선, thymus)이 최근 연구자들의 관심을 받고 있다.

으아아~ 난 같은 편이라고.

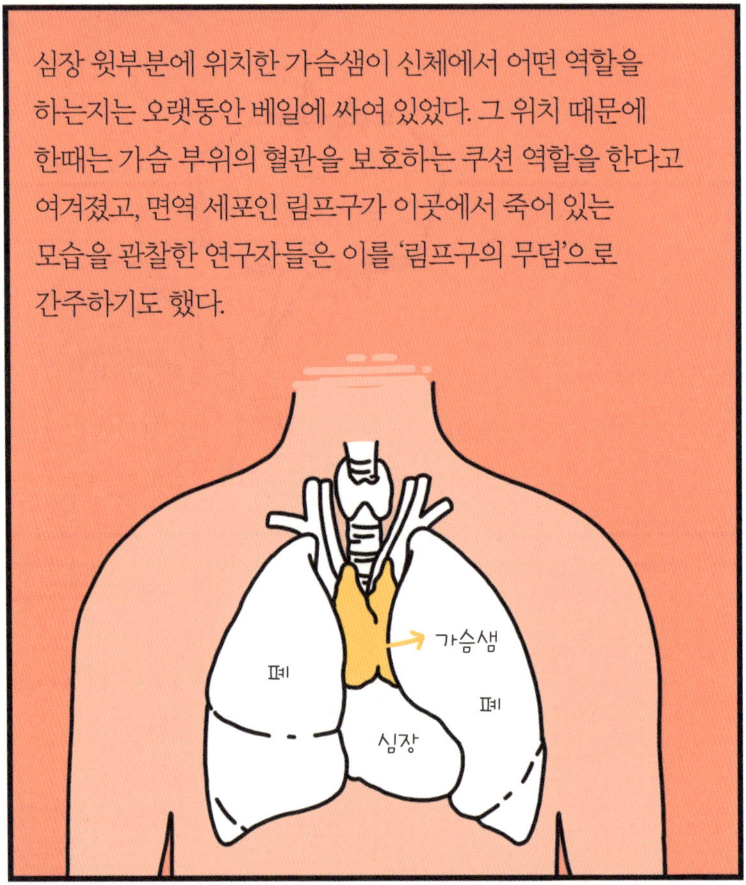
심장 윗부분에 위치한 가슴샘이 신체에서 어떤 역할을 하는지는 오랫동안 베일에 싸여 있었다. 그 위치 때문에 한때는 가슴 부위의 혈관을 보호하는 쿠션 역할을 한다고 여겨졌고, 면역 세포인 림프구가 이곳에서 죽어 있는 모습을 관찰한 연구자들은 이를 '림프구의 무덤'으로 간주하기도 했다.
가슴샘
폐
폐
심장

1960년대 이후 면역학이 발전하면서 가슴샘이 면역 기관으로서 중요한 역할을 한다는 사실이 밝혀졌다.
갓 태어난 생쥐의 가슴샘을 절제하면 감염에 매우 취약해지고, 림프구 수가 감소하는 것이 관찰되었습니다.
자크 밀러 (Jacques Miller, 1931-)

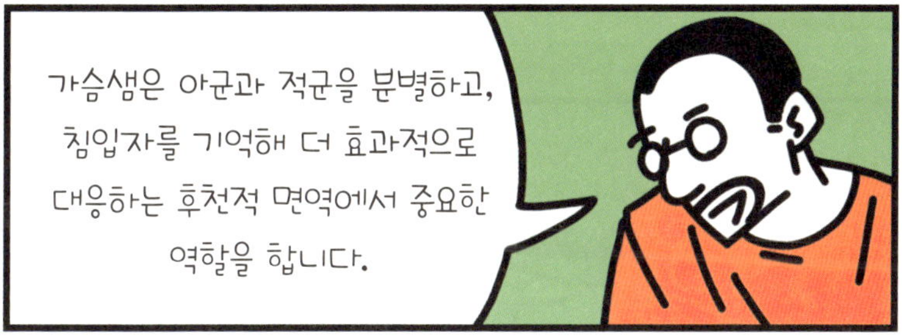
가슴샘은 아군과 적군을 분별하고, 침입자를 기억해 더 효과적으로 대응하는 후천적 면역에서 중요한 역할을 합니다.

후천적 면역은 크게 T세포와 B세포가 담당하고 있다. 골수에서 두 세포의 미성숙 세포(전구 세포)가 생성되지만, 이후의 여정은 다르다.

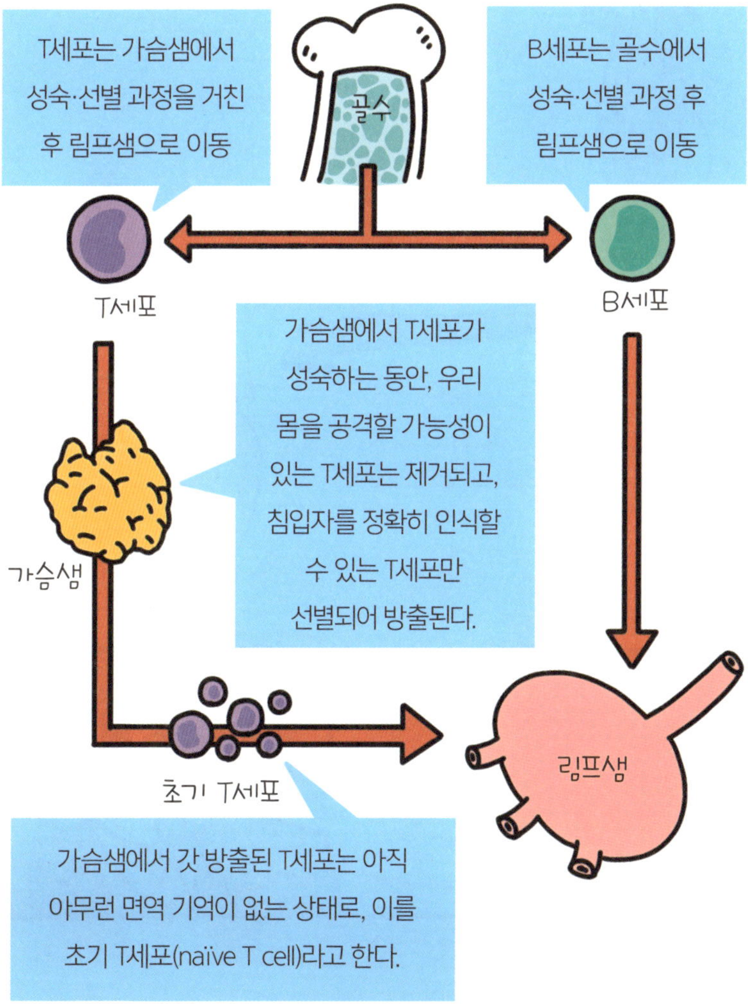
T세포는 가슴샘에서 성숙·선별 과정을 거친 후 림프샘으로 이동
골수
B세포는 골수에서 성숙·선별 과정 후 림프샘으로 이동
T세포
B세포
가슴샘에서 T세포가 성숙하는 동안, 우리 몸을 공격할 가능성이 있는 T세포는 제거되고, 침입자를 정확히 인식할 수 있는 T세포만 선별되어 방출된다.
가슴샘
초기 T세포
림프샘
가슴샘에서 갓 방출된 T세포는 아직 아무런 면역 기억이 없는 상태로, 이를 초기 T세포(naïve T cell)라고 한다.

가슴샘은 T세포를 교육하는
학교와 같은 역할을 하지만,
흥미롭게도 인체에서
가장 빠르게 퇴화하는
기관이기도 합니다.

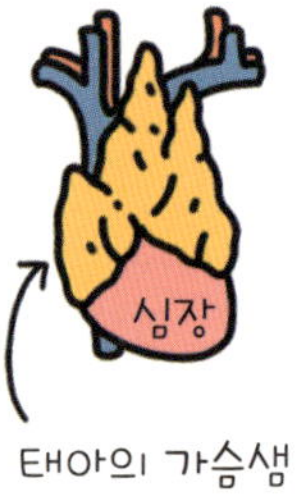
심장
태아의 가슴샘

퇴화가 진행되면 크기가 줄어들고, 지방 조직이 증가하며, 구조에도 변화가 생긴다. 이 과정은 이르면 생후 한 살부터 시작되며, 청소년기를 지나면서 크기와 기능은 눈에 띄게 감소한다.

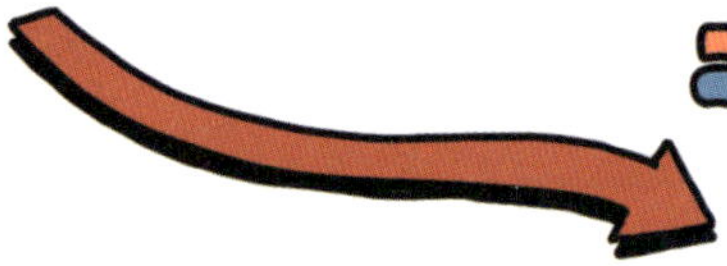

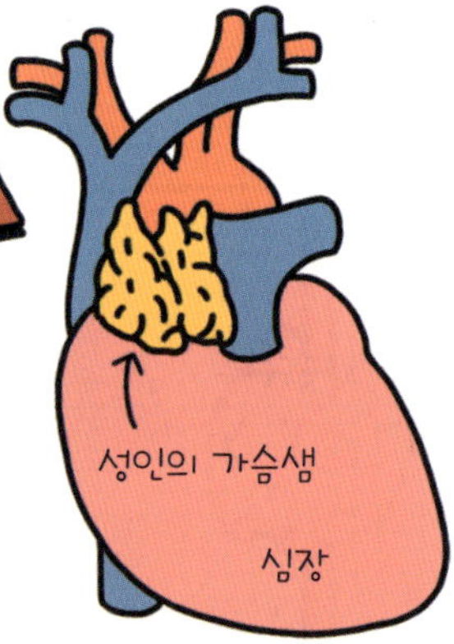
성인의 가슴샘
심장

노인이 되면 가슴샘의 대부분은 지방 조직으로 대체된다.

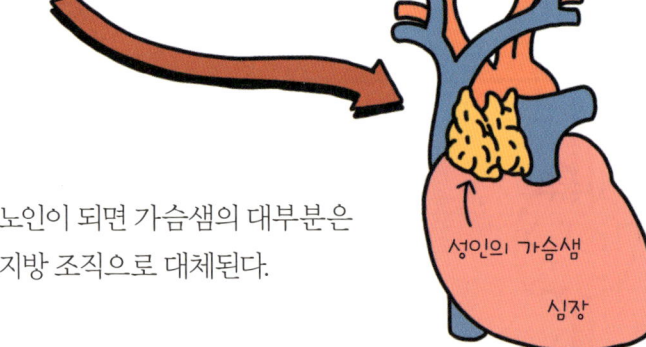

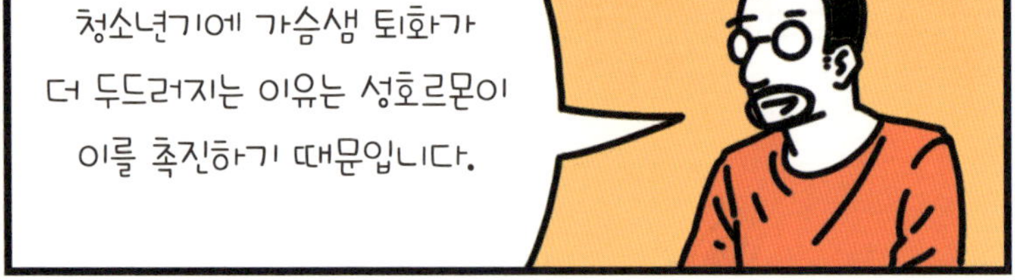
청소년기에 가슴샘 퇴화가
더 두드러지는 이유는 성호르몬이
이를 촉진하기 때문입니다.

특히 테스토스테론이 더 강한 영향을 미쳐, 남성에서 가슴샘 퇴화가 더 빠르다.
왠지 억울하군.

그 외에도 가슴샘 발달과 관련된 유전자 발현과 신호 전달이 감소하고, 나이가 들수록 염증과 활성 산소로 인한 손상이 축적되면서 퇴화가 진행됩니다.

가슴샘이 퇴화하면 골수에서 T세포 전구 세포를 생산하더라도 이를 성숙시킬 기관이 없기 때문에 새로운 T세포 생산은 점차 줄어들게 된다. 그 대신 이미 만들어진 T세포가 림프샘에서 계속 분열하면서 전체 T세포 수를 유지한다.

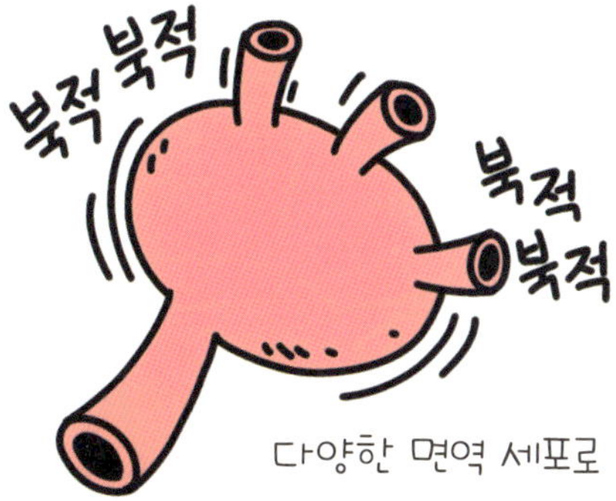
북적 북적
북적 북적
다양한 면역 세포로 북적이는 림프샘

이러한 이유로 가슴샘은 성인이 되면 중요하지 않은 기관으로 여겨져서 자가면역질환의 완화를 위해 제거하거나, 흉부 수술 중에 방해가 될 경우 절제하기도 합니다.
이상해…
매사추세츠 종합병원의 내과 레지던트인 캐머런 쿠시시(Kameron Kooshesh)는 여기서 의문과 마주쳤다.
모순적이지 않나요?
중증 근무력증(Myasthenia gravis)은 신경과 근육이 신호를 주고받는 데 필요한 수용체에 면역계가 과민 반응하여 발생하는 자가면역질환으로 근육 약화와 피로감 등의 증상이 나타납니다.
신경세포
신호전달물질
항체
수용체
근육
항체가 수용체에 결합해 근육으로 전달하는 신호를 방해한다

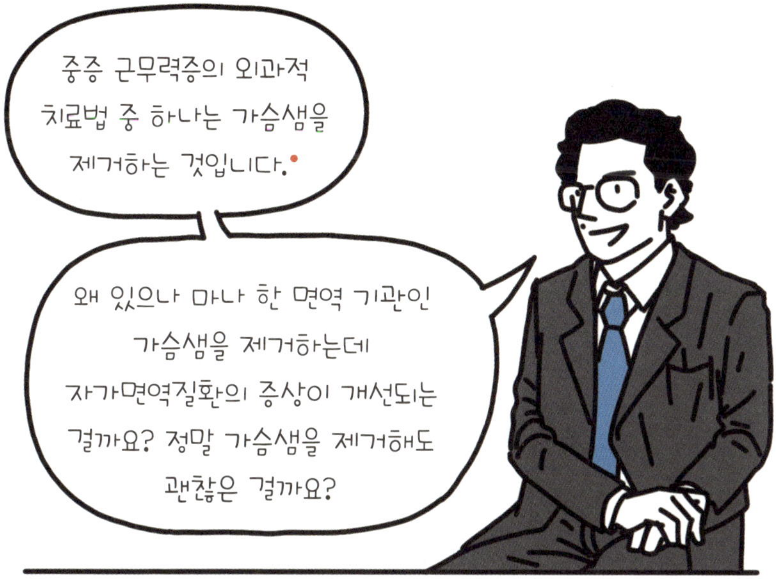
중증 근무력증의 외과적 치료법 중 하나는 가슴샘을 제거하는 것입니다.•
왜 있으나 마나 한 면역 기관인 가슴샘을 제거하는데 자가면역질환의 증상이 개선되는 걸까요? 정말 가슴샘을 제거해도 괜찮은 걸까요?

•가슴샘에 종양이 생기거나 비대해진 경우에도 가슴샘 절제술을 시행하기도 한다.

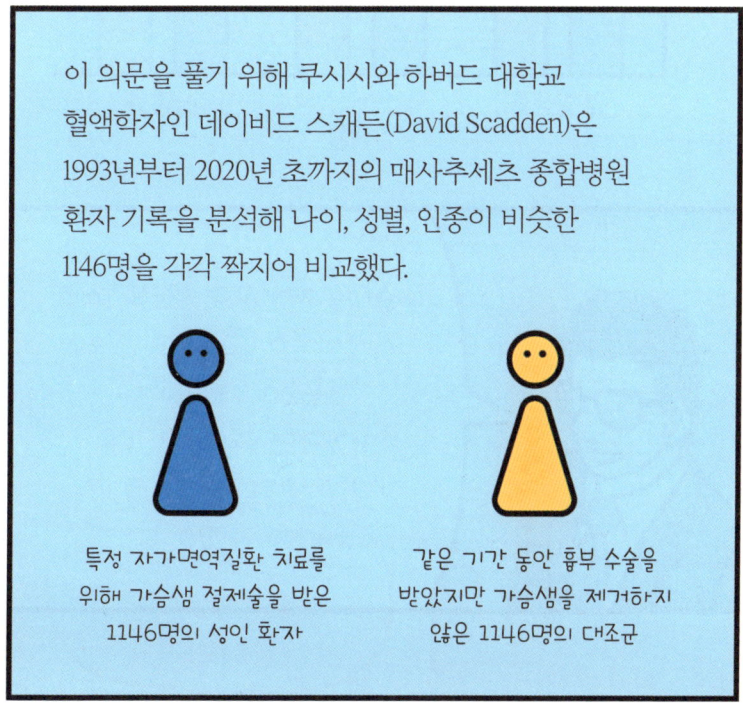

이 의문을 풀기 위해 쿠시시와 하버드 대학교 혈액학자인 데이비드 스캐든(David Scadden)은 1993년부터 2020년 초까지의 매사추세츠 종합병원 환자 기록을 분석해 나이, 성별, 인종이 비슷한 1146명을 각각 짝지어 비교했다.

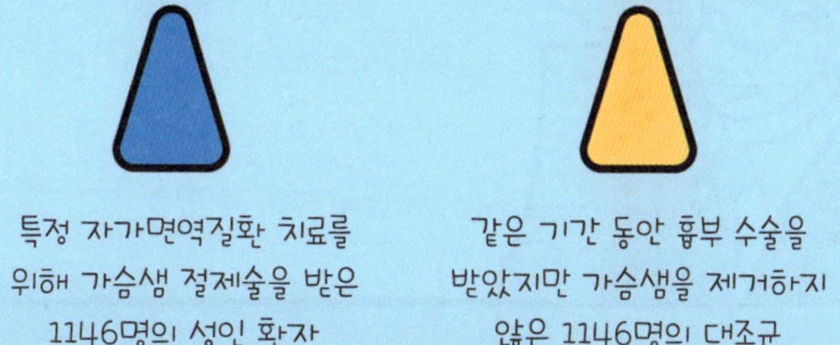
특정 자가면역질환 치료를 위해 가슴샘 절제술을 받은 1146명의 성인 환자
같은 기간 동안 흉부 수술을 받았지만 가슴샘을 제거하지 않은 1146명의 대조군

비교 결과, 가슴샘을 제거한 성인 환자가 보존한 환자보다 암 위험이 2배 높았다. 또한 자가면역질환 발병률은 1.5배, 다양한 원인으로 인한 사망 위험은 3배 가까이 높았다. 가슴샘을 제거한 환자의 혈액에서는 새로 생성되는 T세포 수가 감소했고, 염증을 유발하는 분자 수치도 더 높았다.

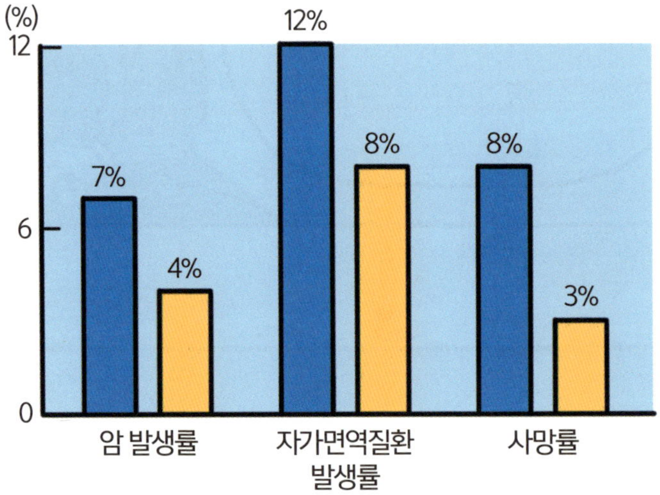

(%)
12
6
0
7%
4%
12%
8%
8%
3%
암 발생률
자가면역질환 발생률
사망률

가슴샘을 제거하면 새로운 T세포 생성이 줄어들고, 면역반응의 효율성이 저하되며, 자가면역질환과 암 같은 다양한 질병의 위험이 증가할 가능성이 커졌습니다.

2023년 8월에 발표한 이 연구는 퇴화한 후에도 성인의 가슴샘이 여전히 중요한 역할을 맡고 있음을 시사합니다.

가슴샘이 잘 기능하는 사람들은 나이가 들어도 더 건강할까요? 성인들 간의 가슴샘 기능은 얼마나 차이가 날까요?

성인 가슴샘 연구는 이제 첫걸음을 떼고 있습니다.

비록 가슴샘은 나이가
들수록 쪼그라들지만,
그 역할은 생각만큼
쪼그라들지 않는 듯하다. ■

17. 가려움증

가려움은 통증일까

괴롭다! 손이 닿질 않아!
대체 뭐하냐…
버둥 버둥
등이 가려워… 도와줘.
어디가 가려운데?
이 갈망의 방향성을 보니…
가려운 부위는 여기군!

크~ 카타르시스가 느껴진다.
나 없으면 어쩔 뻔했냐.
아니, 멀쩡해.
뭐 났어?
인류가 등장한 이래로 수백만 년이 지났으면 이제 손이 등 가운데에 닿을 정도로는 진화했어야 하는 거 아냐?
혼자서도 등을 긁을 수 있으면 집단생활의 필요성이 낮아지겠지. 그럼, 무리에 덜 어울리게 될 테고.
그렇게 혼자 등을 긁을 수 있었던 돌연변이는 도태되고 이렇게 등긁기 의존적 개체만 남아서 이어져 온 거지.
천재네?
?!
나는 닿는데?

1660년에 한 독일 의사는 가려움증을 "긁고 싶은 욕구를 유발하는 불쾌한 감각"으로 정의했지만, 20세기에도 그것에 대한 지적인 가려움은 여전했다.

우리 딸 독립할 때가 되었구나.
에헴~

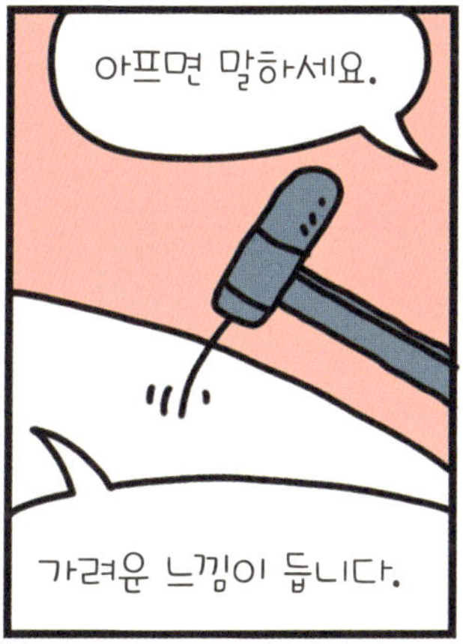
아프면 말하세요.
가려운 느낌이 듭니다.

20세기 초 통증 연구를 하던 중 가려움에 대한 단서를 얻었다.
아픈 게 아니고요?

1920년대 초 독일 생리학자이자 통증을 연구했던 막시밀리안 폰 프레이(Maximilian von Frey)가 미세한 탐침으로 피부의 통점을 살짝 찌르면 종종 가려움을 느낀다는 것을 발견한 것이다.

가려움은 통증의 약한 형태일까?

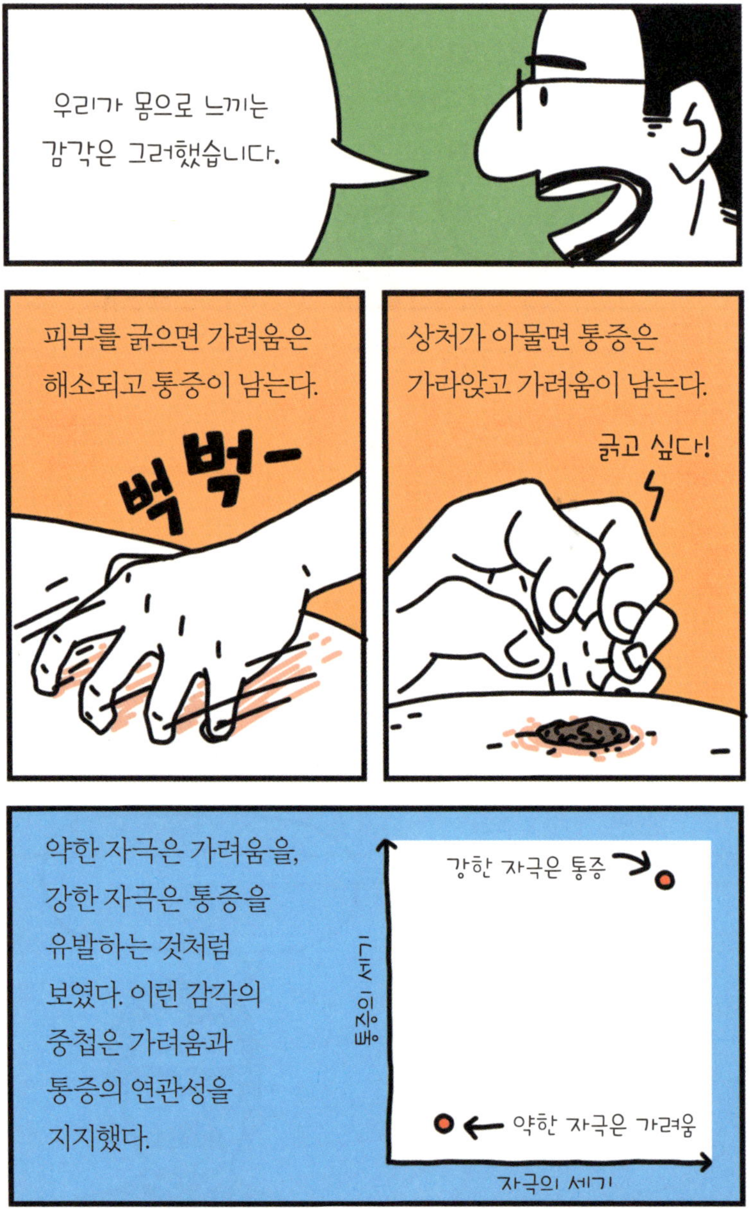
우리가 몸으로 느끼는
감각은 그러했습니다.
피부를 긁으면 가려움은
해소되고 통증이 남는다.
벅벅-
상처가 아물면 통증은
가라앉고 가려움이 남는다.
긁고 싶다!
약한 자극은 가려움을,
강한 자극은 통증을
유발하는 것처럼
보였다. 이런 감각의
중첩은 가려움과
통증의 연관성을
지지했다.
강한 자극은 통증
통증의 세기
약한 자극은 가려움
자극의 세기

그럼 가려움이 강해지면 통증으로 바뀔까요?
그 주장대로라면 그래야 했지만, 가려움이 강해지면 그냥 더 가려울 뿐이었습니다.
통증의 강도를 낮춰 가려움으로 바꾸거나 가려움의 강도를 높여 통증으로 바꿀 수 없었다. 기존 생각에 대한 의심이 싹텄다.
어때요? 통증이 느껴져요?
더 미치도록 가려워요!
전 세계적으로 원인 모를 만성적인 가려움에 시달리는 이들이 증가하면서 가려움을 심각한 건강 문제로 인식하게 되자, 연구도 한층 더 박차를 가하게 됐습니다.

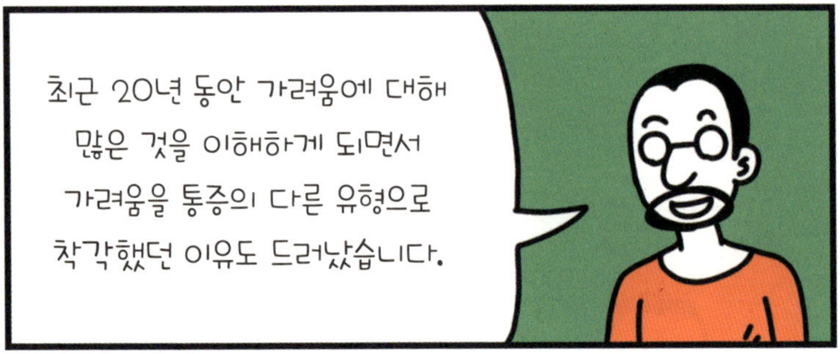
최근 20년 동안 가려움에 대해
많은 것을 이해하게 되면서
가려움을 통증의 다른 유형으로
착각했던 이유도 드러났습니다.

여러 가려움 수용체가 발견되었는데, 그중 몇몇은 통증 수용체로도 사용하고 있었다. 가려움과 통증이 짝을 이루는 이유였다. 통증과 별개로 작동하는 가려움 전용 신경세포도 발견했다. 가려움은 통증에 빌붙어 있는 감각이 아니었다.

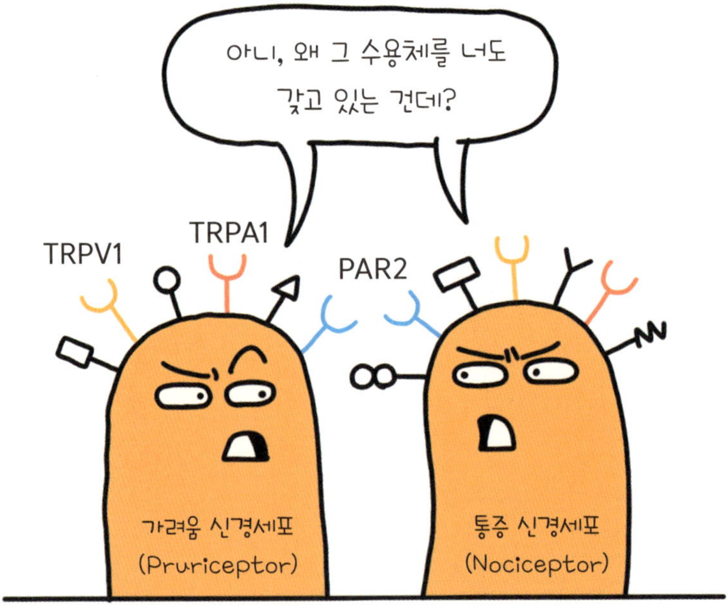
아니, 왜 그 수용체를 너도
갖고 있는 건데?
TRPV1
TRPA1
PAR2
가려움 신경세포
(Pruriceptor)
통증 신경세포
(Nociceptor)

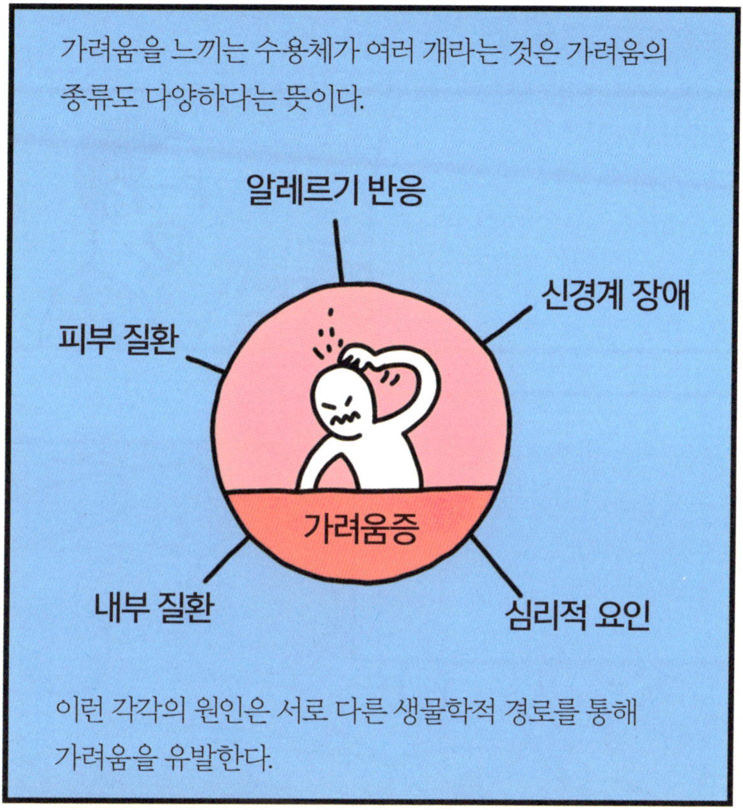
가려움을 느끼는 수용체가 여러 개라는 것은 가려움의 종류도 다양하다는 뜻이다.
알레르기 반응
신경계 장애
피부 질환
가려움증
내부 질환
심리적 요인
이런 각각의 원인은 서로 다른 생물학적 경로를 통해 가려움을 유발한다.

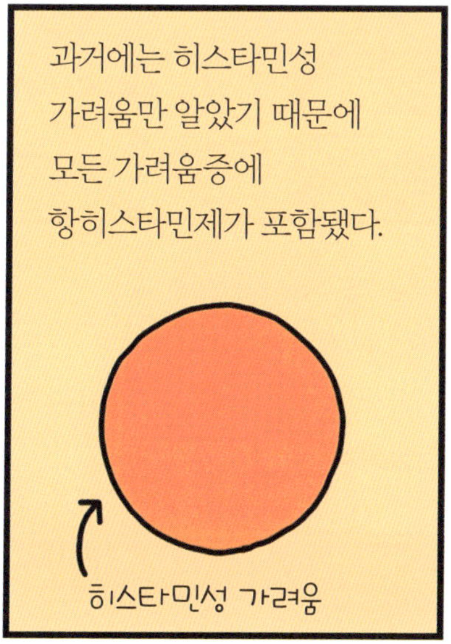
과거에는 히스타민성 가려움만 알았기 때문에 모든 가려움증에 항히스타민제가 포함됐다.
히스타민성 가려움

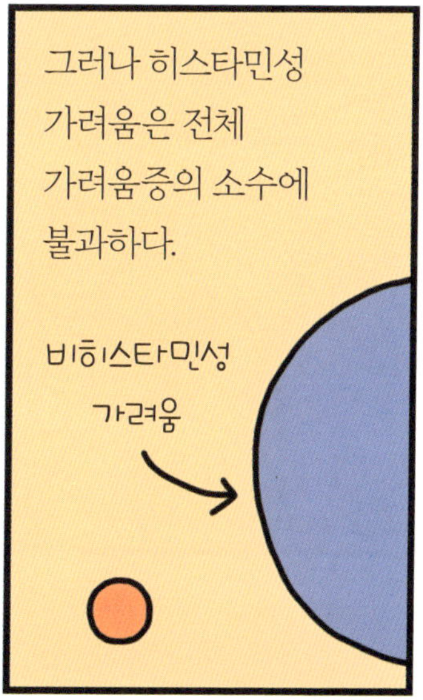
그러나 히스타민성 가려움은 전체 가려움증의 소수에 불과하다.
비히스타민성 가려움

대부분의 만성 가려움은 히스타민성 가려움이 아닙니다.

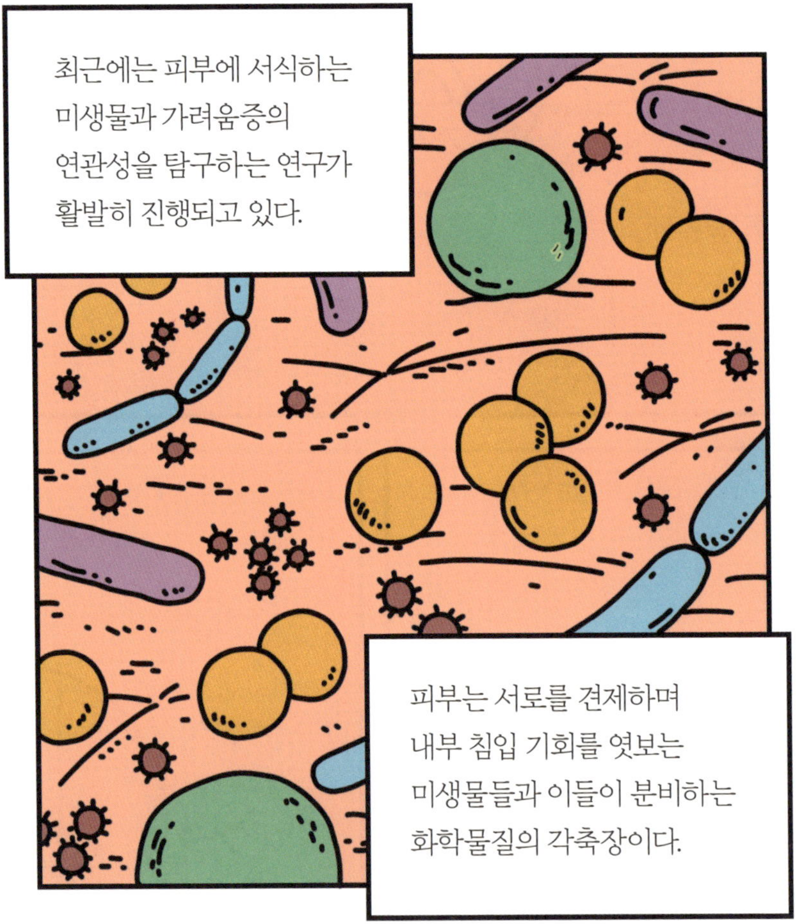
최근에는 피부에 서식하는 미생물과 가려움증의 연관성을 탐구하는 연구가 활발히 진행되고 있다.
피부는 서로를 견제하며 내부 침입 기회를 엿보는 미생물들과 이들이 분비하는 화학물질의 각축장이다.

일부 연구에 따르면, 미생물의 다양성이 무너지고 특정 균이 우세해질 때, 특히 황색포도상구균의 증가가 아토피성 피부염에서의 가려움증과 관련이 있는 것으로 나타났다.

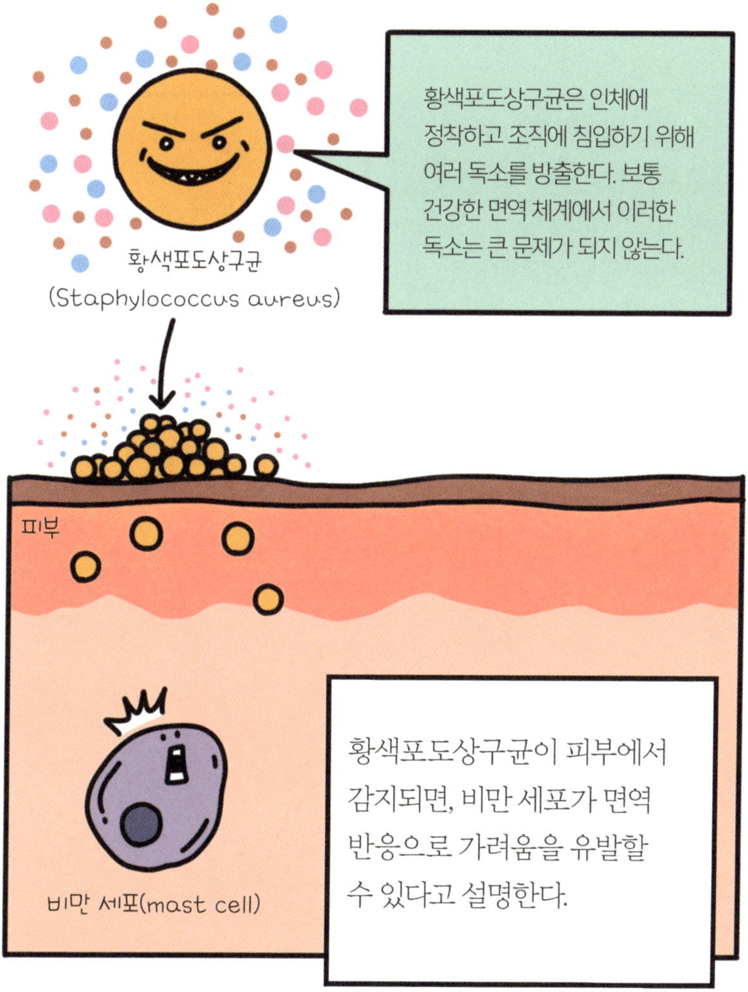
황색포도상구균은 인체에 정착하고 조직에 침입하기 위해 여러 독소를 방출한다. 보통 건강한 면역 체계에서 이러한 독소는 큰 문제가 되지 않는다.
황색포도상구균
(Staphylococcus aureus)
피부
비만 세포(mast cell)
황색포도상구균이 피부에서 감지되면, 비만 세포가 면역 반응으로 가려움을 유발할 수 있다고 설명한다.

그러나 일부 연구에서는 전혀 다른 기전을 제시합니다.

염증 반응과 별개로, 황색포도상구균이 분비하는 특정 효소(V8)가 신경섬유에 존재하는 단백질(PAR1)을 활성화하여 가려움 신호를 전달할 수 있다는 것이다.

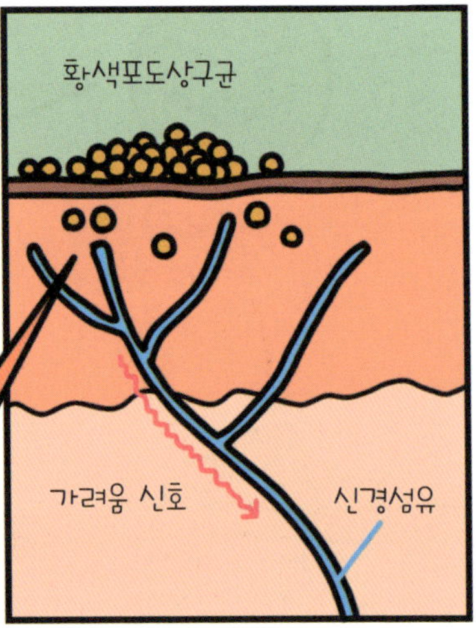

황색포도상구균
가려움 신호
신경섬유

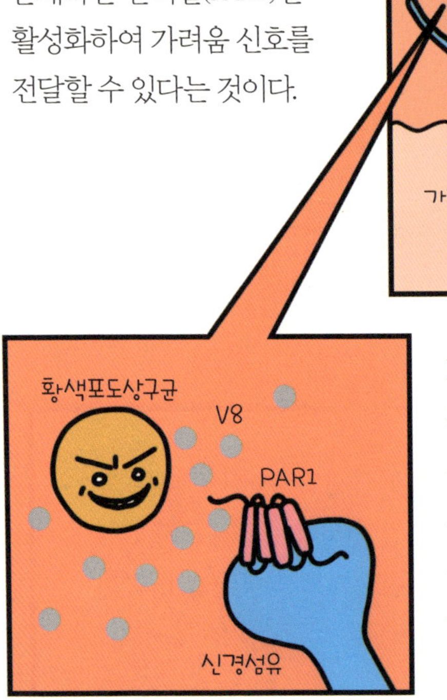

황색포도상구균
V8
PAR1
신경섬유

PAR1은 혈액응고에도 관여하는 단백질로, 쥐 실험에서 이를 차단하는 항응고제를 사용하자 가려움이 완화되는 경향이 나타났다.

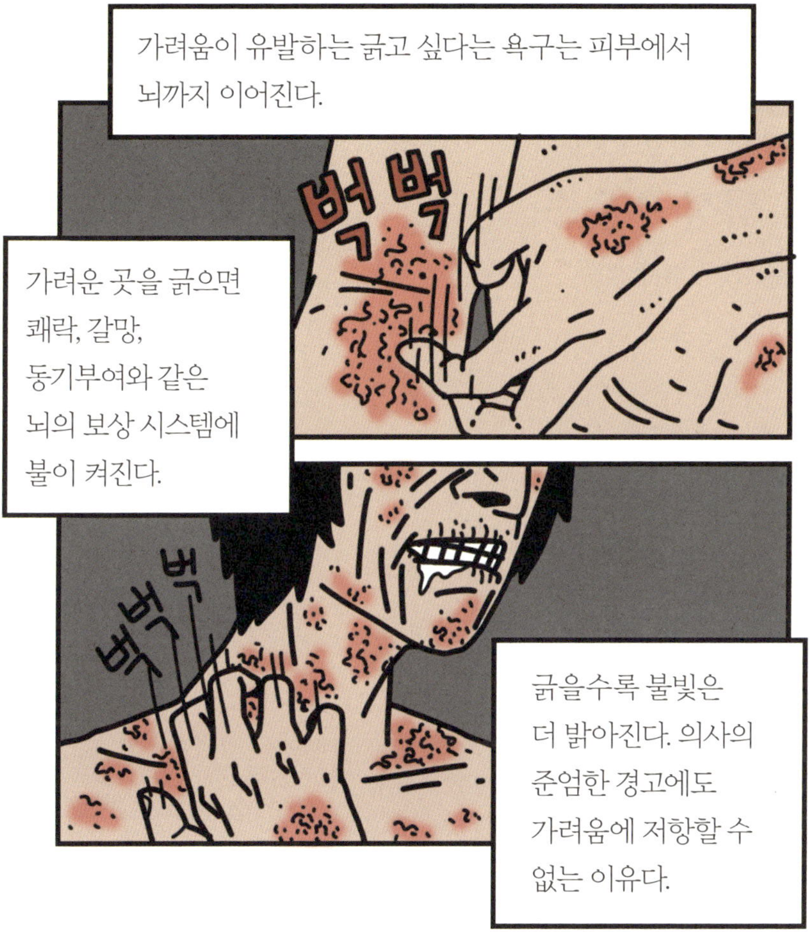
가려움이 유발하는 긁고 싶다는 욕구는 피부에서 뇌까지 이어진다.
벅벅
가려운 곳을 긁으면 쾌락, 갈망, 동기부여와 같은 뇌의 보상 시스템에 불이 켜진다.
벅벅벅
긁을수록 불빛은 더 밝아진다. 의사의 준엄한 경고에도 가려움에 저항할 수 없는 이유다.

해소할 수 없는 갈망은 가장 큰 고통이다. 그래서 단테는 《신곡》에서 사기꾼에게 견딜 수 없는 강렬한 가려움을 형벌로 내렸다. ■

18. 남성 우울증

성 편견에 가려지다

대체 어떻게 인류는
멸종하지 않은 걸까?
응애
응애
응애
응애
딸을 돌보며 든 생각이었다.
응애
응애
응애
응애
응애
응애
응애
응애
응애
응애
얼룩말처럼 태어나자마자
벌떡 일어서서 달리기를
바라진 않았다.
그저, 울지만 않았으면.
응애
응애
배고파서 울고, 덥다고 울고,
졸린다고 울고, 가렵다고 울고,
아파서 울고…
응애
응애
응애
응애
분명 이유 없이 울기도
했을 것이다!
응~애

아무리 의사소통 방법이 우는 것 말고는 없다지만 이건 너무한 거 아닌가.
응애
응애
응애
응애
이렇게 밤낮없이 울어서야 인간은 야생에서 어떻게 살아남은 걸까.
응애
응애
응애
응애
울음소리는 도처의 포식자들을 불러 모았을 것이요, 쉬지 못한 보호자는 지쳐서 나가떨어졌을 텐데.
응애
응애
응애
아기의 울음소리는 내게 통곡의 벽이었다.
응애
응애
저 멀리 바다 건너에 사는 데이비드 레빈도 그러했다.
아기? 난 프로 중의 프로, 소아과 의사라구!

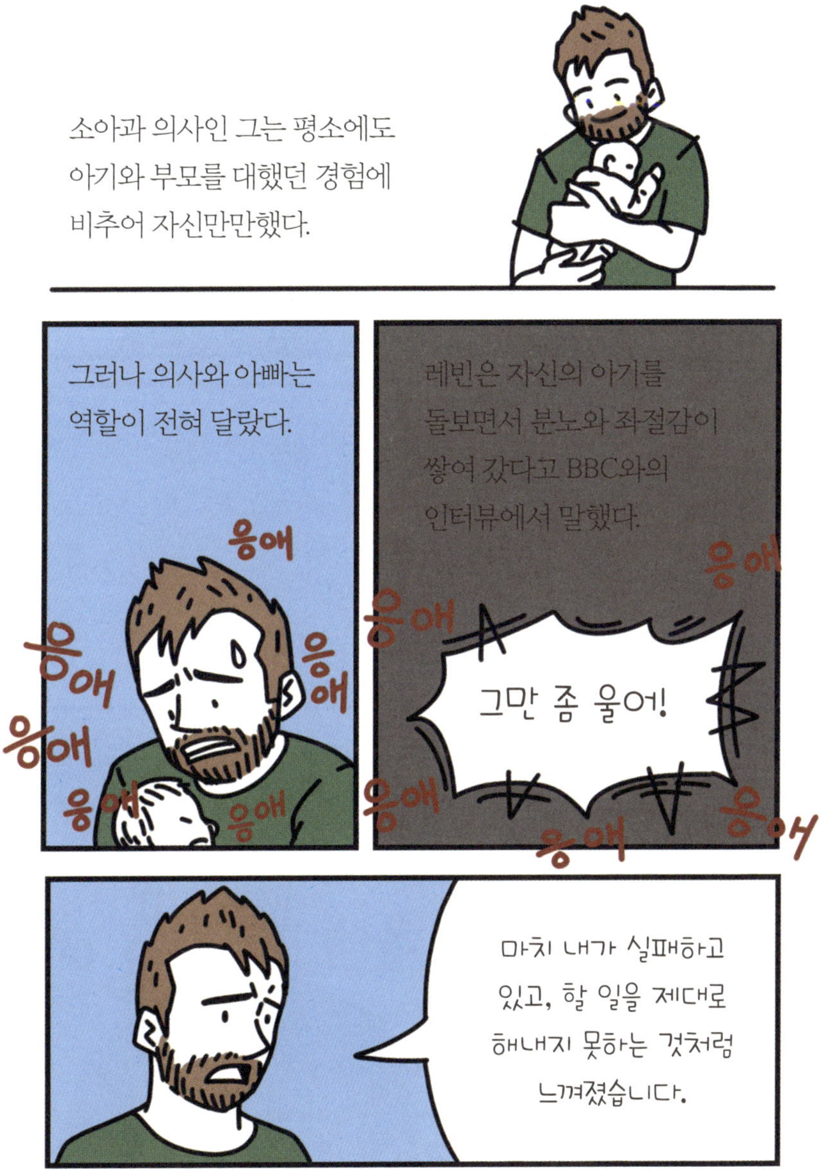
소아과 의사인 그는 평소에도
아기와 부모를 대했던 경험에
비추어 자신만만했다.
그러나 의사와 아빠는
역할이 전혀 달랐다.
응애
응애
응애
응애
응애
응애
응애
레빈은 자신의 아기를
돌보면서 분노와 좌절감이
쌓여 갔다고 BBC와의
인터뷰에서 말했다.
응애
응애
그만 좀 울어!
응애
응애
응애
마치 내가 실패하고
있고, 할 일을 제대로
해내지 못하는 것처럼
느껴졌습니다.

다행히 나는 괴로움에
잠식당하기 전에
감정을 추스를 수
있었지만, 레빈은
그러지 못했다.
그는 산후 우울증에 걸렸다.
돈 벌러 가고 싶다!
지금까지 육아가 여성의 일로
떠넘겨져 괴로움을 홀로 감당하고
있었다면, 최근에는 남성의
참여가 늘어나면서 통감하기
시작했습니다.
산후 우울증을 앓는
남성도 증가하고 있다.
남성의 약 10%가 출산 후
첫해에 우울증을 겪는
것으로 추정되며, 일부
연구에서는 이보다 높은
4명 중 1명으로 본다.
응애
응애
응애
응애
응애
응애
응애

그러나 남성의 산후 우울증은 아직 관심의 사각지대에 있습니다.
남성은 도움을 청할 곳도, 받을 곳도 부족합니다.
그 이유 중 하나는 산후 우울증이 여성의 출산 과정에서 일어나는 호르몬 변화 때문에 발생한다고 여겼기 때문이다.
하지만 우울증은 화학적 불균형으로만 일어나는 건 아닙니다.
우울증이 화학적 불균형, 특히 세로토닌의 결핍 때문에 발생한다는 생각은 널리 알려져 있습니다.

1960년대에 여러 연구자들이 우울증과 세로토닌• 간의 연관성을 탐구했고, 특히 영국의 정신과 의사 알렉 코펜은 1967년 논문에서 이를 본격적으로 제안했다.

우울증으로 자살한 환자의 뇌를 조사해 보니, 자연사한 비우울증 환자보다 세로토닌 수치가 낮았습니다.
알렉 코펜(Alec Coppen)

그러나 대표적인 우울증 치료제인 세로토닌 재흡수 억제제(SSRI)의 효과가 우울증 환자의 약 절반 정도에만 효과가 있기 때문에 그러한 생각에 의문이 제기되어 왔다.

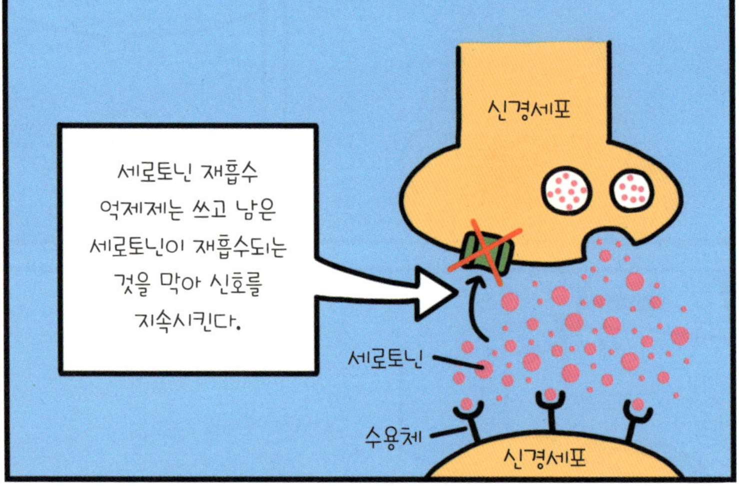

신경세포
세로토닌 재흡수 억제제는 쓰고 남은 세로토닌이 재흡수되는 것을 막아 신호를 지속시킨다.
세로토닌
수용체
신경세포

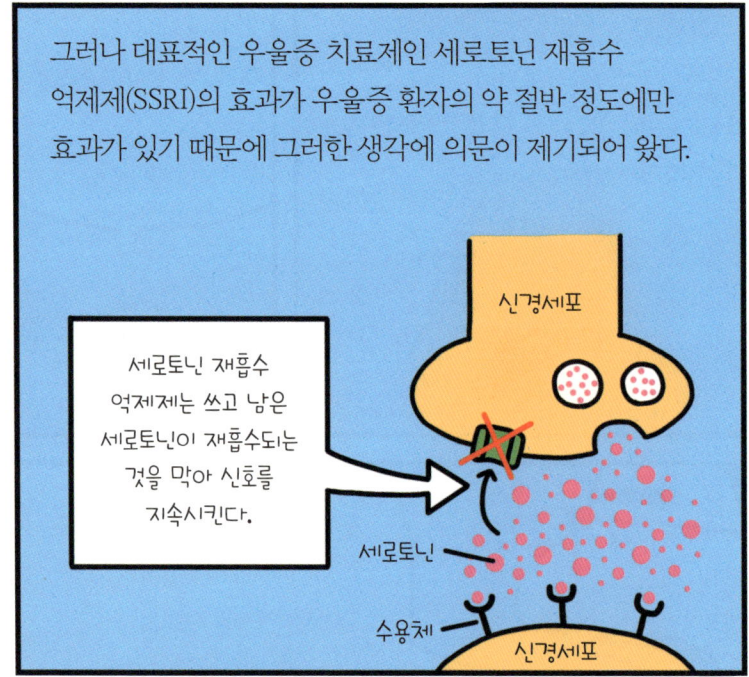

•세로토닌은 기분, 감정, 수면, 식욕 등 다양한 뇌 기능을 조절하는 신경전달물질이다. 또한 에너지 균형과 위장 및 내분비 기능, 심혈관을 비롯해 많은 인체 기관에서 중요한 기능을 하고 있다.

우울증이 세로토닌 결핍으로 발생한다면,
세로토닌
세로토닌 수치를 높이는 약물은 증상을 완화해야 한다.
그러나 기대와 달리, 세로토닌 재흡수 억제제의 효과는 일관되지 않습니다.

이 약물은 우울증 환자의 절반 정도에게만 효과가 있으며, 일부 환자는 반응하는 데 시간이 걸리거나 효과가 금방 사라지기도 한다.

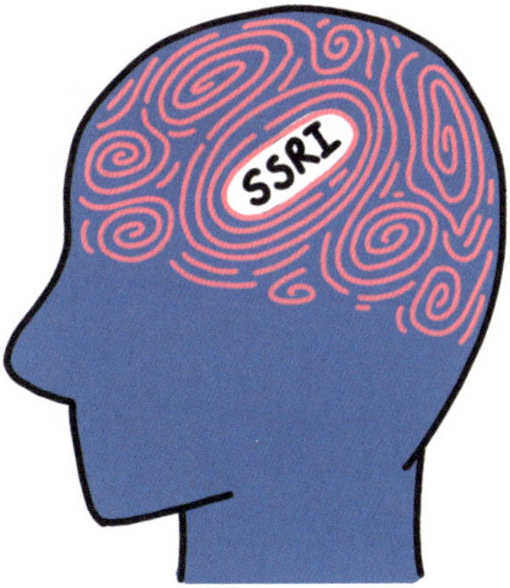
SSRI

세로토닌 가설을 제안한 코펜도 세로토닌 재흡수 억제제의 작용이 반드시 우울증의 원인과 연결되는 것은 아닐 수 있다고 경고했다.

쉽게 말해, 아스피린이 두통을 완화한다고 해서 두통의 원인이 아스피린 부족이라고 단정할 수 없는 것과 같습니다.
최근 연구들은 낮은 세로토닌 수치가 우울증을 유발한다는 확실한 증거가 부족하다고 보고하며, 이 가설을 둘러싼 논쟁이 다시 불붙고 있다.
우울증의 원인은 유전, 스트레스, 성격, 생활환경 등 현실 세계와도 관련이 깊습니다.
남성의 산후 우울증도 배우자와 당사자의 우울증 병력, 여러 스트레스 상황과 밀접한 관련이 있습니다.

하지만 남성의 정통적인 성 역할에 대한 편견으로 우울증 진단과 치료는 더욱 어려워지고 있다.
일반적으로 우울증은 여성에게서 높게 나타난다고 여겨지지만, 이것은 기준의 부정확성으로 인해 우울증 진단을 받지 못하는 남성이 많기 때문이라는 보고가 있습니다.
실제로 남성은 우울증 진단을 받는 비율이 여성의 절반에 불과하지만, 자살로 사망하는 비율은 3~4배 높은 것으로 나타난다.
많은 남성이 자살로 사망하는데, 왜 더 많은 여성이 자살의 가장 흔한 전조 증상인 우울증 진단을 받을까?

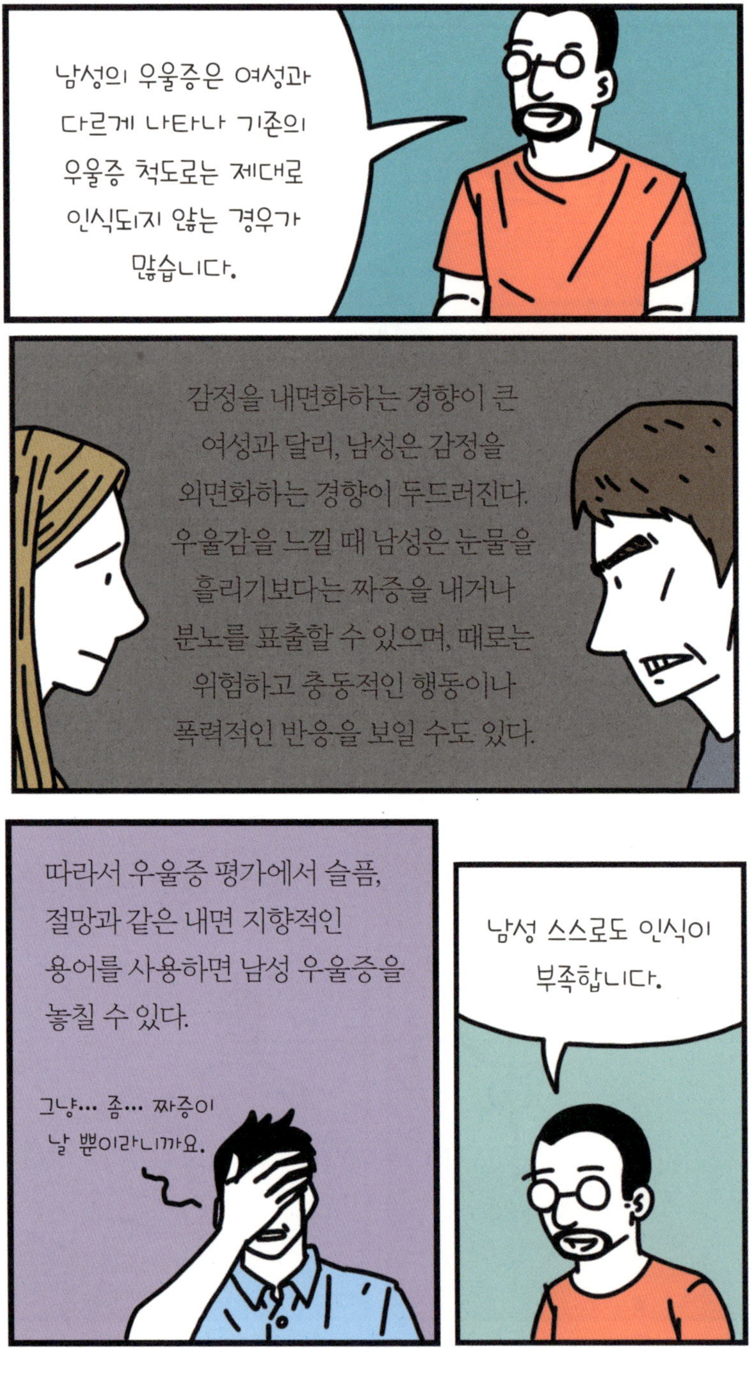
남성의 우울증은 여성과 다르게 나타나 기존의 우울증 척도로는 제대로 인식되지 않는 경우가 많습니다.
감정을 내면화하는 경향이 큰 여성과 달리, 남성은 감정을 외면화하는 경향이 두드러진다. 우울감을 느낄 때 남성은 눈물을 흘리기보다는 짜증을 내거나 분노를 표출할 수 있으며, 때로는 위험하고 충동적인 행동이나 폭력적인 반응을 보일 수도 있다.
따라서 우울증 평가에서 슬픔, 절망과 같은 내면 지향적인 용어를 사용하면 남성 우울증을 놓칠 수 있다.
그냥… 좀… 짜증이 날 뿐이라니까요.
남성 스스로도 인식이 부족합니다.

남자다움은 정신 질환을
나약함으로 여기게 만들어서
남성이 우울증 진단을 인정하지
않고, 도움을 청하기보다는
스스로 해결해야 할 문제로
여기게 만들었다.

남자가!

이처럼 우울증에 대한 이해 부족과 남성주의는 남성의
산후 우울증을 사각지대로 만들었다. 산후 우울증은
출산 여성의 정신 건강 문제로만
여겨졌다. 진단표는 여성을 기준으로
하고 있고, 의료 기관의 산후
우울증에 대한 가이드라인에는
아빠에 대한 것은 없다.

성에 대한 고정관념으로
여성을 얽맸던 남성은
자신도 얽매는 결과를
낳았습니다.

한 식품회사는 35년 가까이 사용했던
"사나이 울리는 ○라면"이란 광고
문구를 바꾸기로 했다. 지혜로운
선택이다. 사나이도 슬프면 울어야
한다. ■

辛
라면

19. 겸상 적혈구

자연선택을 수리하다

맙소사! 이게 뭐야!
뭔데 부모 잃은 자식처럼 소리를 지르는 게냐.
캐릭터를 진화시켰는데 이전보다 더 안 좋아지는 게 말이 돼?! 이건 게이머를 우롱하는 짓이야.
너, 현질?
열심히 시간 낭비해서 키운 겁니다.
장하네, 우리 딸.

어디 보자. 호오~
게임 개발자가 과학 공부
좀 했나 보군.
그건 또 무슨 소리야.
여기 '업그레이드'가
아니라 '진화'라고
분명히 쓰여 있네.
HP
MP
진화!
그게 어쨌다고.
그러니까 더 좋아질 수도,
더 나빠질 수도 있다는
대자연의 법칙을 의미하고
있는 거지.
크~ 자연의
신비란!
여기서 대자연이
왜 나오는 거냐고.

진화는 진보가 아니라는 거 학교에서 안 배웠어? 겸상 적혈구 몰라? 오히려 이건 진화론적으로 고증이 잘된 게임이다.
EVOLUTION
왜 게임으로 시작한 얘기가 거기까지 가는 건데.

겸상 적혈구는 진화와 자연선택의 대표적 예로 고등학교 교과서에 실려 있다. 그래서 국내에는 사례가 거의 없음에도 불구하고, 많은 이들이 겸상 적혈구에 대해 알고 있다.

과학은 핑계고 쌈통이라고 생각하는 것 같은데.

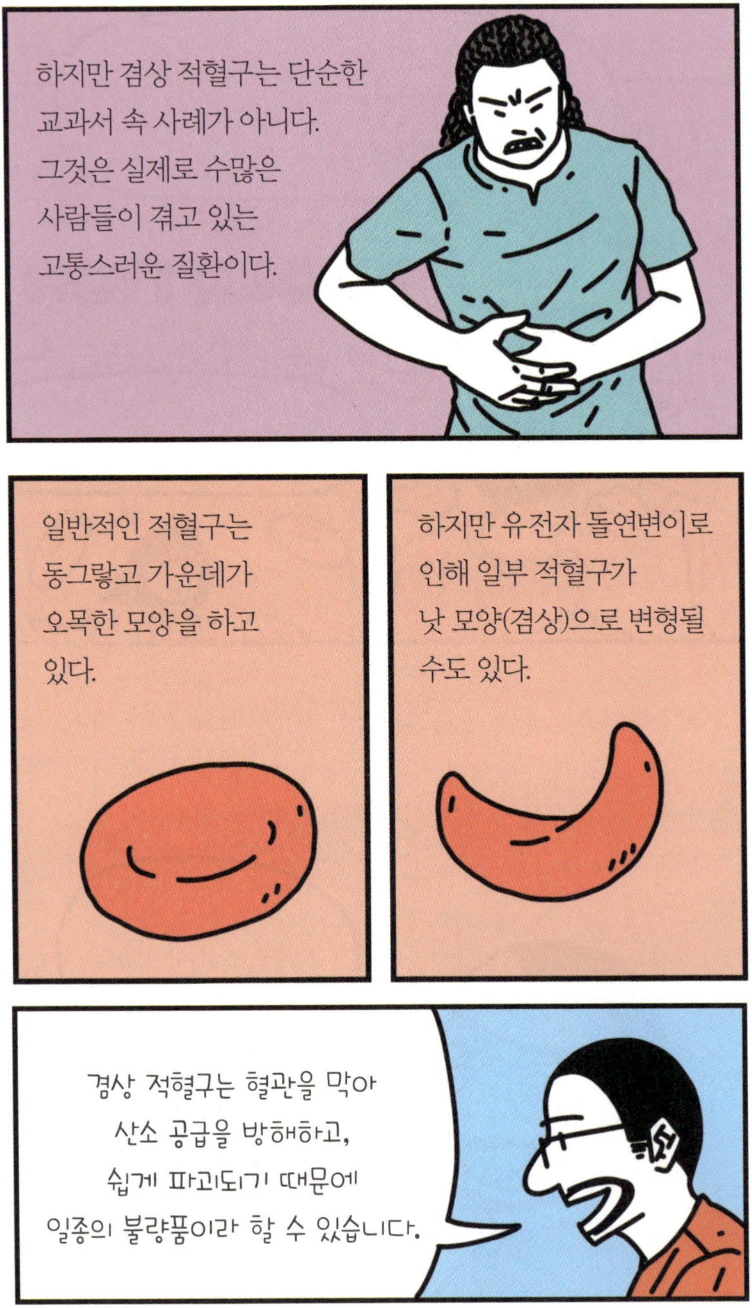
하지만 겸상 적혈구는 단순한 교과서 속 사례가 아니다. 그것은 실제로 수많은 사람들이 겪고 있는 고통스러운 질환이다.
일반적인 적혈구는 동그랗고 가운데가 오목한 모양을 하고 있다.
하지만 유전자 돌연변이로 인해 일부 적혈구가 낫 모양(겸상)으로 변형될 수도 있다.
겸상 적혈구는 혈관을 막아 산소 공급을 방해하고, 쉽게 파괴되기 때문에 일종의 불량품이라 할 수 있습니다.

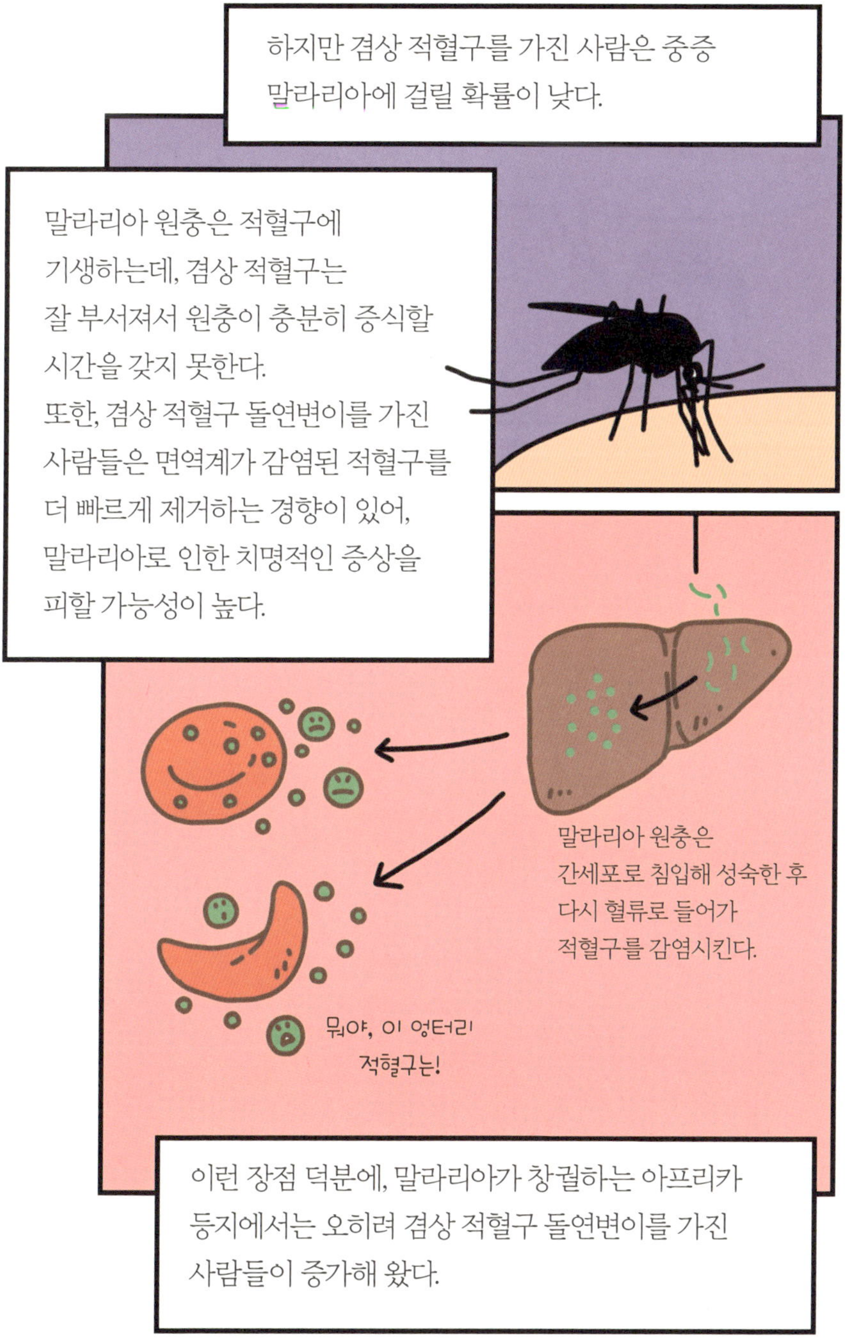
하지만 겸상 적혈구를 가진 사람은 중증 말라리아에 걸릴 확률이 낮다.
말라리아 원충은 적혈구에 기생하는데, 겸상 적혈구는 잘 부서져서 원충이 충분히 증식할 시간을 갖지 못한다. 또한, 겸상 적혈구 돌연변이를 가진 사람들은 면역계가 감염된 적혈구를 더 빠르게 제거하는 경향이 있어, 말라리아로 인한 치명적인 증상을 피할 가능성이 높다.
말라리아 원충은 간세포로 침입해 성숙한 후 다시 혈류로 들어가 적혈구를 감염시킨다.
뭐야, 이 엉터리 적혈구는!
이런 장점 덕분에, 말라리아가 창궐하는 아프리카 등지에서는 오히려 겸상 적혈구 돌연변이를 가진 사람들이 증가해 왔다.

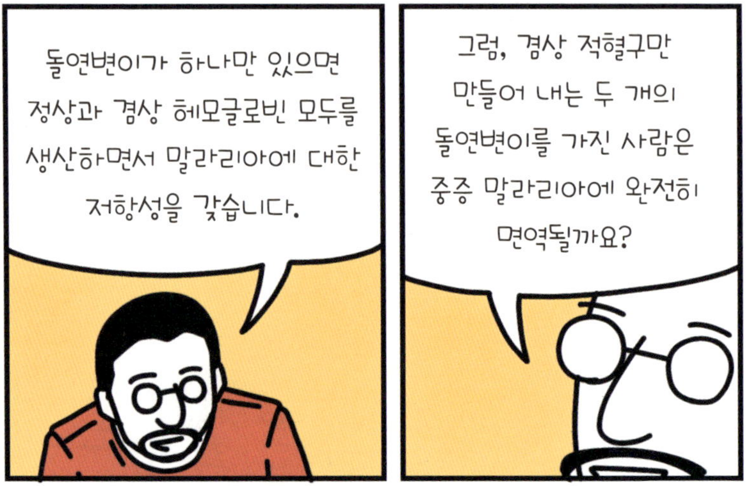
돌연변이가 하나만 있으면 정상과 겸상 헤모글로빈 모두를 생산하면서 말라리아에 대한 저항성을 갖습니다.
그럼, 겸상 적혈구만 만들어 내는 두 개의 돌연변이를 가진 사람은 중증 말라리아에 완전히 면역될까요?

안타깝게도 그렇지 않다. 감염 확률은 낮아질 수 있지만, 이들에게는 말라리아보다 겸성 적혈구 자체가 가져오는 건강상의 위험이 훨씬 더 커지게 된다.

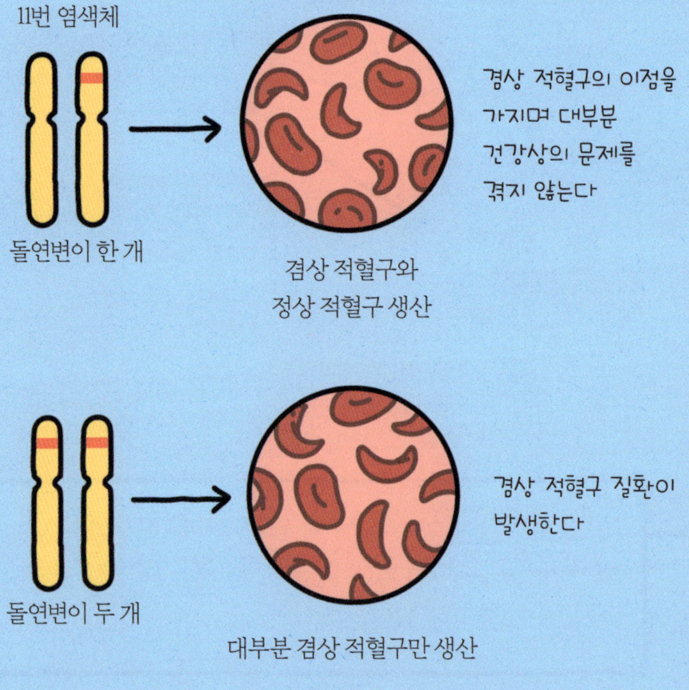
11번 염색체
돌연변이 한 개
겸상 적혈구와
정상 적혈구 생산
겸상 적혈구의 이점을
가지며 대부분
건강상의 문제를
겪지 않는다
돌연변이 두 개
대부분 겸상 적혈구만 생산
겸상 적혈구 질환이
발생한다

겸상 적혈구는 쉽게 혈관을 막을 수 있다. 이로 인해 혈류가 차단되면 극심한 통증 발작이 발생한다. 혈관 막힘은 지속적인 장기 손상을 초래하며, 신장·폐·뇌 등에 영향을 미친다.

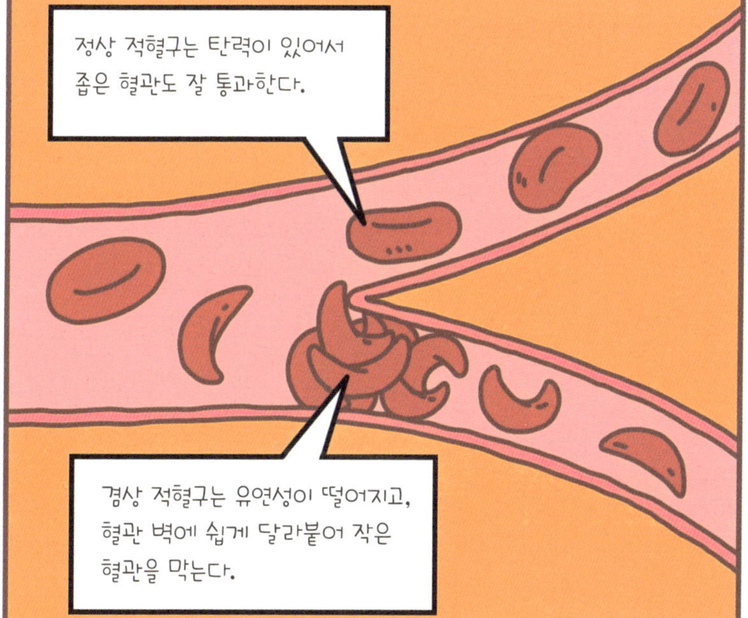
정상 적혈구는 탄력이 있어서 좁은 혈관도 잘 통과한다.
겸상 적혈구는 유연성이 떨어지고, 혈관 벽에 쉽게 달라붙어 작은 혈관을 막는다.

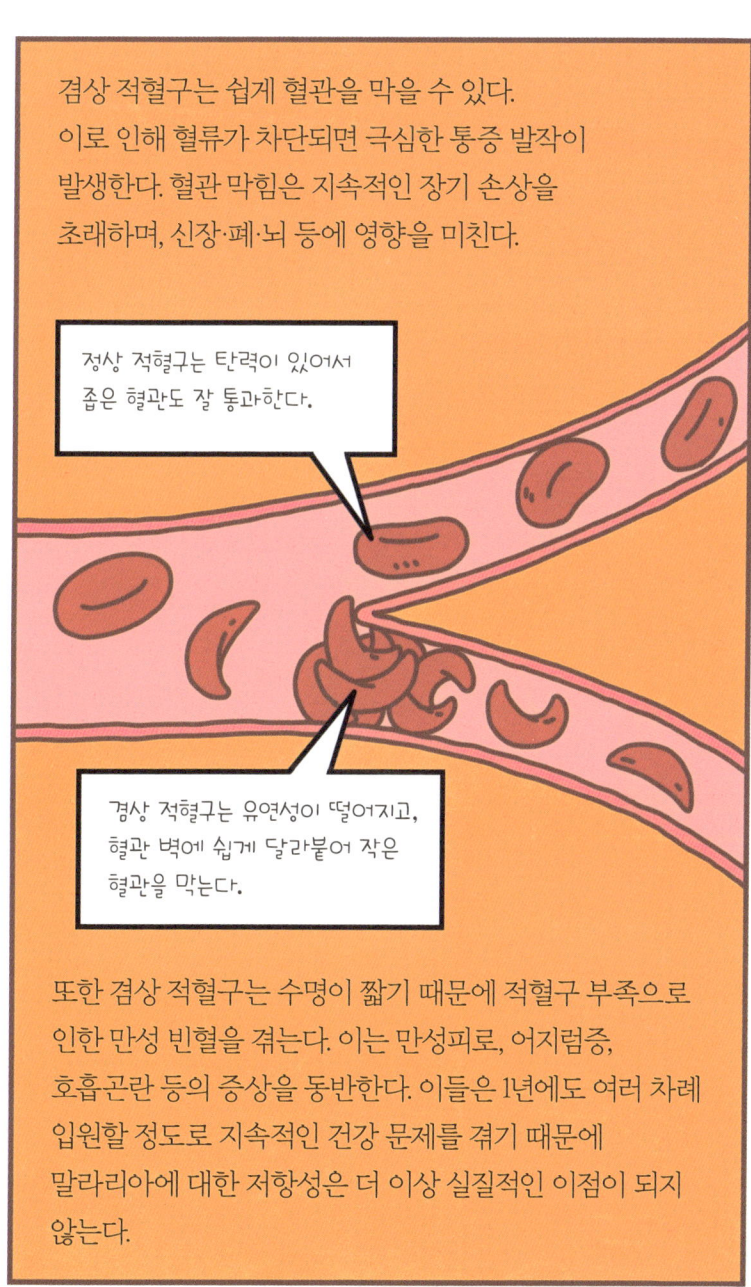

또한 겸상 적혈구는 수명이 짧기 때문에 적혈구 부족으로 인한 만성 빈혈을 겪는다. 이는 만성피로, 어지럼증, 호흡곤란 등의 증상을 동반한다. 이들은 1년에도 여러 차례 입원할 정도로 지속적인 건강 문제를 겪기 때문에 말라리아에 대한 저항성은 더 이상 실질적인 이점이 되지 않는다.

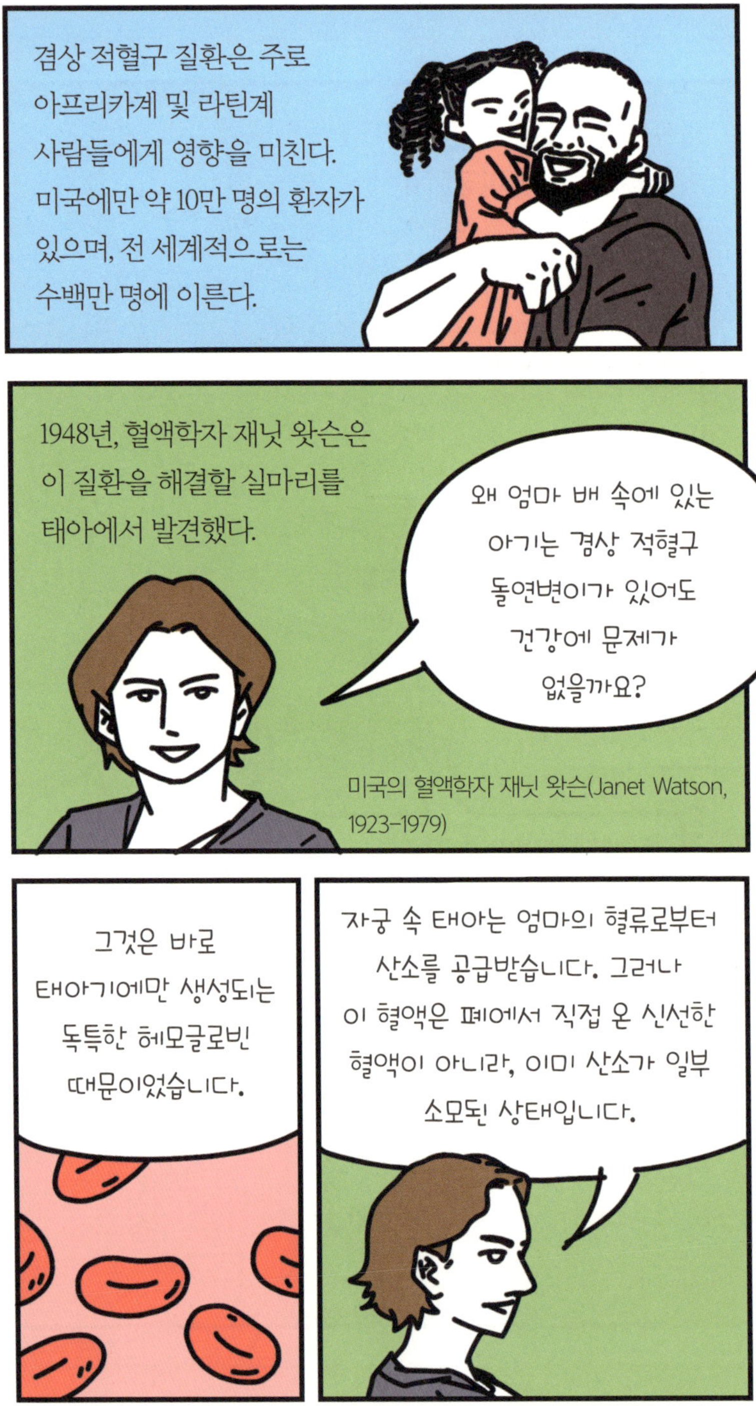
겸상 적혈구 질환은 주로 아프리카계 및 라틴계 사람들에게 영향을 미친다. 미국에만 약 10만 명의 환자가 있으며, 전 세계적으로는 수백만 명에 이른다.
1948년, 혈액학자 재닛 왓슨은 이 질환을 해결할 실마리를 태아에서 발견했다.
왜 엄마 배 속에 있는 아기는 겸상 적혈구 돌연변이가 있어도 건강에 문제가 없을까요?
미국의 혈액학자 재닛 왓슨(Janet Watson, 1923–1979)
그것은 바로 태아기에만 생성되는 독특한 헤모글로빈 때문이었습니다.
자궁 속 태아는 엄마의 혈류로부터 산소를 공급받습니다. 그러나 이 혈액은 폐에서 직접 온 신선한 혈액이 아니라, 이미 산소가 일부 소모된 상태입니다.

따라서 태아는 산소를 보다 효율적으로 흡수할 수 있도록, 산소 친화력이 높고 더 많은 산소를 운반할 수 있는 태아형 헤모글로빈(fetal hemoglo-bin)을 사용합니다.
BCL11A 유전자
ON
태아형
성인형
보통, 출생 직후에 태아형 헤모글로빈 생산을 억제하는 BCL11A라는 유전자가 활성화되면서 성인형 헤모글로빈으로 전환된다.
BCL11A 유전자
태아형
성인형
하지만 일부 사람들은 이 유전자 스위치가 완전히 켜지지 않아서 태아형 헤모글로빈을 계속 생산하기도 한다.
특히 자연선택의 결과인지, 정상인보다 겸상 적혈구 질환을 가진 사람에게서 이 비율이 높았습니다.

이들 중 태아 헤모글로빈의 수치가 높을수록 질병의 중증도는 낮았습니다.
그러니 답은 명확했습니다.
이 스위치를 꺼서 다시 태아형 헤모글로빈을 만들게 하면 겸상 적혈구 질환을 치료할 수 있지 않을까요? 하지만 당시엔 이 스위치를 끌 방법이 없었습니다.
2012년 등장한 크리스퍼(CRISPR) 기술은 이를 가능케 만들었다. 원하는 DNA 부위를 절단할 수 있는 이 기술은 유전자 편집에 혁명을 가져왔다.

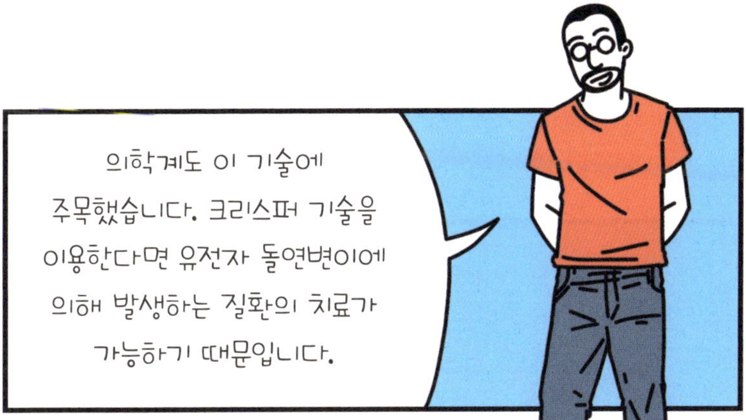

의학계도 이 기술에 주목했습니다. 크리스퍼 기술을 이용한다면 유전자 돌연변이에 의해 발생하는 질환의 치료가 가능하기 때문입니다.

겸상 적혈구 질환은 한 곳의 유전자 돌연변이로 발생하기 때문에 치료 조건에 매우 적합했다.

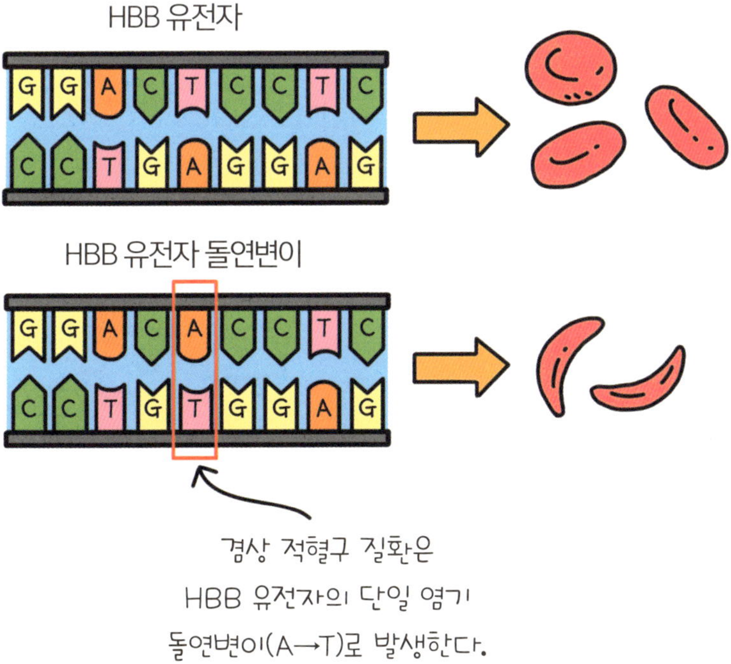

HBB 유전자
G G A C T C C T C
C C T G A G G A G
HBB 유전자 돌연변이
G G A C A C C T C
C C T G T G G A G
겸상 적혈구 질환은 HBB 유전자의 단일 염기 돌연변이(A→T)로 발생한다.

치료법은 예상보다 빨리 등장했다. 2023년 말, 크리스퍼 기술을 이용한 카스게비와 바이러스를 이용한 전통적 유전자 치료법인 리프게니아가 미국에서 잇따라 승인됐다.

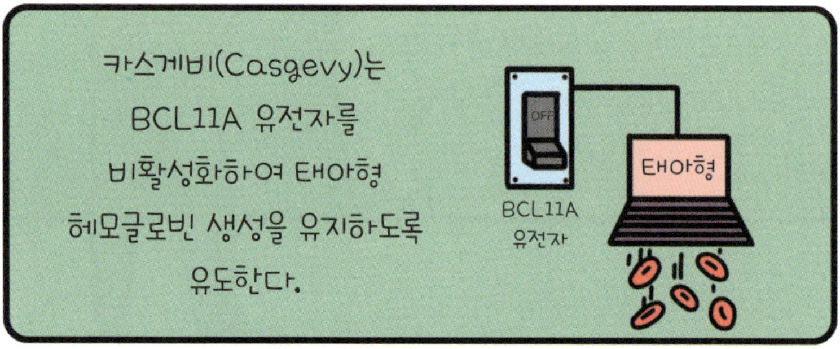
카스게비(Casgevy)는 BCL11A 유전자를 비활성화하여 태아형 헤모글로빈 생성을 유지하도록 유도한다.
OFF
BCL11A 유전자
태아형

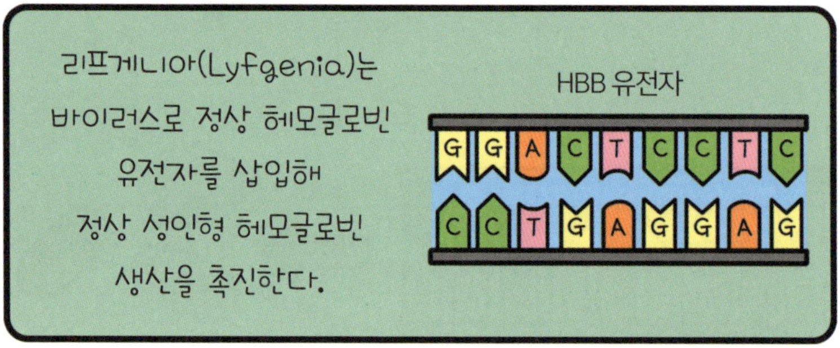
리프게니아(Lyfgenia)는 바이러스로 정상 헤모글로빈 유전자를 삽입해 정상 성인형 헤모글로빈 생산을 촉진한다.
HBB 유전자
G G A C T C C T C
C C T G A G G A G

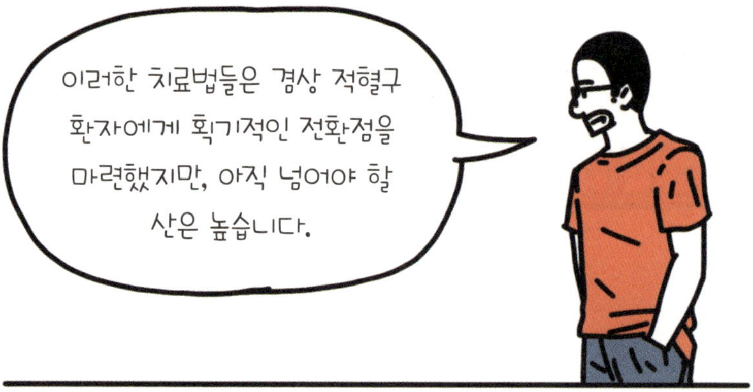
이러한 치료법들은 겸상 적혈구 환자에게 획기적인 전환점을 마련했지만, 아직 넘어야 할 산은 높습니다.

두 치료법 모두 장기적인 안전성에 대한 우려가 있고, 치료 비용이 수억 원에 이르기 때문에 환자들이 쉽게 접근할 수 없다는 문제도 남아 있습니다.•
카스게비 220만 달러(약 32억 원)
리프게니아 310만 달러(약 45억 원)
겸상 적혈구 질환 치료는 크리스퍼 기술을 이용한 유전자 치료의 시작일 뿐입니다.
백혈병, 유전성 망막 질환, 헌팅턴병 등 단일 유전자 변이에 의해 발생하는 유전 질환에 대한 수십 개의 임상 시험이 진행 중입니다.

자연선택을 넘어 인위적 선택의 시대가 열리고 있다. ■

•가격은 2023년 말 미국에서 책정된 초기 출시가를 기준으로 하며, 2025년 현재까지도 큰 변동 없이 유지되고 있다.

20. 상심 증후군

마음이 부서지다

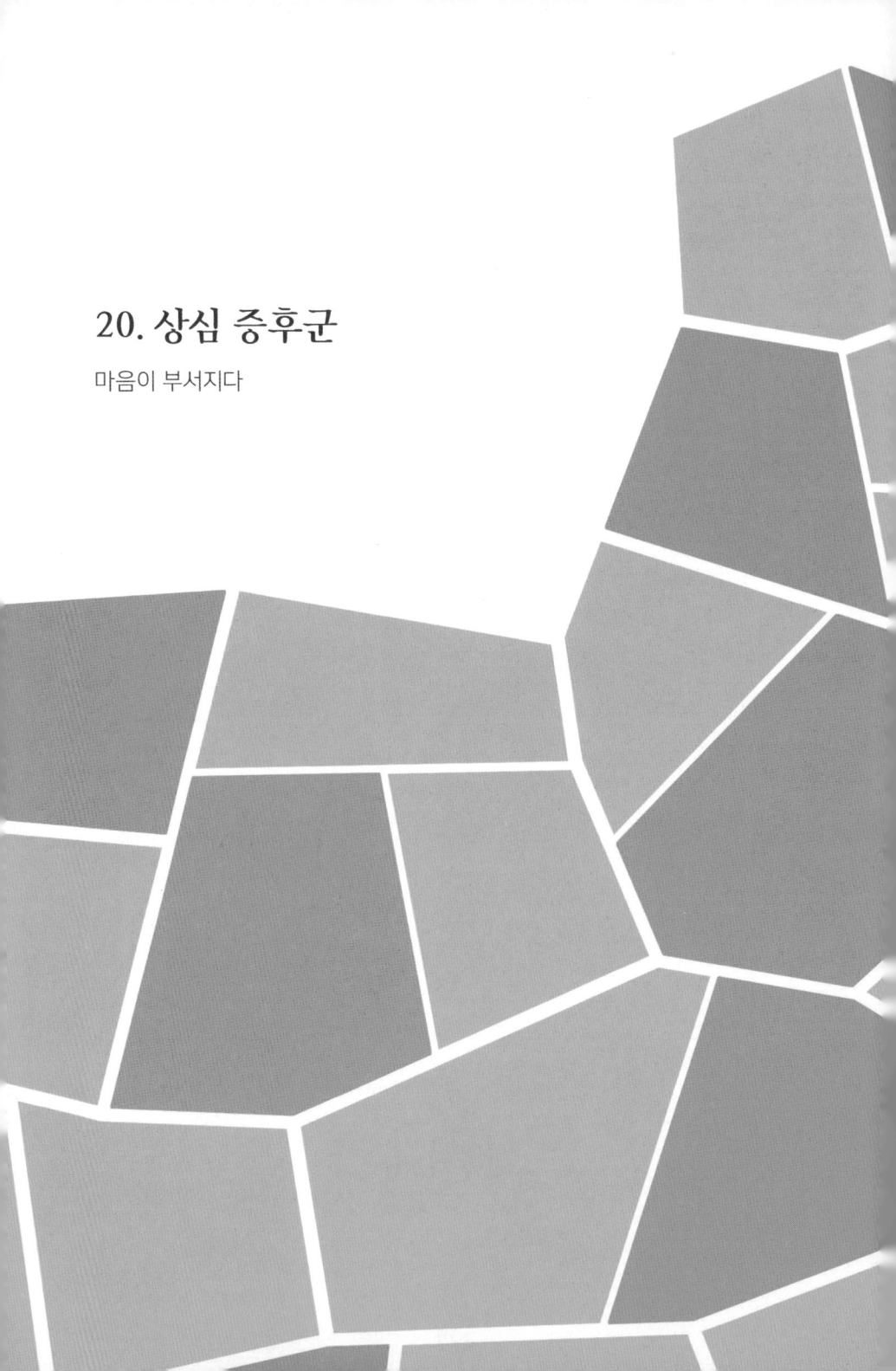

박빙의 승부!
0:01
121
LAL
QTR
4
120
GS
와
와—
게임 종료 직전
얻은 자유투 두 개!
앗싸!
와—
퍽!—
파울!
우
우
우
와
우—
한 개를 넣으면 동점,
두 개를 넣으면
승리다!
우—
와
와—
와—

아니, 그걸 못 넣으면 어떡해!
와—
와—
탱
와!
돌겠네!
우—
잘 좀 하자.
우—
우—
와—
와—
와! 와!
우우
우—
우—
와—
와—
와—
우—
와!
와 와
팅!
와—

으악! 졌잖아!
밥 먹고 농구만 하면서
자유투도 못 넣냐!

스포츠의 열정은 타오르는 불꽃과 같다. 승패의 긴장과
흥분은 선수뿐만 아니라 관객들까지 집어삼키곤 한다.

심지어 심장까지도 말이다.

축구 경기 결과든 배우자의 죽음이든, 그로 인한 극심한 스트레스는 심장에 큰 영향을 미칩니다.
그러나 그것이 남성과 여성에게 끼치는 영향은 다른 듯합니다.
2014년 6월 28일, 칠레의 한 가족 간 다툼에서 벌어진 비극은 이를 단적으로 보여준다. 다툼 중 남편은 심장 마비로 쓰러져 3일 만에 사망했고, 이후 아내에게도 가슴 통증이 발생했다.
이때도 축구가 문제였습니다.

남편과 아내 모두 칠레 축구
대표팀의 패배와 가족 간의
격렬한 논쟁으로 큰 스트레스를
받았습니다. 여기에 배우자의
갑작스러운 죽음까지 겹치면서
아내에게 치명적인 영향을 미쳤을
가능성이 큽니다.

극심한 스트레스는 과도한 스트레스 호르몬 분비를 유발해 심혈관계에 여러 가지 부정적인 영향을 미친다. 이로 인한 생리적 변화는 혈전 형성 위험을 높여 심장마비로 이어질 수 있다.

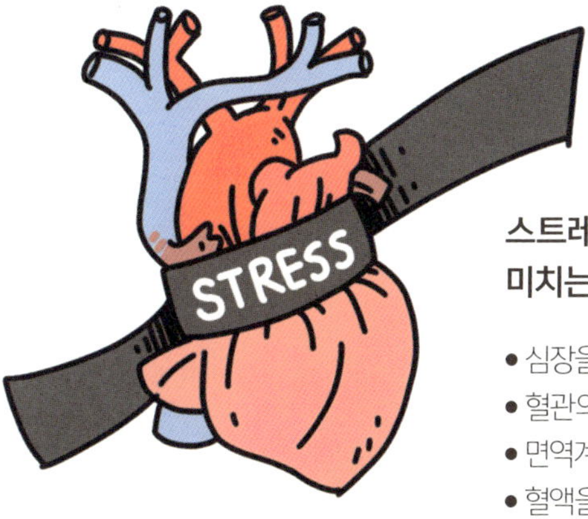
STRESS

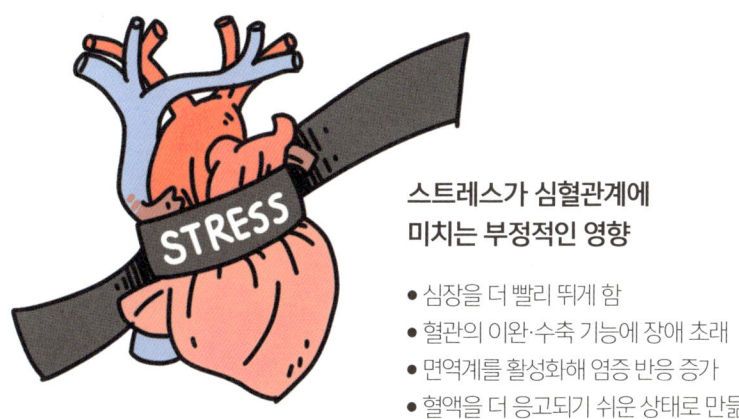

스트레스가 심혈관계에 미치는 부정적인 영향

- 심장을 더 빨리 뛰게 함
- 혈관의 이완·수축 기능에 장애 초래
- 면역계를 활성화해 염증 반응 증가
- 혈액을 더 응고되기 쉬운 상태로 만듦

실제로 심혈관 질환 병력이 없던 남편은 혈전으로 인한 심장마비로 사망했습니다.
그러나 아내는 달랐습니다.

그녀는 심장이 제대로 수축하지 못해 발생하는 타코츠보 증후군이었습니다.

타코츠보 증후군(Takotsubo syndrome)은 심장이 마치 일본에서 문어를 잡을 때 쓰는 항아리 모양과 비슷하게 보인다고 해서 붙여진 이름이다.

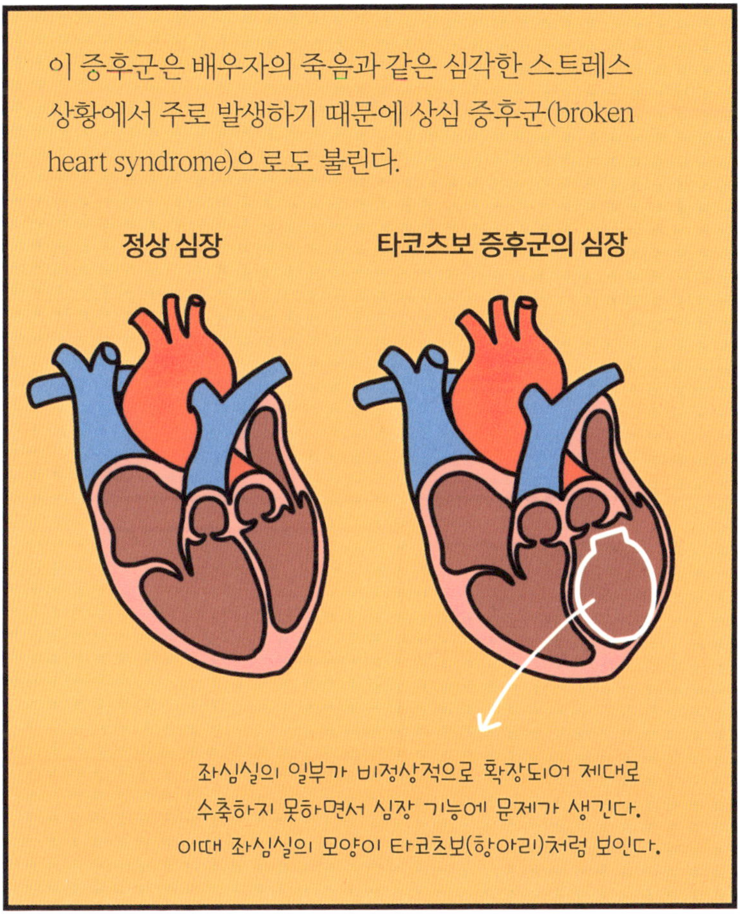
이 증후군은 배우자의 죽음과 같은 심각한 스트레스 상황에서 주로 발생하기 때문에 상심 증후군(broken heart syndrome)으로도 불린다.
정상 심장
타코츠보 증후군의 심장
좌심실의 일부가 비정상적으로 확장되어 제대로 수축하지 못하면서 심장 기능에 문제가 생긴다. 이때 좌심실의 모양이 타코츠보(항아리)처럼 보인다.

타코츠보 증후군은 정서적 스트레스뿐만 아니라 골절과 같은 신체적 스트레스로도 발생합니다.

아직까지 정확한 발병 기전은 밝혀지지 않았지만,
스트레스 호르몬인 아드레날린과 노르아드레날린의
과다 분비가 주요 원인으로 추정된다.

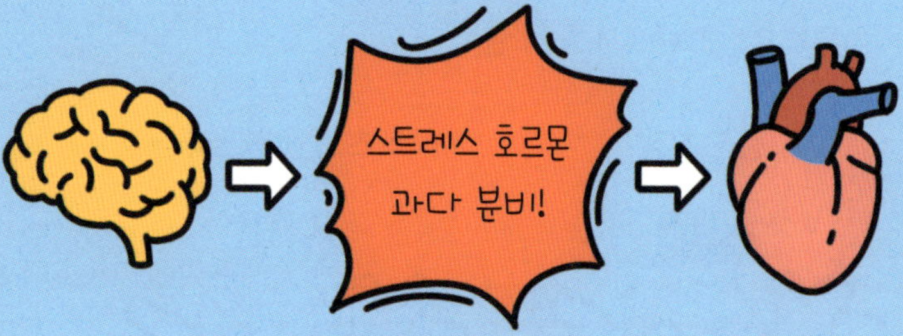
스트레스 호르몬
과다 분비!

타코츠보 증후군의 증상은
심장마비와 유사해서 심장
혈관이 막혔는지 확인하기
전까지 감별하기가 어렵다.

다행히 심장마비와 달리 적절한 치료를 받으면
심장 손상 없이 완전히 회복될 가능성이 크지만,
환자의 약 20%는 10년 이내에 재발하는 것으로 나타났다.

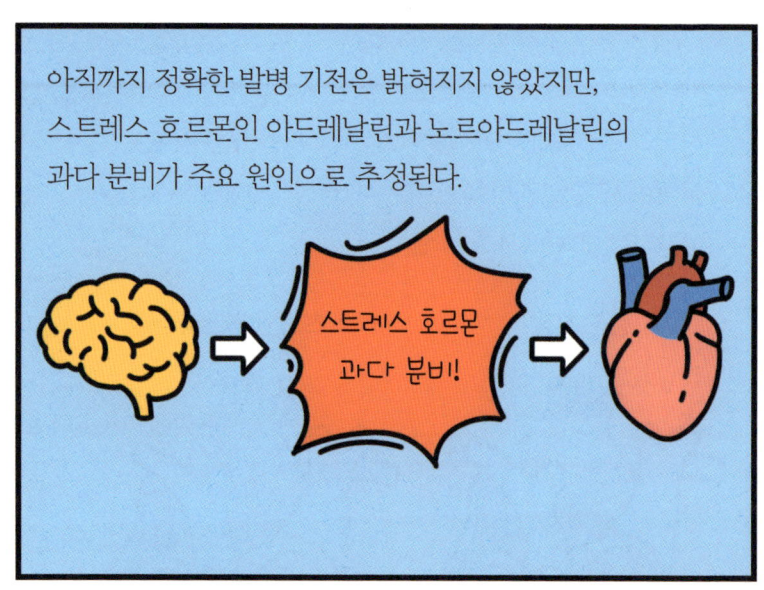

타코츠보 증후군의 특이한 점은
환자 대부분이 50세 이상의
폐경기 여성이라는 점이다.
이를 제외한 남녀 발병률은
비슷하거나 남성이 약간 더 높게
나타난다.

이러한 차이는 여성 호르몬,
특히 에스트로겐의 감소와
관련이 있을까요?

에스트로겐은 심혈관계를
보호하는 것으로 알려져 있다.•

- 혈관을 확장
- 혈압을 낮춤
- 염증 감소
- 심장 세포의 회복을 도움
- 산화 스트레스를 낮춤

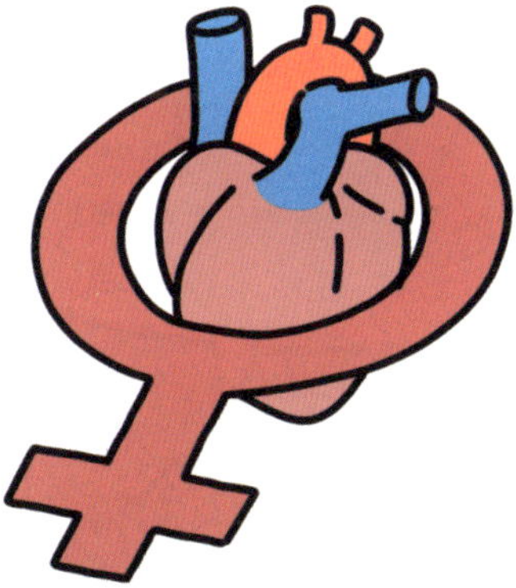

• 이러한 이유로 젊은 여성의 심혈관 질환 위험은 낮다. 이에 따라 국가건강검진에서 심혈관 질환과 관련된 혈중 콜레스테롤 검사는 남성은 만 24세 이상부터, 여성은 만 40세 이상부터 시행하고 있다. 다만, 최근 여성 비만율 증가로 인해 여성도 콜레스테롤 검사를 더 이른 시기부터 받아야 한다는 의견이 제기되고 있다.

그러나 에스트로겐의 보호 효과가 타코츠보 증후군에도 영향을 끼치는지는 아직 확실하지 않습니다.
노령의 남성은 심근경색의 위험이 훨씬 높아, 상대적으로 타코츠보 증후군의 발병률이 낮은 것으로 보입니다.
여튼, 당신은 가만있어. 여성 호르몬의 보호를 받는 내가 화를 내는 게 낫지.
오!
야이~ @#$#! 니들 자유투 연습 안 하냐! ■
워—

21. 남성 불임

정자는 정말 감소하고 있을까

형은 언제 결혼할 거야?
결혼?
퀴퀴한 곰팡내 나던 내 인생에 이제야 볕이 비치기 시작했는데 즐겨야지.
연애도 실컷 하고, 해외 여행도 가보고!
결혼은 서른다섯 살, 아니 마흔쯤에 해보지 뭐.
하지만 인생이 언제 생각대로 된 적이 있었던가.
해보지 뭐? 그때 되면 어떤 여자가 결혼해 준대?
아님 말고.
질겅
질겅

자신만만했던 30대의 장밋빛 계획은 옷에 밴 고기 냄새보다도 오래가지 못했다.
30대 초반에 아내를 만나 몇 개월의 연애 만에 결혼했고, 이듬해에 아이가 태어났다.
결혼할래?
그래
가히 1000헥토파스칼의 폭풍 같은 추진력이었다.
형, 애는 잘 커?
다행히 우리는 아이를 쉽게 가졌지만, 오랜 노력과 바람에도 그렇지 못한 부부도 있다.
응. 이제 한층 더 건방진 중3이 됐어.
메롱

우리는 임신과 출산을 당연하게 여기지만, 이는 결코 쉬운 과정이 아니다.

흔히 정자가 난자를 찾아 수정하기까지를 임신의 가장 어려운 관문이자 전부인 것처럼 그리곤 한다.
오! 로미오~
줄리엣! 드디어 우리의 사랑이 결실을 맺는구려.

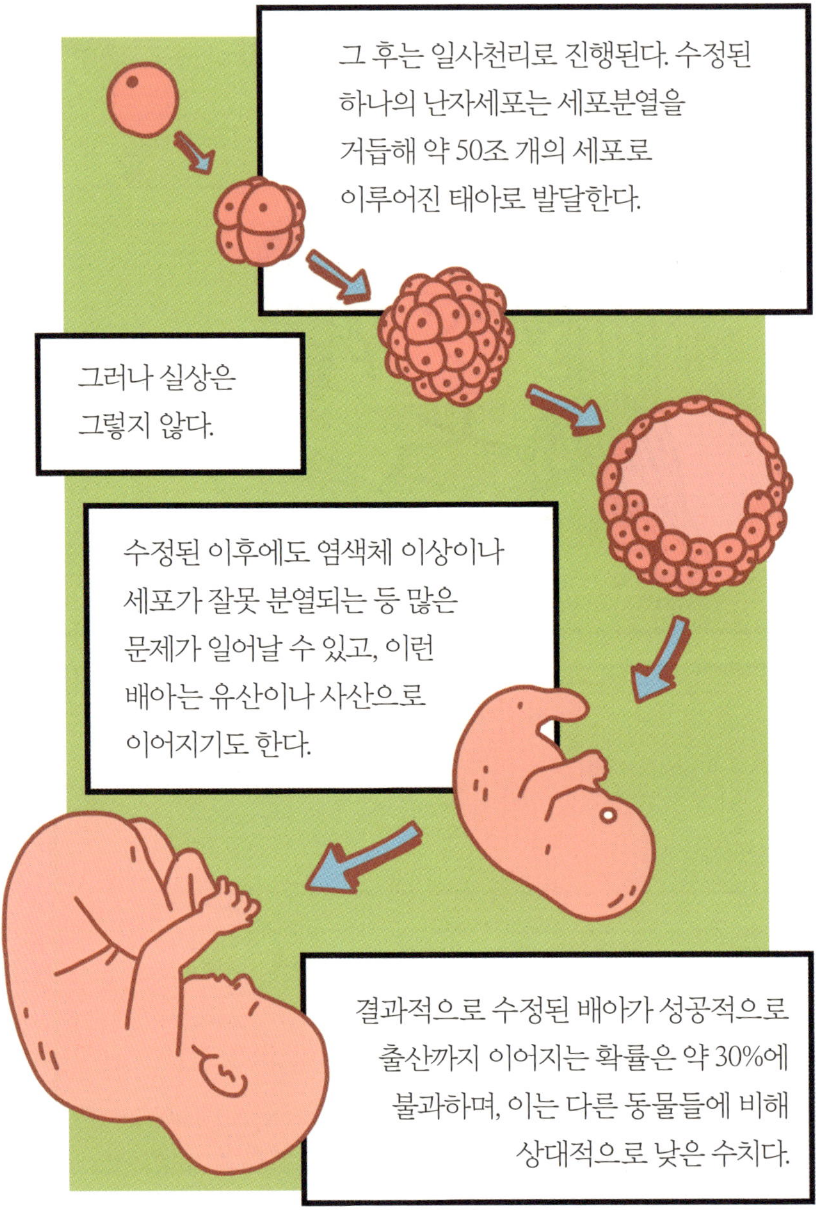
그 후는 일사천리로 진행된다. 수정된 하나의 난자세포는 세포분열을 거듭해 약 50조 개의 세포로 이루어진 태아로 발달한다.
그러나 실상은 그렇지 않다.
수정된 이후에도 염색체 이상이나 세포가 잘못 분열되는 등 많은 문제가 일어날 수 있고, 이런 배아는 유산이나 사산으로 이어지기도 한다.
결과적으로 수정된 배아가 성공적으로 출산까지 이어지는 확률은 약 30%에 불과하며, 이는 다른 동물들에 비해 상대적으로 낮은 수치다.

점점 늦은 나이에 아이를 갖는 현대적 경향은 이러한 어려움을 더욱 가중하고 있습니다.

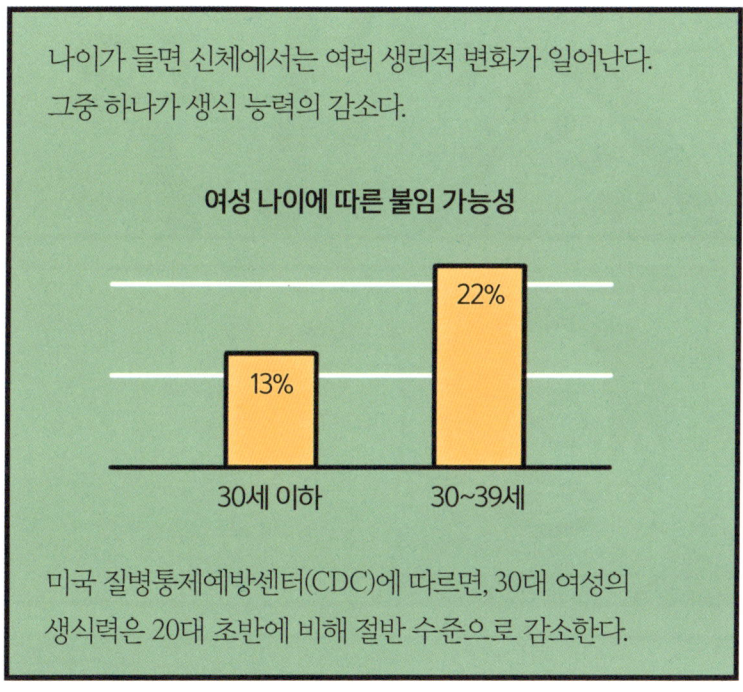

나이가 들면 신체에서는 여러 생리적 변화가 일어난다. 그중 하나가 생식 능력의 감소다.

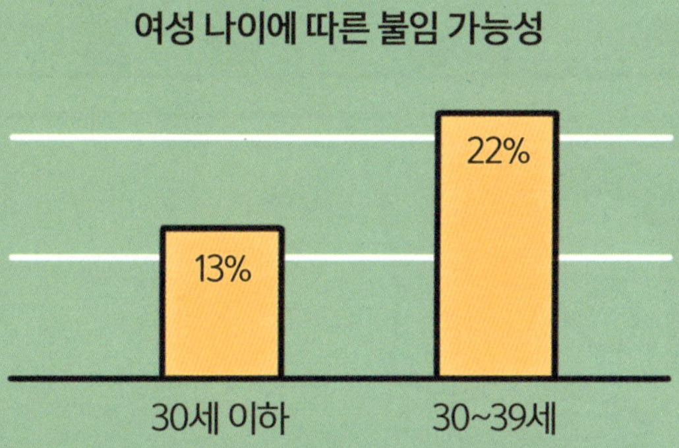
여성 나이에 따른 불임 가능성
13%
22%
30세 이하
30~39세

미국 질병통제예방센터(CDC)에 따르면, 30대 여성의 생식력은 20대 초반에 비해 절반 수준으로 감소한다.

지금껏 우리는 불임의 원인을 여성의 노화에서 찾으려는 경향이 강했습니다. 그래서 산모의 노화가 수정과 생식에 미치는 영향은 잘 알려져 있습니다.

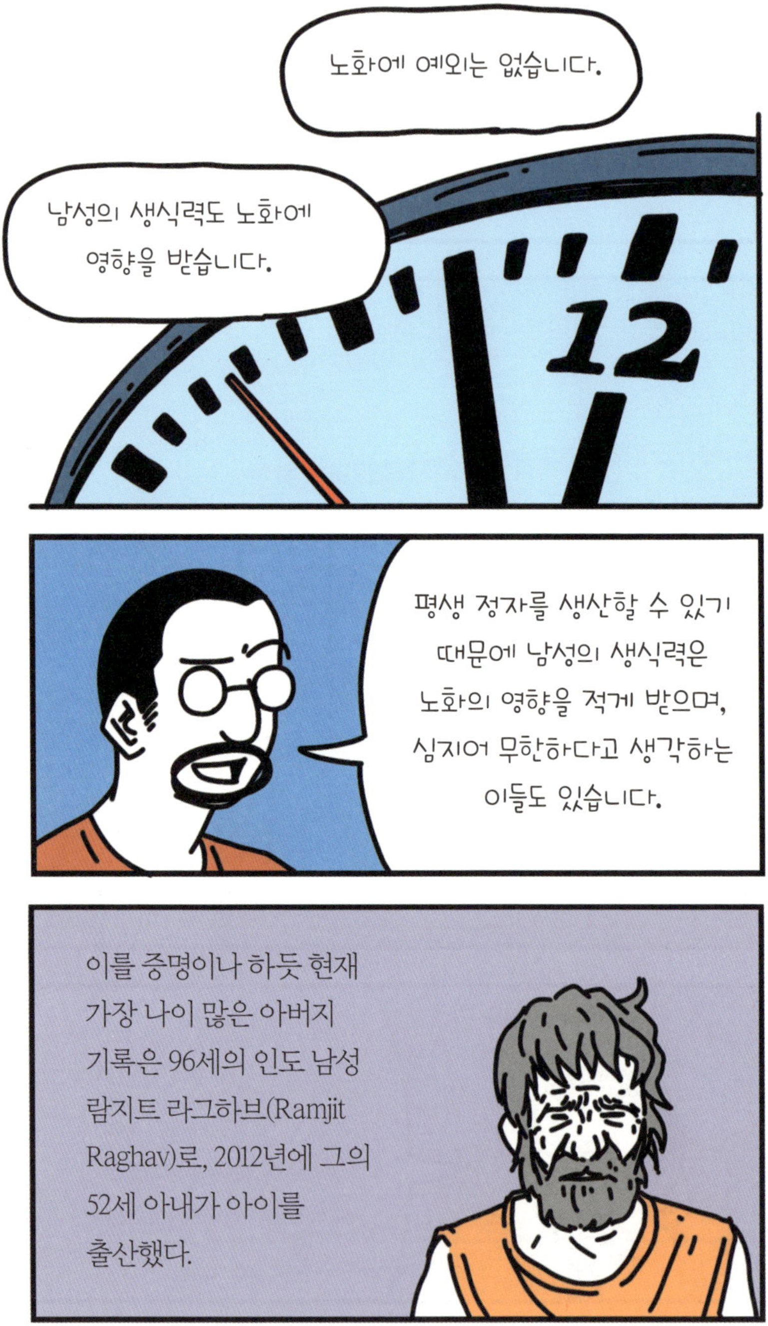
노화에 예외는 없습니다.
남성의 생식력도 노화에 영향을 받습니다.
평생 정자를 생산할 수 있기 때문에 남성의 생식력은 노화의 영향을 적게 받으며, 심지어 무한하다고 생각하는 이들도 있습니다.
12
이를 증명이나 하듯 현재 가장 나이 많은 아버지 기록은 96세의 인도 남성 람지트 라그하브(Ramjit Raghav)로, 2012년에 그의 52세 아내가 아이를 출산했다.

그러나 유감스럽게도 나이가 들수록 정자의 수와 운동성은 감소하며, 고환의 생식세포가 분열해 정자가 되는 과정에서 DNA 복제 오류가 발생할 가능성도 커진다.
이러한 변화는 건강한 배아 형성을 어렵게 만든다. 일반적으로 남성은 40세 이상이 되면 임신이 더욱 어려워지는 경향을 보인다.
남성을 우울하게 만드는 소식은 이뿐만이 아닙니다. 정자 수가 해마다 감소하고 있다는 우려스러운 보고도 잇따르고 있습니다.

예루살렘 히브리 대학교의 역학자 하가이 레빈(Hagai Levine) 교수는 45년에 걸쳐 발표된 약 200편의 연구를 분석해 남성의 정자 수 변화를 추적했다.

그의 2022년 논문에 따르면, 1973년부터 2018년까지 남성의 정자 수는 매년 평균 1.2%씩 감소했으며, 2000년 이후에는 감소 속도가 2.6%로 더욱 빨라졌다.

정자 수의 감소 추세

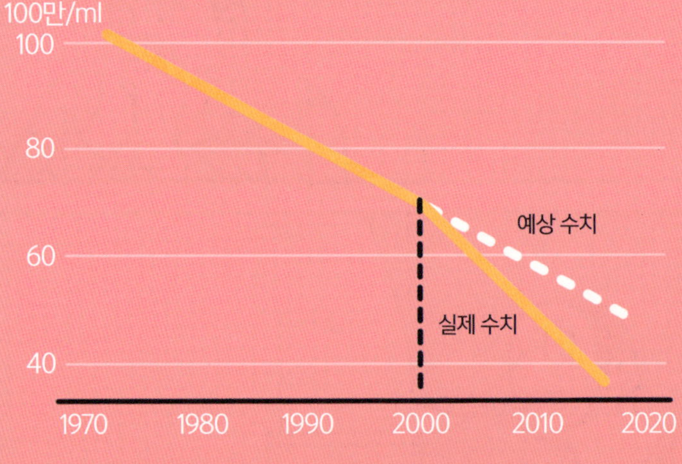
100만/ml
100
80
60
40
1970
1980
1990
2000
2010
2020
예상 수치
실제 수치

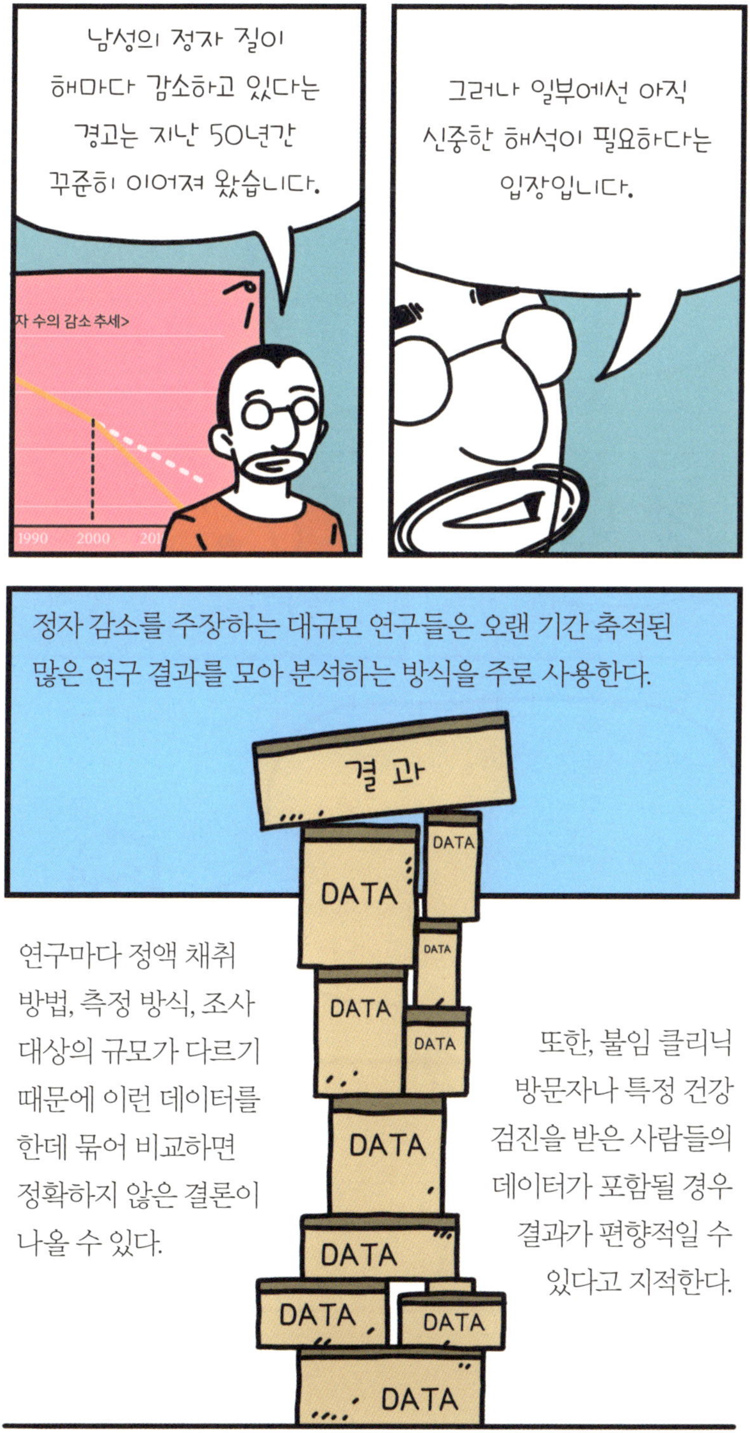

남성의 정자 질이 해마다 감소하고 있다는 경고는 지난 50년간 꾸준히 이어져 왔습니다.
자 수의 감소 추세>
1990
2000
그러나 일부에선 아직 신중한 해석이 필요하다는 입장입니다.
정자 감소를 주장하는 대규모 연구들은 오랜 기간 축적된 많은 연구 결과를 모아 분석하는 방식을 주로 사용한다.
결과
DATA
연구마다 정액 채취 방법, 측정 방식, 조사 대상의 규모가 다르기 때문에 이런 데이터를 한데 묶어 비교하면 정확하지 않은 결론이 나올 수 있다.
또한, 불임 클리닉 방문자나 특정 건강 검진을 받은 사람들의 데이터가 포함될 경우 결과가 편향적일 수 있다고 지적한다.

그러나 정자 감소 현상은 반려견에서도 관찰되었습니다.
반려견은 인간과 밀접하게 생활해 동일한 환경오염에 노출되기 때문에, 이들의 연구 결과는 의미가 있습니다.
멍!
1988년부터 2014년까지 개의 정자 운동성을 분석한 이 연구는 줄곧 일관된 방식으로 조사한 데이터를 사용했기 때문에 편향성 문제에서도 자유롭습니다.
그러나 정자 감소가 사실이라고 해도, 반드시 생식력 저하로 이어지는 것은 아닙니다.

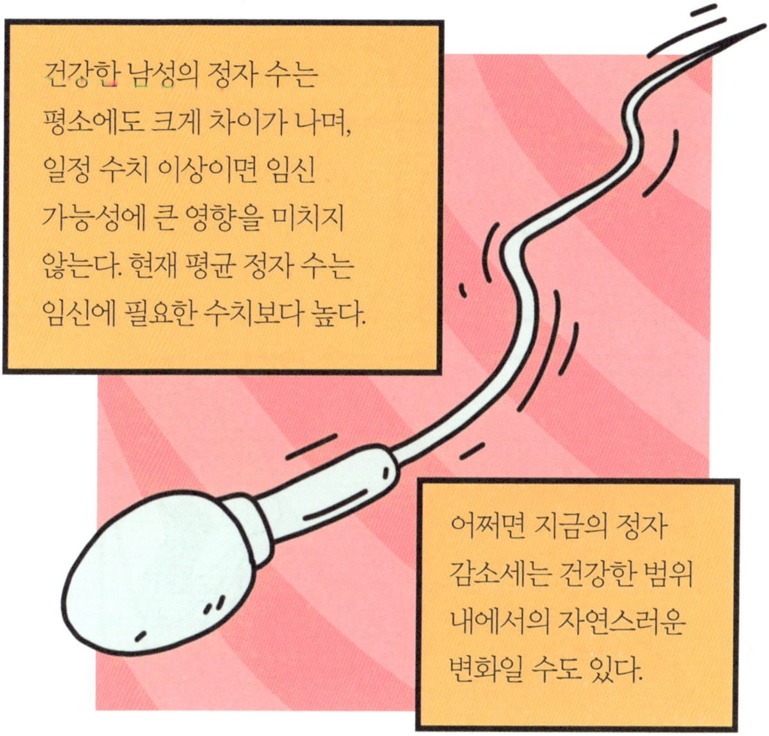
건강한 남성의 정자 수는 평소에도 크게 차이가 나며, 일정 수치 이상이면 임신 가능성에 큰 영향을 미치지 않는다. 현재 평균 정자 수는 임신에 필요한 수치보다 높다.
어쩌면 지금의 정자 감소세는 건강한 범위 내에서의 자연스러운 변화일 수도 있다.

이에 대해 레빈 교수는 《사이언티픽 아메리카》의 2023년 1월 기사에서 다음과 같이 언급했다.
20%, 10% 또는 5%만 사실이라고 해도 일부 원인은 돌이킬 수 없기 때문에 기다리지 말고 무언가 조치를 취하는 것이 좋습니다.

세계보건기구(WHO)의 보고서에 따르면 전 세계적으로 약 6명 중 1명이 임신에 어려움을 겪고 있습니다.
불임의 원인은 여성과 남성 모두에게서 비슷한 확률을 갖지만, 남성 불임은 상대적으로 덜 논의되어 왔다.
이는 남성 불임에 대한 사회적·문화적 금기 때문이며, 더 근본적으로는 이를 남성성의 붕괴로 여겼기 때문이다.
그로 인해 남성 불임에 대한 연구와 교육, 그리고 사회적 인식은 부족했습니다. 예를 들어, 발기부전을 불임의 주요 증상으로 생각하지만 그렇지 않습니다.

또한 불임이 여성에게
맞춰지다 보니 남성은
심리적 지원을 받기
어려웠고, 많은 이들이
침묵 속에서
고통받았다.

불임에 의미를 부여하지 마세요.
그건 의학적 도움이 필요한 문제일 뿐입니다.

노화가 형벌이 아니듯 말이다. ■

22. 도뇨관(Urinary catheter)

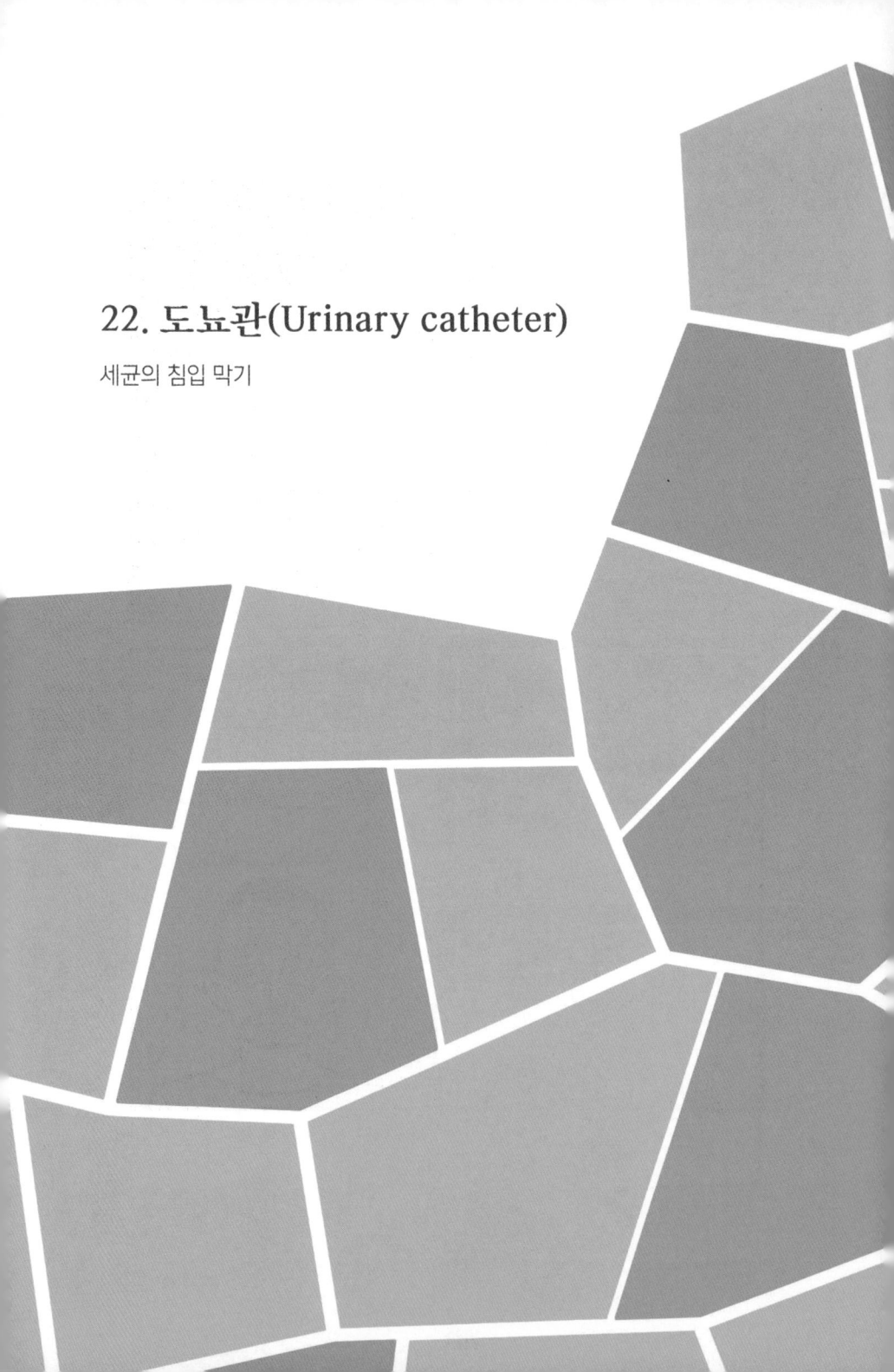

세균의 침입 막기

날씨 좋네~
화장실 다녀올게.
또 가? 아까도 갔잖아?
마려운 걸 어떡해!

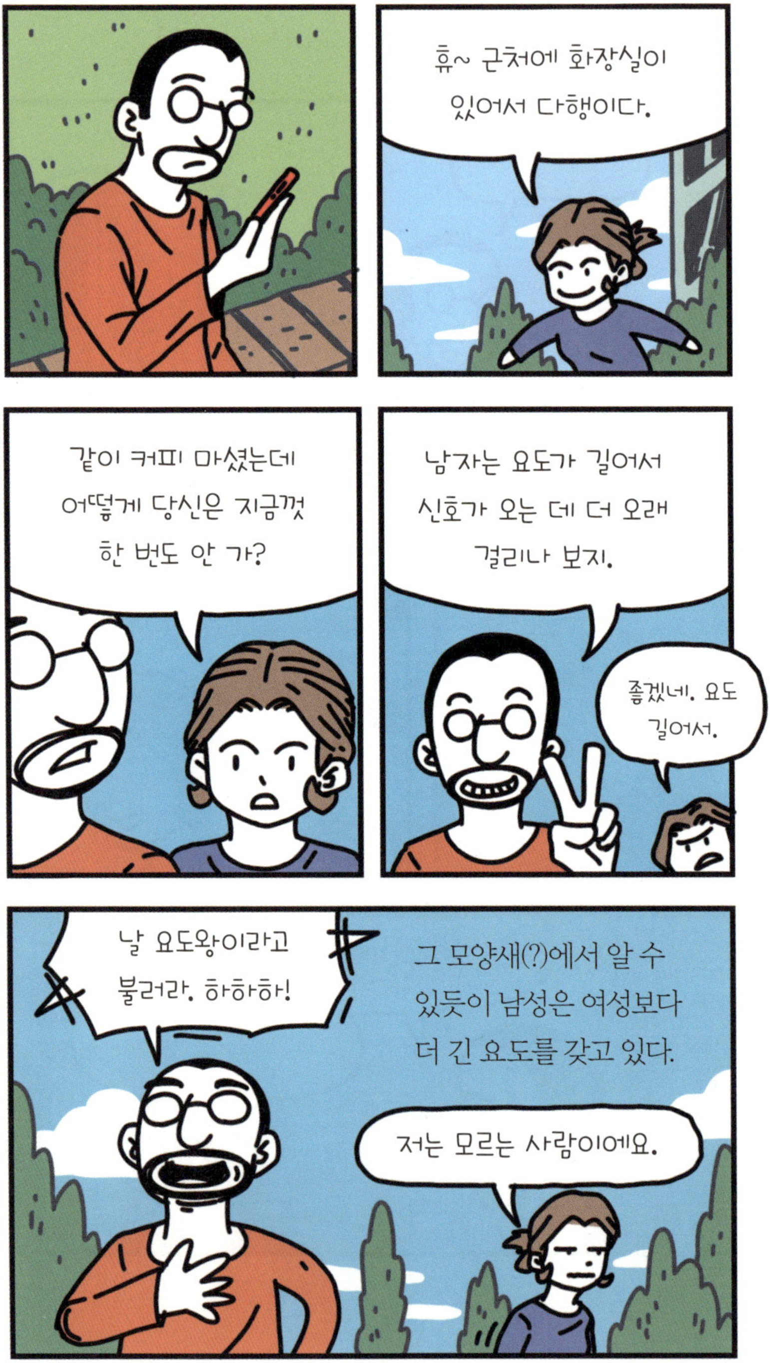
휴~ 근처에 화장실이 있어서 다행이다.
같이 커피 마셨는데 어떻게 당신은 지금껏 한 번도 안 가?
남자는 요도가 길어서 신호가 오는 데 더 오래 걸리나 보지.
좋겠네. 요도 길어서.
날 요도왕이라고 불러라. 하하하!
그 모양새(?)에서 알 수 있듯이 남성은 여성보다 더 긴 요도를 갖고 있다.
저는 모르는 사람이에요.

남성의 요도 길이는 평균 20cm로 여성보다 5배 길다.
남성의 요도 길이 17~28cm
여성의 요도 길이 3~4cm
근데 요도가 5배 길다고 남성이 여성보다 5배 더 나은 건 없다. 아, 허세는 5배 더 많은 것 같긴 하다.
길면 뭐, 그걸로 줄넘기라도 하게?
남성은 요도가 길어서 여성보다 소변을 더 잘 참을 수 있다는 항간의 이야기도 근거 없다. 이는 방광 크기와 괄약근과 관련이 있다.
자부심이 하나 사라졌다.

그러나 요로 감염에 있어서는 요도 길이가 유의미한 차이를 가져옵니다.

요로 감염은 세균이 요도로 침투하여 발생하는 염증성 질환이다. 매우 흔한 세균 감염 중 하나로 전 세계적으로 매년 약 1억 5000만 명이 걸린다.

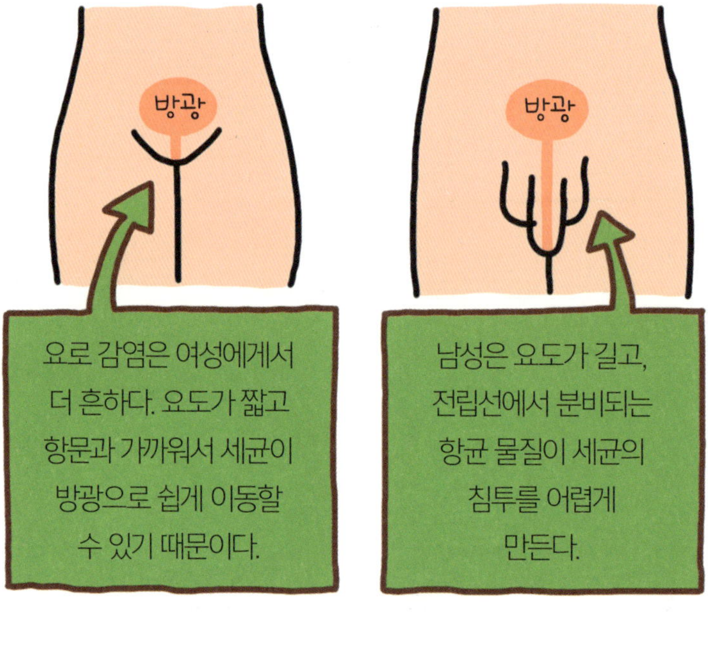
방광
방광
요로 감염은 여성에게서 더 흔하다. 요도가 짧고 항문과 가까워서 세균이 방광으로 쉽게 이동할 수 있기 때문이다.
남성은 요도가 길고, 전립선에서 분비되는 항균 물질이 세균의 침투를 어렵게 만든다.

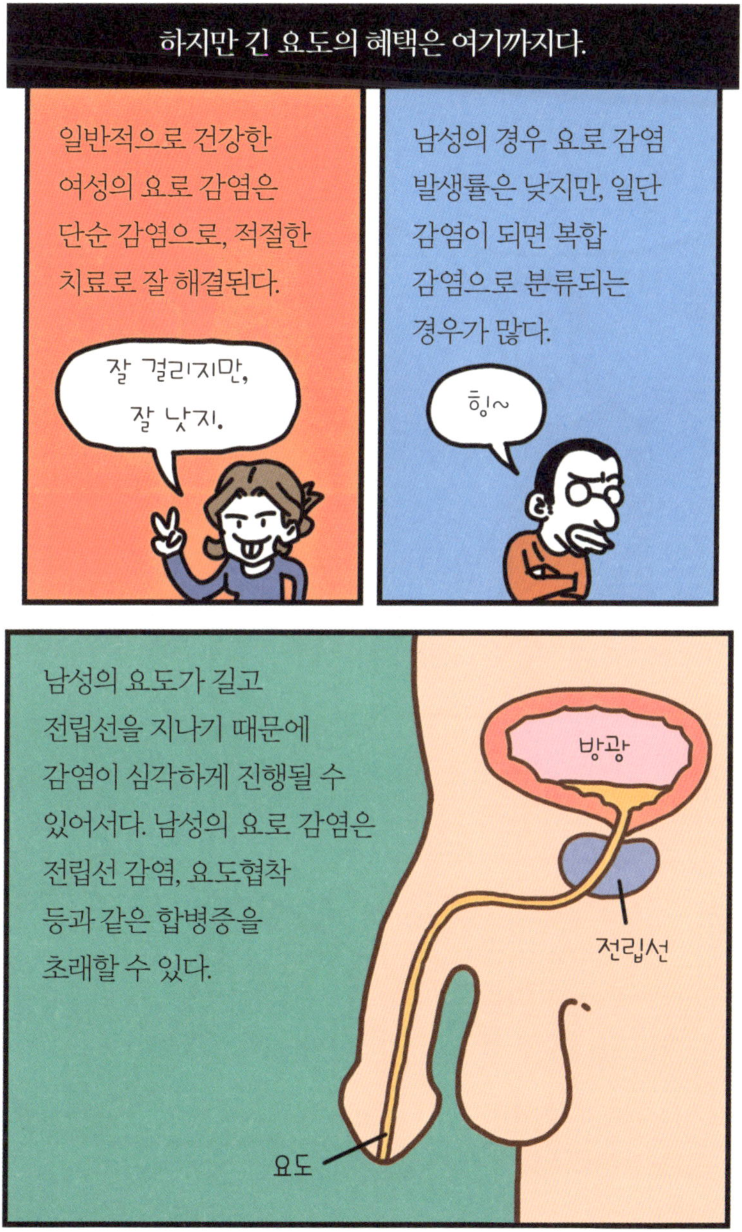

하지만 긴 요도의 혜택은 여기까지다.
일반적으로 건강한 여성의 요로 감염은 단순 감염으로, 적절한 치료로 잘 해결된다.
잘 걸리지만, 잘 낫지.
남성의 경우 요로 감염 발생률은 낮지만, 일단 감염이 되면 복합 감염으로 분류되는 경우가 많다.
힝~
남성의 요도가 길고 전립선을 지나기 때문에 감염이 심각하게 진행될 수 있어서다. 남성의 요로 감염은 전립선 감염, 요도협착 등과 같은 합병증을 초래할 수 있다.
방광
전립선
요도

고령, 요로결석, 당뇨병과 같은 상태나 면역력 저하는 요로 감염의 위험성을 증가시킵니다.
그러나 남녀 모두 심각한 복합 감염으로 발전하는 중요한 요인은 도뇨관(요로 카테터)의 사용입니다.

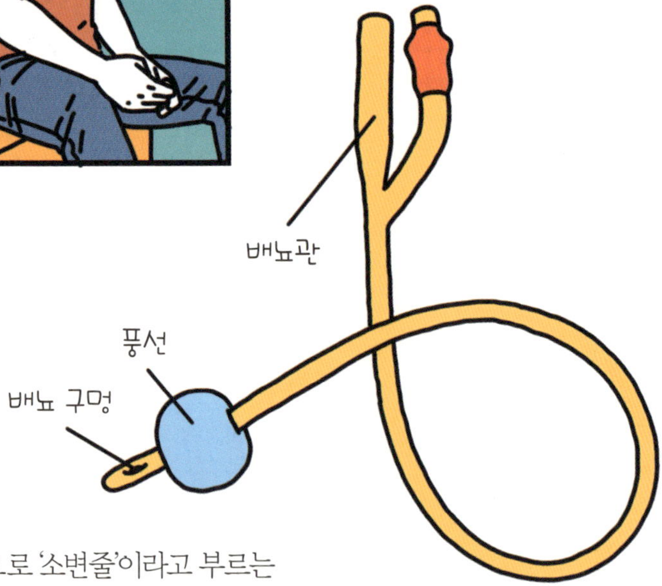
배뇨관
풍선
배뇨 구멍

일반적으로 '소변줄'이라고 부르는 도뇨관은 방광으로 관을 연결해 소변을 배출하는 기구다.

도뇨관은 필요할 때만 쓰는 단순형과 며칠에서 몇 주간 삽입해 놓는 유치형이 있다.

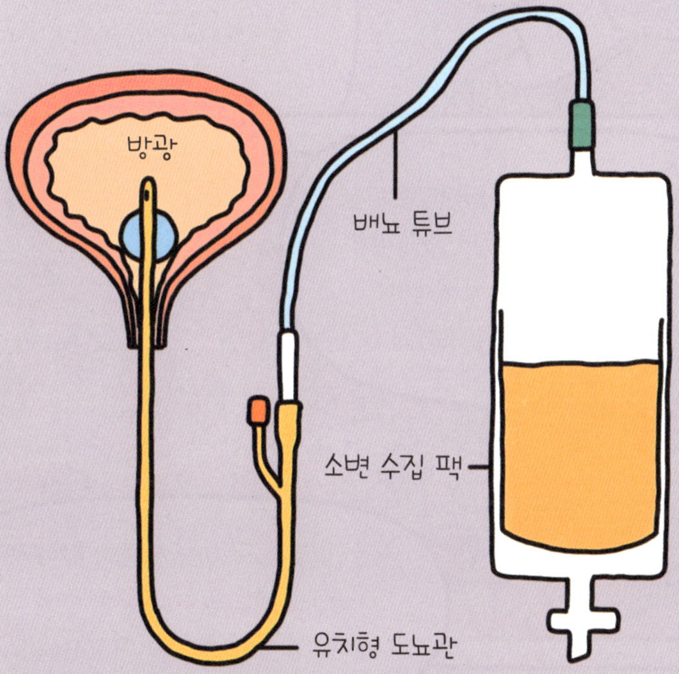
방광
배뇨 튜브
소변 수집 팩
유치형 도뇨관

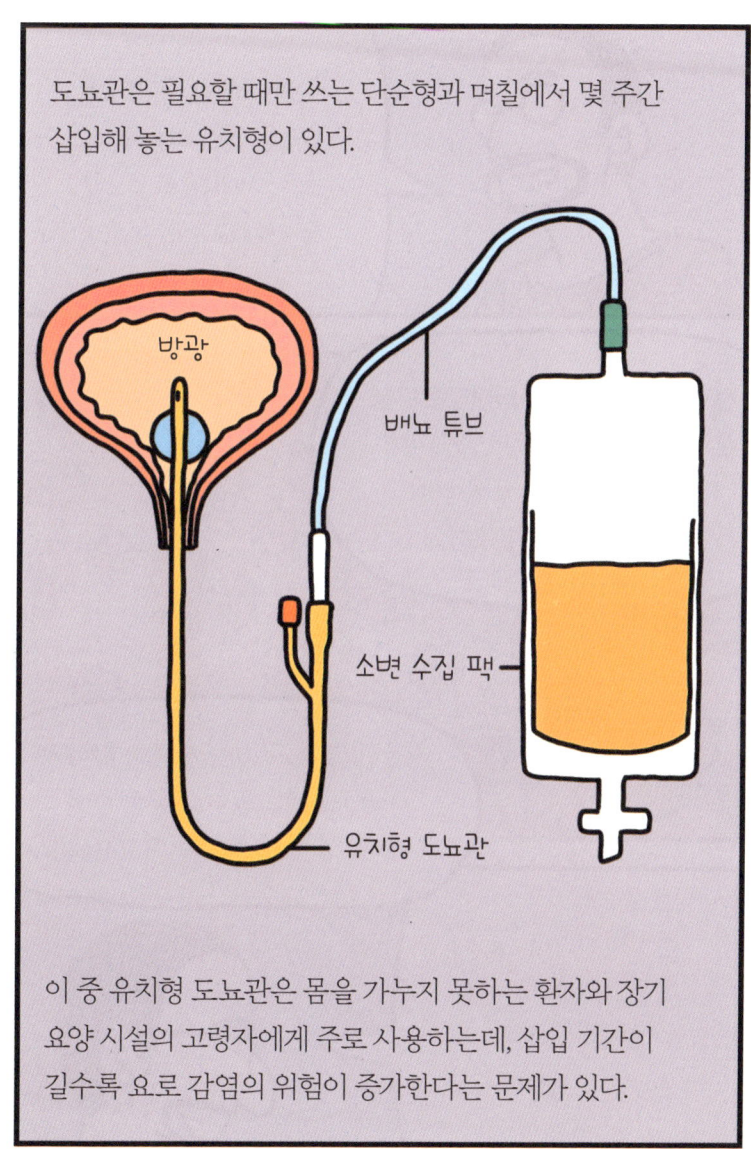

이 중 유치형 도뇨관은 몸을 가누지 못하는 환자와 장기 요양 시설의 고령자에게 주로 사용하는데, 삽입 기간이 길수록 요로 감염의 위험이 증가한다는 문제가 있다.

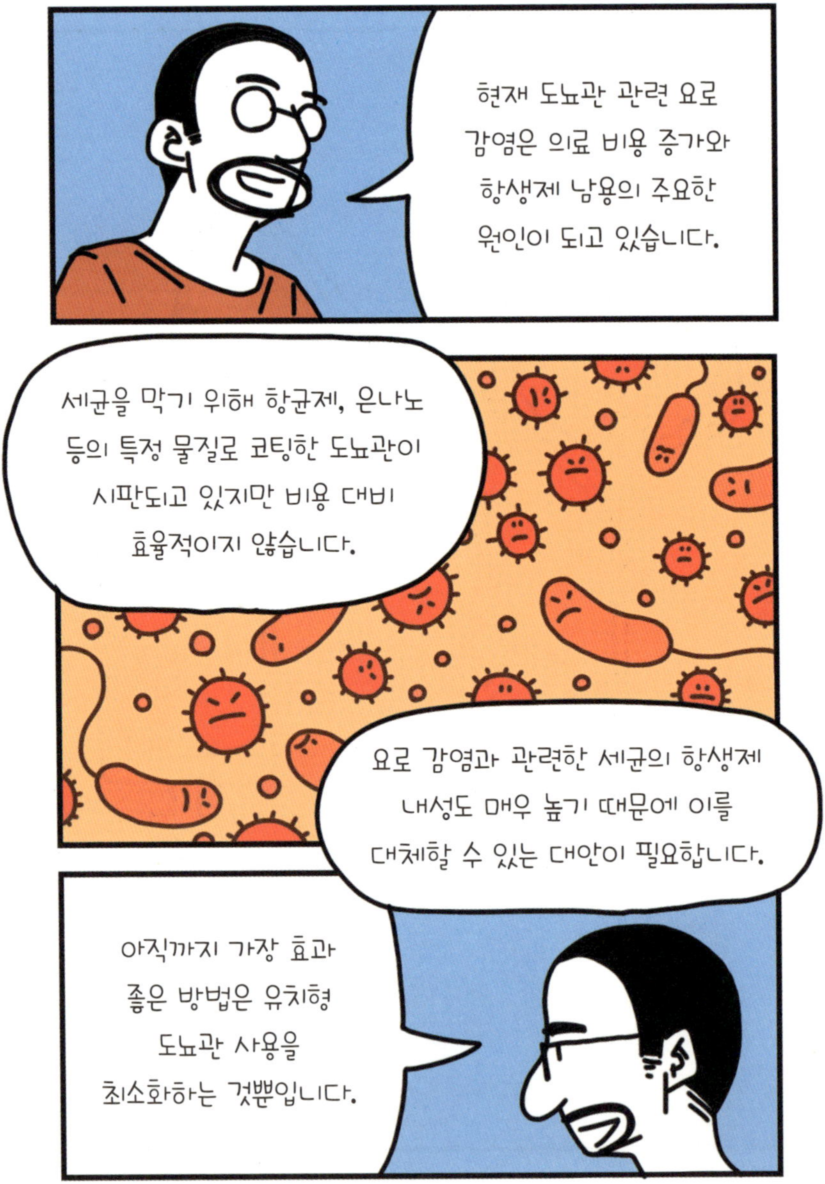
현재 도뇨관 관련 요로 감염은 의료 비용 증가와 항생제 남용의 주요한 원인이 되고 있습니다.
세균을 막기 위해 항균제, 은나노 등의 특정 물질로 코팅한 도뇨관이 시판되고 있지만 비용 대비 효율적이지 않습니다.
요로 감염과 관련한 세균의 항생제 내성도 매우 높기 때문에 이를 대체할 수 있는 대안이 필요합니다.
아직까지 가장 효과 좋은 방법은 유치형 도뇨관 사용을 최소화하는 것뿐입니다.

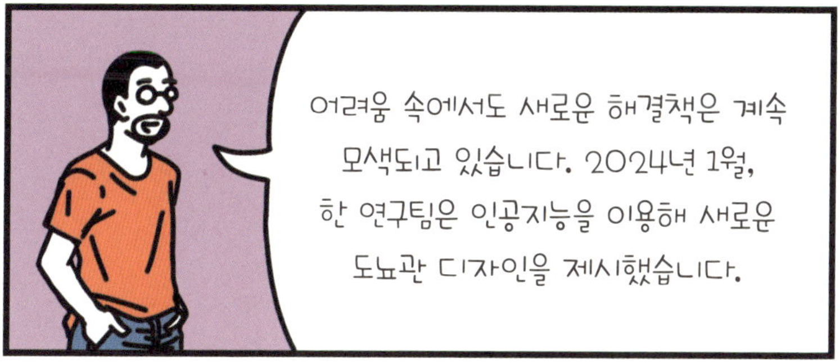
어려움 속에서도 새로운 해결책은 계속
모색되고 있습니다. 2024년 1월,
한 연구팀은 인공지능을 이용해 새로운
도뇨관 디자인을 제시했습니다.

일부 세균은 도뇨관 내부에 흐르는 소변을 헤엄쳐 방광으로 침투할 수 있다. 이에 연구팀은 관 내부에 삼각형 돌출부를 설계해 세균의 이동을 방해하는 도뇨관을 설계했다.

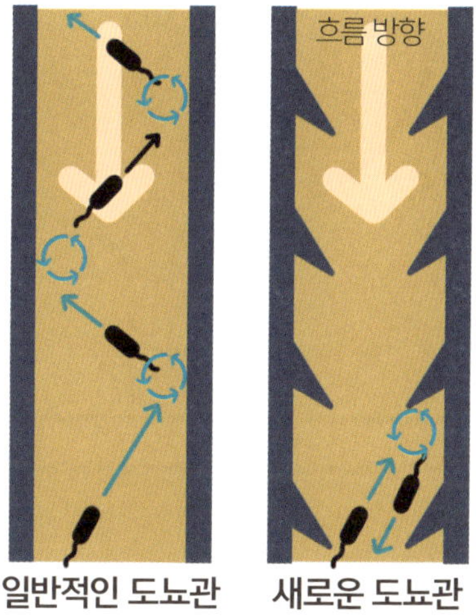
흐름 방향
일반적인 도뇨관
새로운 도뇨관

세균은 직선으로 이동 후 멈춰서 방향을 바꾸는 방식으로 이동한다.

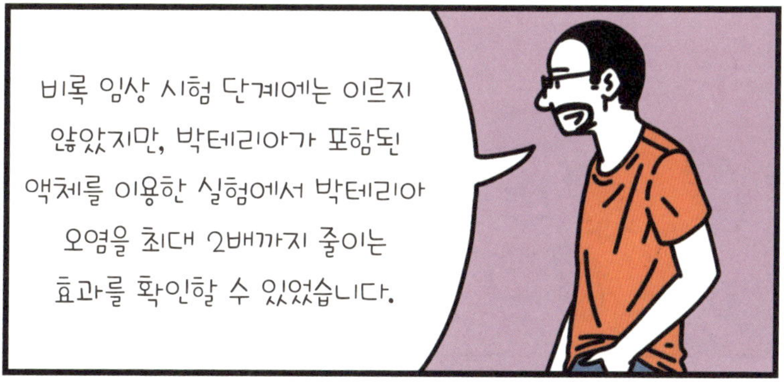
비록 임상 시험 단계에는 이르지
않았지만, 박테리아가 포함된
액체를 이용한 실험에서 박테리아
오염을 최대 2배까지 줄이는
효과를 확인할 수 있었습니다.

이처럼 요도와 방광으로의 세균 오염을 막기 위해 다양한 노력이 이어지고 있지만, 무균 지대라고 여겨졌던 이곳에도 고유한 미생물군집이 존재하는 것으로 밝혀졌다.

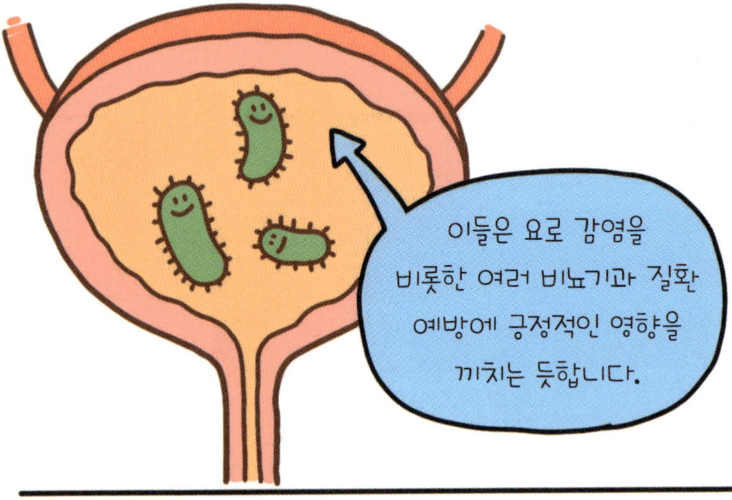
이들은 요로 감염을
비롯한 여러 비뇨기과 질환
예방에 긍정적인 영향을
끼치는 듯합니다.

여기에 기반해 유익한 세균을
도뇨관에 정착시켜 해로운
세균의 번식을 방해하는
'세균 간섭 전략'도 시도되고
있다.

깨끗함이란 아무것도 없는 것이 아니라 그 고유함이 유지되는 상태일 것이다. ■

23. 장기 코로나(Long Covid)

호흡기 질환이 신경학적 문제를 일으키다

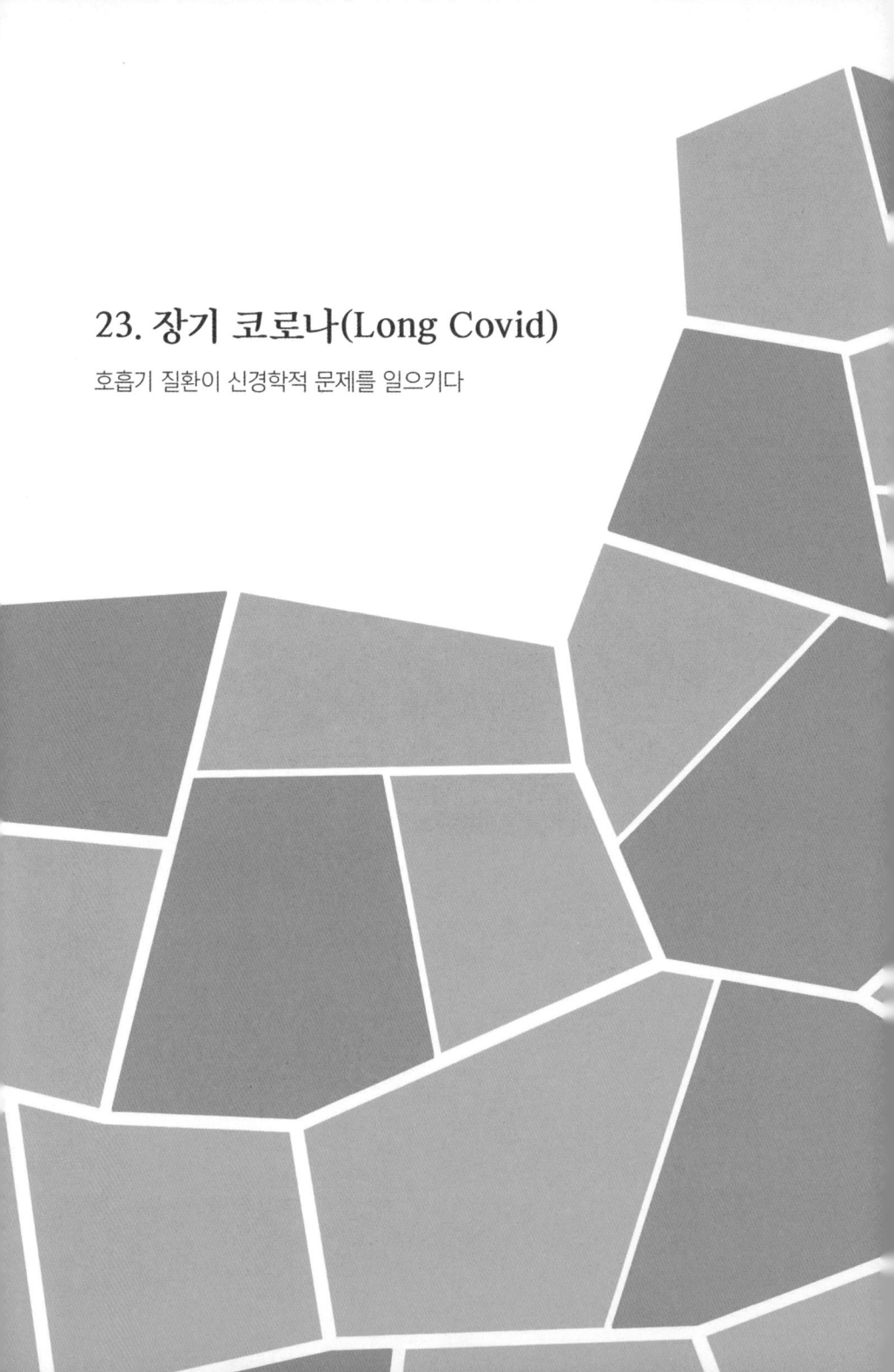

쿼헝
2019년 겨울부터 시작된
코로나19 바이러스는
전 세계를 공포로 몰아넣었다.
다행히 나는 그 매서웠던
4년 반이 지난 지금까지
코로나는 고사하고
그 친척뻘인 감기도 걸리지
않았다.

딱히 손을 더 잘 씻었던 것도 아닌데.
긁적
설마 우주의 기운이 나를 지켜주는 걸까?
뿌드득
아니다. 생각해 보니 평소의 생활이 격리와 다름없었다.
사람 만날 일 없이 집에서 그림만 그리는 만화가라는 직업의 특성.
여보세요.
그러고 보면 만화가야말로 대(對)팬데믹 직업이 아닐까.
마감일이 어제였는데, 원고 언제 줄 거예요?

헤헤~ 죄송합니다. 내일은 꼭 보내드릴게요.
이렇듯 만화가들이
본의 아니게 개인 방역을
철저히 하는 동안
코로나19의 기세는
마침내 꺾였다.

세계보건기구는 2023년 5월 5일에 팬데믹 종료를
선언했다. 그 뒤로 코로나19에 대한 소식은 우리의
관심에서 멀어졌지만, 그렇다고 모든 상황이 끝난 것은
아니다.

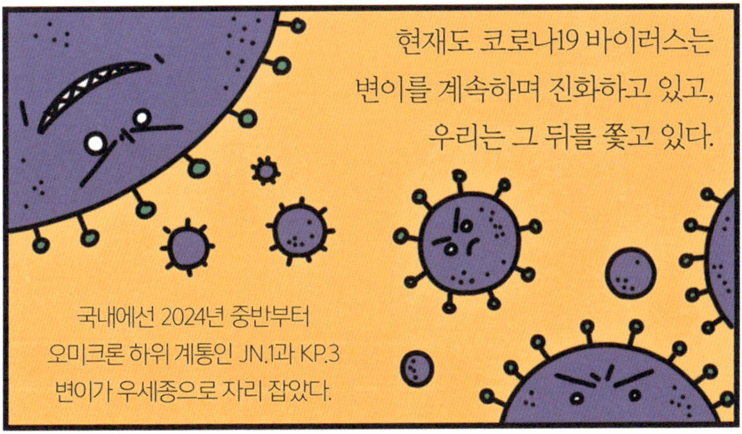
현재도 코로나19 바이러스는
변이를 계속하며 진화하고 있고,
우리는 그 뒤를 쫓고 있다.
국내에선 2024년 중반부터
오미크론 하위 계통인 JN.1과 KP.3
변이가 우세종으로 자리 잡았다.

코로나19 바이러스가 우리를 공격하는 메커니즘은 그간의 연구를 통해 상당 부분 밝혀졌습니다.
하지만 여전히 해결되지 않은 미스터리가 남아 있습니다.
가려!
그중 하나는 감염에서 회복된 후에도 지속되는 신경학적 문제인 '장기 코로나(Long COVID)'입니다.

장기 코로나는 양성 판정을 받은 이후 최소 6~12주, 때로는 그 이상의 기간 동안 여러 건강 문제가 이어지는 것을 말한다. 감염자의 약 5~20%에서 발생하는 것으로 추정된다.

장기 코로나의 증상은 사람마다 다양하게 나타나고 그 정도도 크게 달라, 진단을 더욱 어렵게 만들고 있습니다.

지난해 한 연구에서는 200개 이상의 증상이 장기 코로나와 연관되어 있다고 보고했다.

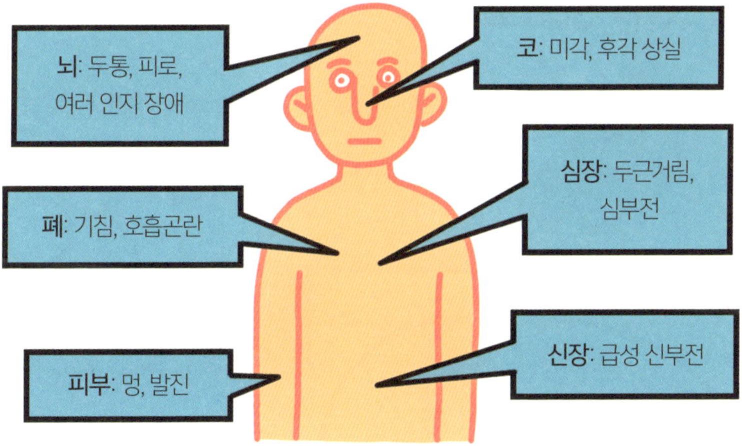
뇌: 두통, 피로, 여러 인지 장애
코: 미각, 후각 상실
심장: 두근거림, 심부전
폐: 기침, 호흡곤란
신장: 급성 신부전
피부: 멍, 발진

장기 코로나 증상

지금까지 장기 코로나를 진단하는 데에 어려움이 있었습니다.

특히 집중력 저하와 피로를 특징으로 하는 브레인 포그 (Brain Fog)는 회복하는 과정에서 나타날 수 있는 일반적인 증상이나 오랜 격리 생활로 인한 심리적 여파로도 설명될 수 있다.
이로 인해 브레인 포그는 종종 심리적인 문제로 간주되곤 했습니다.
하지만 팬데믹 기간 동안 축적된 다양한 연구와 증거는 이 바이러스가 뇌에 어떤 방식으로 영향을 미치는지에 대한 중요한 단서를 제공하고 있습니다.

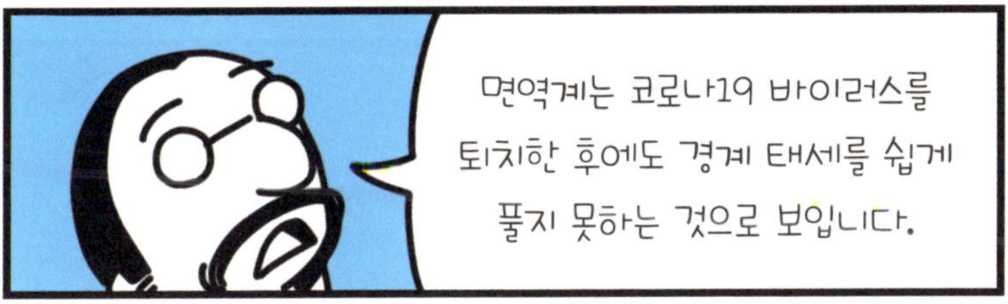
면역계는 코로나19 바이러스를 퇴치한 후에도 경계 태세를 쉽게 풀지 못하는 것으로 보입니다.

혈액을 순환하는 면역 단백질인 보체(complement)는 침입자를 감지하면 활성화되어 여러 단백질 조각으로 분리된다. 이 조각들은 경보를 발령하고 바이러스를 공격하는 역할을 한다.

감염이 완치되면 활성화된 보체 조각들도 사라져야 하지만, 일부 연구에서는 혈액에 남아 계속 경보를 울리는 것으로 나타났다.

이는 염증을 촉발하여 세포와 혈관 손상을 유발할 수 있습니다.

한편, 면역계의 과도한 활성화로 인해 경보 신호를 보내는 또 다른 면역계 구성 요소인 T세포의 기능 저하도 보고되었는데, 그 수가 감소하고 제대로 기능하지 못했다.
이렇게 면역계가 혼란에 빠지면 잠복해 있던 다른 바이러스가 기회를 얻을 수 있습니다.
특히 심각한 코로나19 환자에게서 인간 헤르페스 바이러스•의 재활성화가 자주 확인되었다.
드디어 때가 왔군.
이 바이러스는 피로와 신경학적 문제를 유발할 수 있습니다.

• 대상 포진 바이러스, 엡스타인-바 바이러스 등이 인간 헤르페스 바이러스에 속한다.

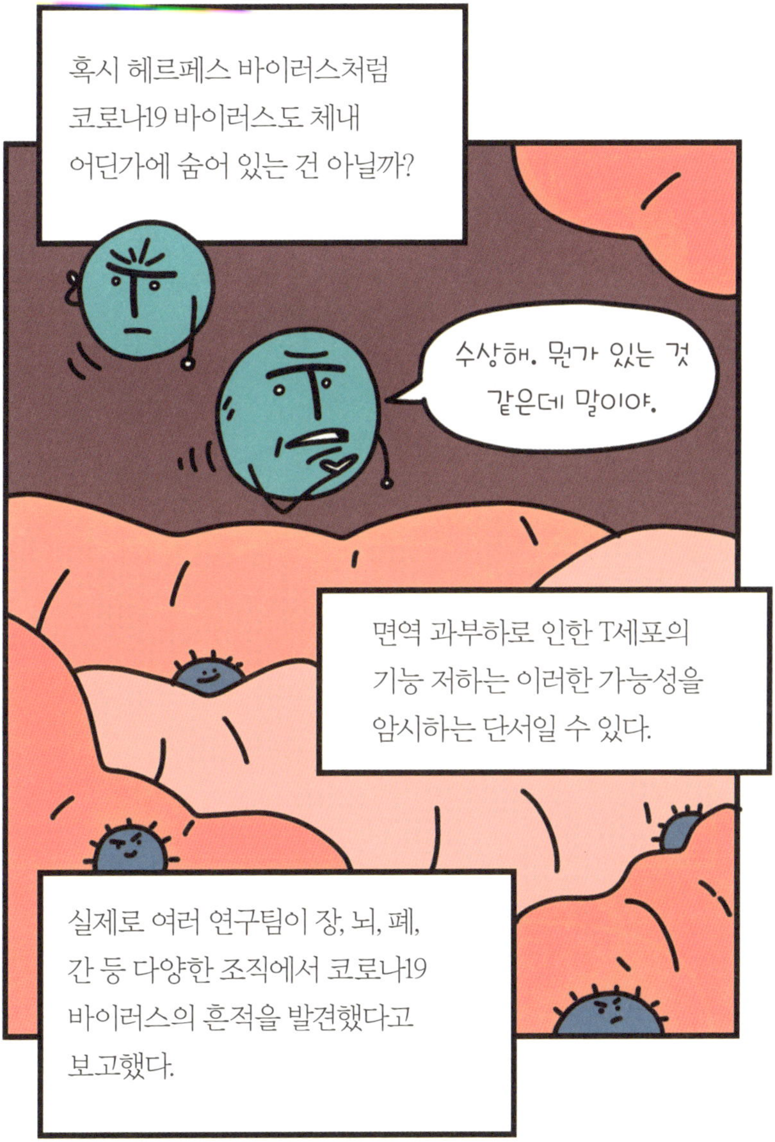
혹시 헤르페스 바이러스처럼
코로나19 바이러스도 체내
어딘가에 숨어 있는 건 아닐까?
수상해. 뭔가 있는 것 같은데 말이야.
면역 과부하로 인한 T세포의
기능 저하는 이러한 가능성을
암시하는 단서일 수 있다.
실제로 여러 연구팀이 장, 뇌, 폐,
간 등 다양한 조직에서 코로나19
바이러스의 흔적을 발견했다고
보고했다.

만성 염증과 면역계 교란은 혈뇌장벽 손상으로 이어질 수 있습니다.
2024년 코로나19로 입원했던 환자들을 대상으로 한 뇌 영상 연구에 따르면, 브레인 포그를 경험한 사람들의 뇌에서 혈뇌장벽이 파괴되거나 누출되는 현상이 관찰되었다.
혈뇌장벽이 무너지면 바이러스가 뇌로 침입해 뇌 신경에 손상을 초래할 수 있습니다.

장기 코비드에서 인지 기능 장애를 일으키는 것으로 추정되는 메커니즘•

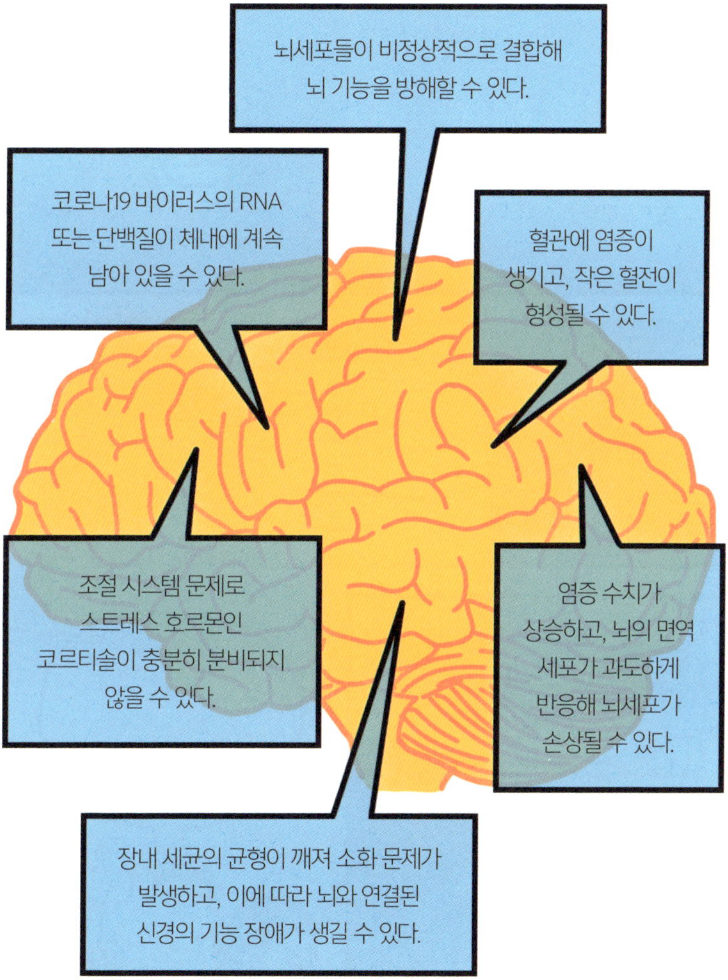
뇌세포들이 비정상적으로 결합해
뇌 기능을 방해할 수 있다.
코로나19 바이러스의 RNA
또는 단백질이 체내에 계속
남아 있을 수 있다.
혈관에 염증이
생기고, 작은 혈전이
형성될 수 있다.
조절 시스템 문제로
스트레스 호르몬인
코르티솔이 충분히 분비되지
않을 수 있다.
염증 수치가
상승하고, 뇌의 면역
세포가 과도하게
반응해 뇌세포가
손상될 수 있다.
장내 세균의 균형이 깨져 소화 문제가
발생하고, 이에 따라 뇌와 연결된
신경의 기능 장애가 생길 수 있다.

• 출처: Al-Aly, Ziyad, and Clifford J. Rosen. "Long Covid and Impaired Cognition—More Evidence and More Work to Do." *New England Journal of Medicine* 390.9 (2024): 858-860.

증상이 다양하기 때문에 우선은 이를 진단할 수 있는 표적(바이오마커)을 찾는 것이 급선무다. 이것은 공격 메커니즘과 치료법으로 이어지는 중요한 첫걸음이 될 것이다. ■
좀 밝게 하고 일해. 무슨 어둠의 만화가도 아니고.
이러니 아직도 코로나에 안 걸렸지!
끼요요옷~

24. 항우울제

금단증상은 얼마나 일어날까

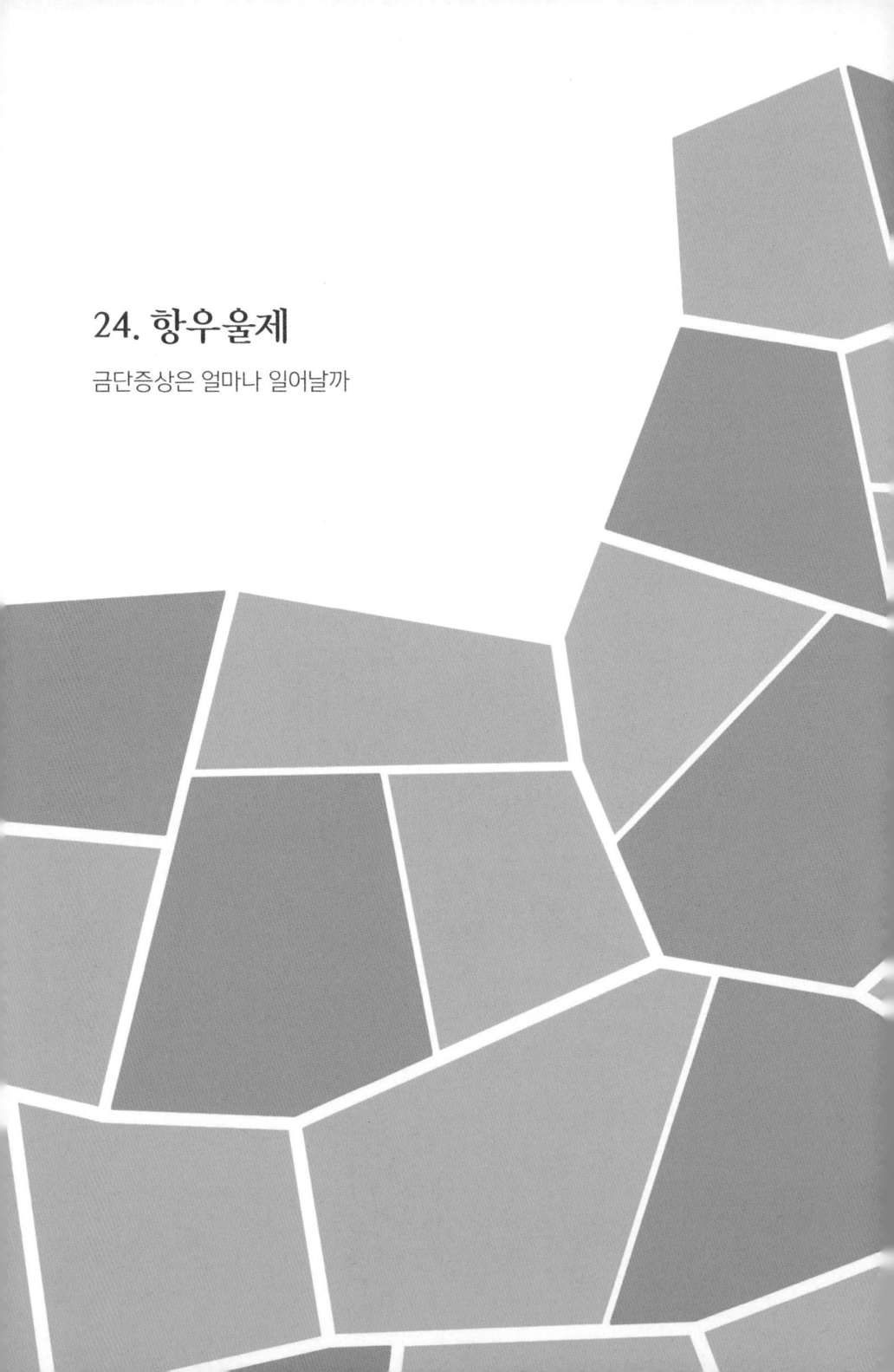

탁탁
탁
YOU DIED
쿠쿵-
아니, 얘는 왜 아직 안 자고…
어이, 딸!
똑
똑

너 빨리 안 자?
지금이 몇 신데!
왜?
아빠도 맨날 게임하다가
늦게 자잖아.
만화가는 이미
생체 시계가 망가져
있어서 괜찮아.
뭐야. 그 논리는.
넌, 청소년이, 시계가 고장 나지
않게 잘 관리해야지.
그…

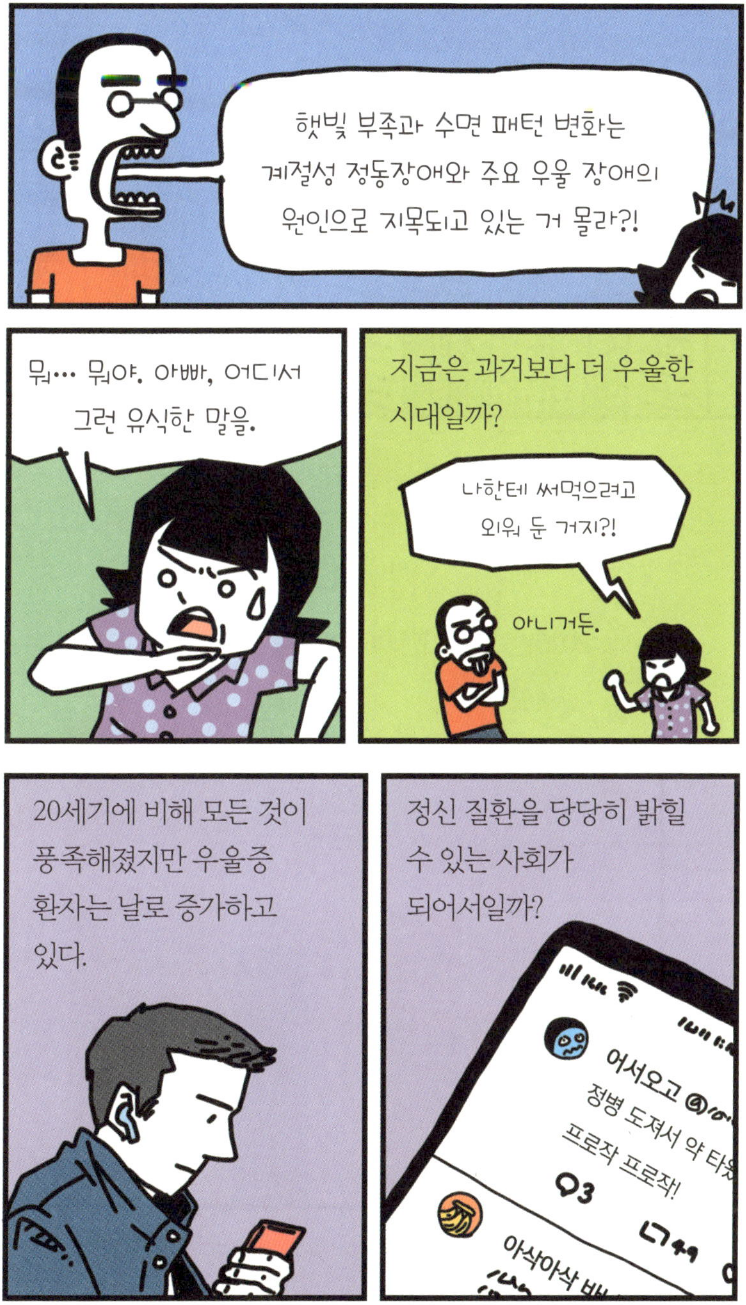
햇빛 부족과 수면 패턴 변화는 계절성 정동장애와 주요 우울 장애의 원인으로 지목되고 있는 거 몰라?!
뭐… 뭐야. 아빠, 어디서 그런 유식한 말을.
지금은 과거보다 더 우울한 시대일까?
나한테 써먹으려고 외워 둔 거지?!
아니거든.
20세기에 비해 모든 것이 풍족해졌지만 우울증 환자는 날로 증가하고 있다.
정신 질환을 당당히 밝힐 수 있는 사회가 되어서일까?
어서오고
프로작 프로작!
3

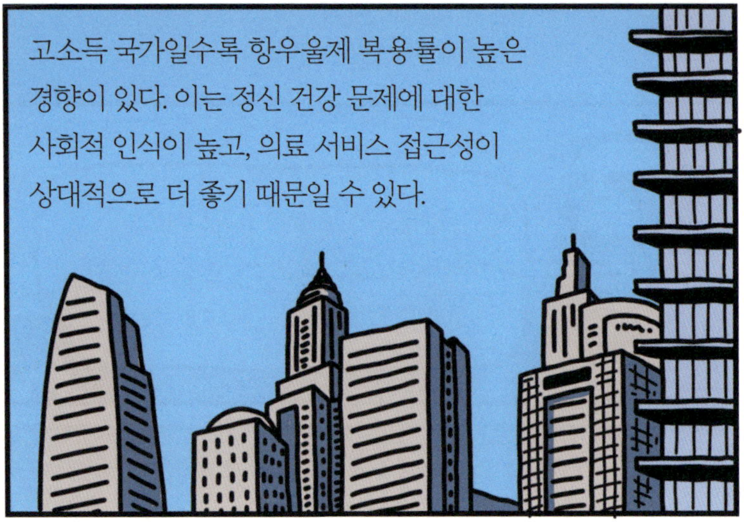
고소득 국가일수록 항우울제 복용률이 높은 경향이 있다. 이는 정신 건강 문제에 대한 사회적 인식이 높고, 의료 서비스 접근성이 상대적으로 더 좋기 때문일 수 있다.

그 이유가 무엇이든 우울증의 증가세는 우려스럽다. 모든 인종과 성별, 특히 젊은 층에서의 우울증 유병률이 크게 증가했고, 팬데믹은 여기에 기름을 부었다.

2015년과 2020년 미국의 우울증 유병률•

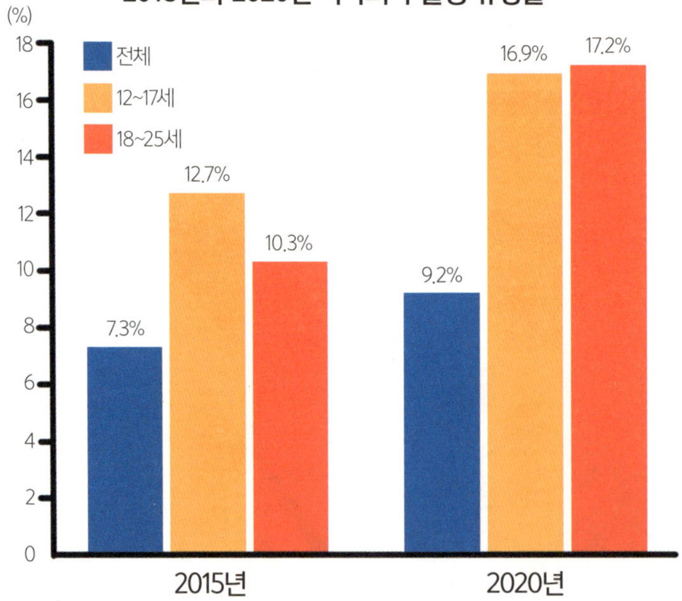
(%)
18
16
14
12
10
8
6
4
2
0
전체
12~17세
18~25세
7.3%
12.7%
10.3%
9.2%
16.9%
17.2%
2015년
2020년

• 데이터 소스: Goodwin, Renee D., et al. "Trends in US depression prevalence from 2015 to 2020: the widening treatment gap." *American Journal of Preventive Medicine* 63.5 (2022): 726–733.

이러한 추세는 의구심을 자아냅니다.
모든 질병은 치료약이 등장하면 줄어들기 마련입니다. 천연두, 폴리오, 홍역 등이 그렇습니다.

그러나 우울증은 예외입니다. 약이 등장한 후 환자는 오히려 증가하고 있습니다.

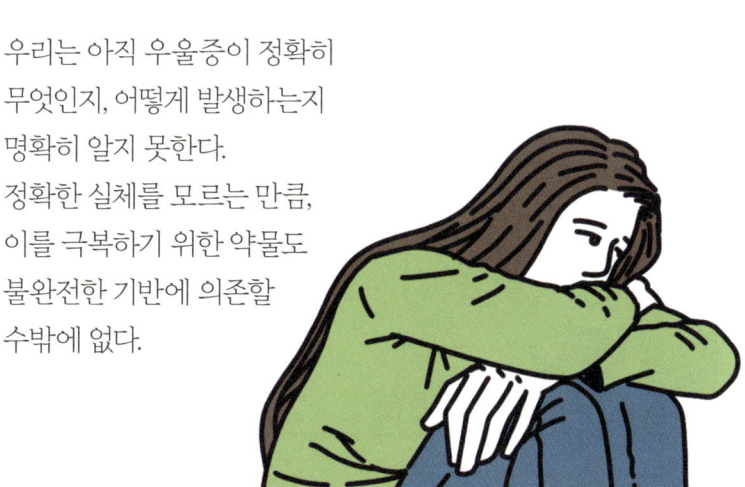

우리는 아직 우울증이 정확히
무엇인지, 어떻게 발생하는지
명확히 알지 못한다.
정확한 실체를 모르는 만큼,
이를 극복하기 위한 약물도
불완전한 기반에 의존할
수밖에 없다.

현재 항우울제의 대표적인 약물인 선택적 세로토닌 재흡수 억제제(SSRI)는 초기부터 부실하고 객관적이지 못한 임상 시험에 대한 비판을 받아 왔다.

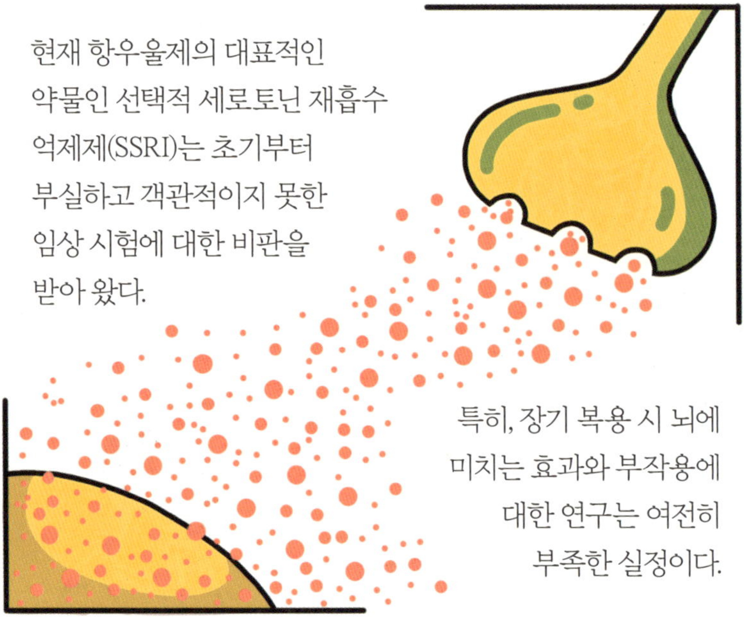

특히, 장기 복용 시 뇌에 미치는 효과와 부작용에 대한 연구는 여전히 부족한 실정이다.

이처럼 불확실한 기반 위에 개발된 약물이지만, 항우울제를 통해 효과를 경험하는 사람도 많고, 그만큼 약물의 오남용 위험성도 커지고 있다.

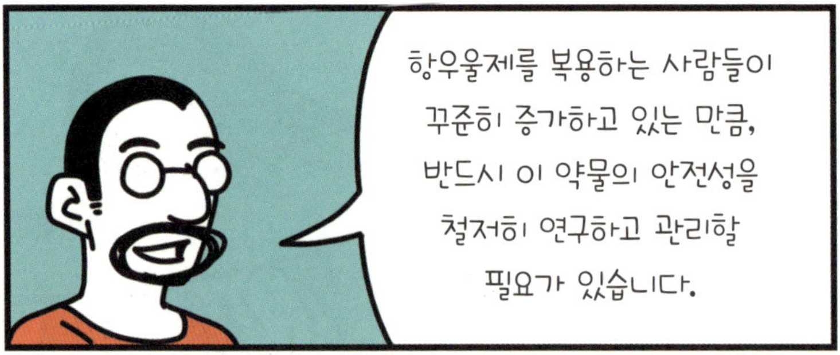
항우울제를 복용하는 사람들이 꾸준히 증가하고 있는 만큼, 반드시 이 약물의 안전성을 철저히 연구하고 관리할 필요가 있습니다.

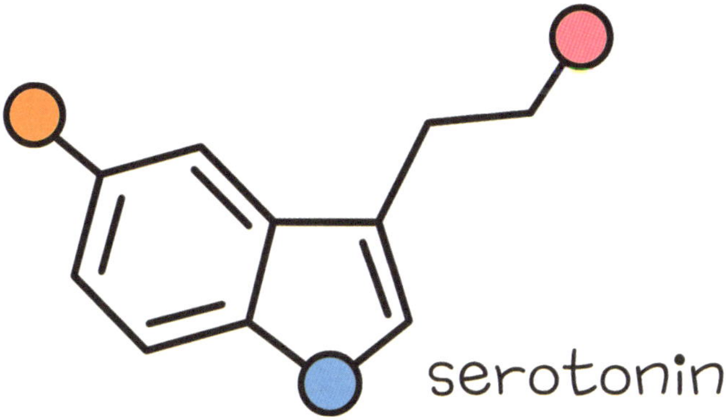
serotonin

예를 들어, 선택적 세로토닌 재흡수 억제제는
그 이름과 달리 완전히 '선택적'일 수 없다.
세로토닌은 중요한 신경전달물질로, 기분뿐만 아니라
수면·기억·소화 등 다양한 인체 기능에 관여한다.

또한 도파민 등 다른 신경전달물질과도 상호작용하기 때문에 기분에 관련된 세로토닌만을 선택적으로 조절하는 것은 불가능에 가깝습니다.
serotonin
다른 항우울제들도 신경전달물질 시스템에 작용하는 만큼, 이로 인한 부작용이 발생할 가능성이 높습니다.

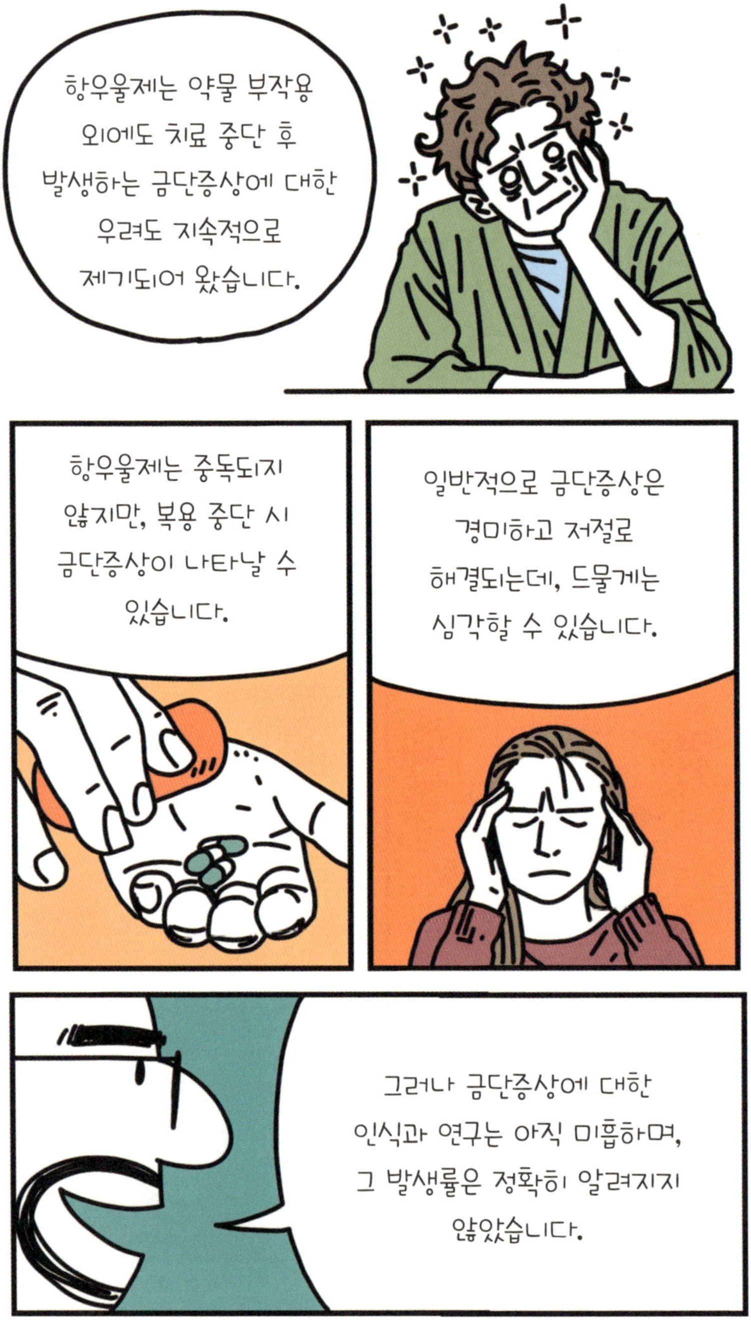
항우울제는 약물 부작용 외에도 치료 중단 후 발생하는 금단증상에 대한 우려도 지속적으로 제기되어 왔습니다.
항우울제는 중독되지 않지만, 복용 중단 시 금단증상이 나타날 수 있습니다.
일반적으로 금단증상은 경미하고 저절로 해결되는데, 드물게는 심각할 수 있습니다.
그러나 금단증상에 대한 인식과 연구는 아직 미흡하며, 그 발생률은 정확히 알려지지 않았습니다.

2023년에 79개 연구의 데이터를 종합해 항우울제 종류에 따른 금단증상 여부를 보고한 의미 있는 연구가 발표됐다.

주요 항우울제와 금단증상 발생률•

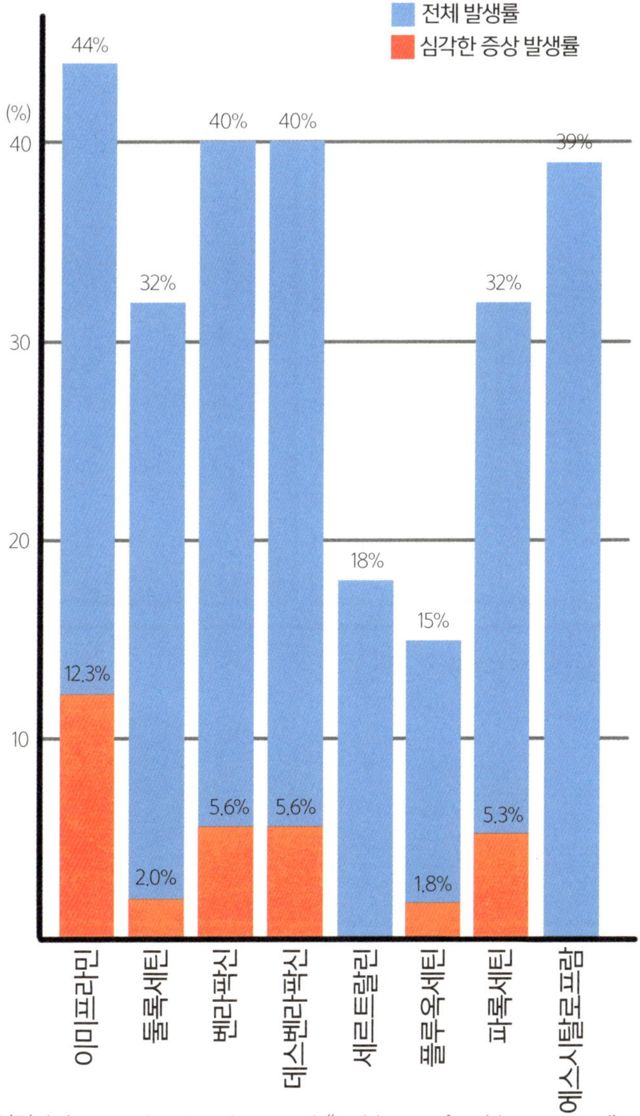
전체 발생률
심각한 증상 발생률
(%)
40
30
20
10
44%
12.3%
32%
2.0%
40%
5.6%
40%
5.6%
18%
15%
1.8%
32%
5.3%
39%
이미프라민
둘록세틴
벤라팍신
데스벤라팍신
세르트랄린
플루옥세틴
파록세틴
에스시탈로프람

• 데이터 소스: Henssler, Jonathan, et al. "Incidence of antidepressant discontinuation symptoms: a systematic review and meta-analysis." *The Lancet Psychiatry* (2024).

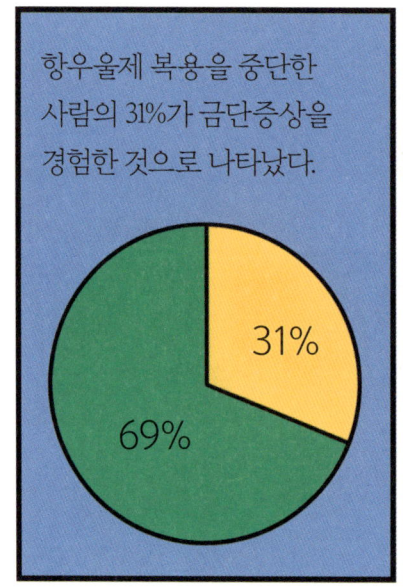

항우울제 복용을 중단한 사람의 31%가 금단증상을 경험한 것으로 나타났다.

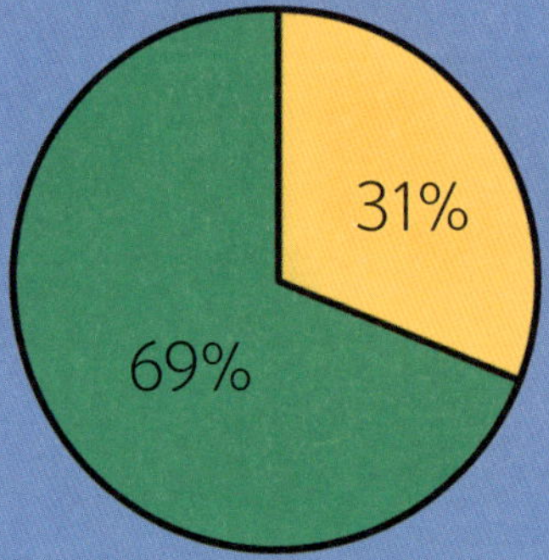
31%
69%

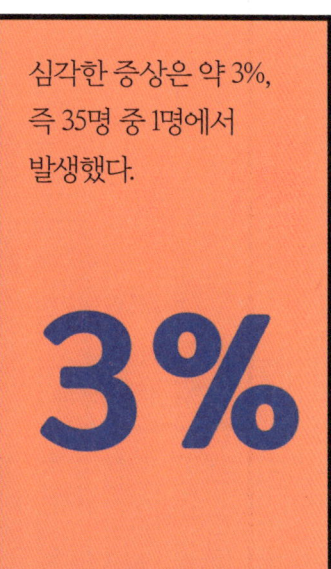

심각한 증상은 약 3%, 즉 35명 중 1명에서 발생했다.

3%

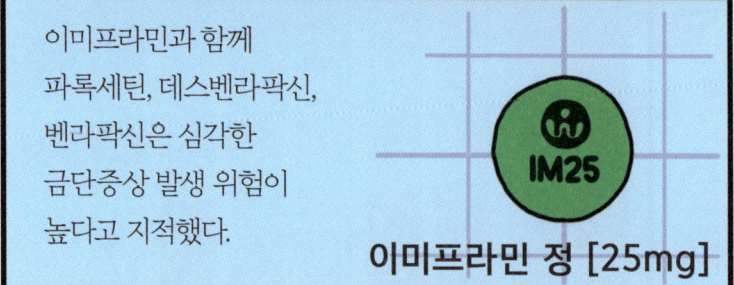

이미프라민과 함께 파록세틴, 데스벤라팍신, 벤라팍신은 심각한 금단증상 발생 위험이 높다고 지적했다.

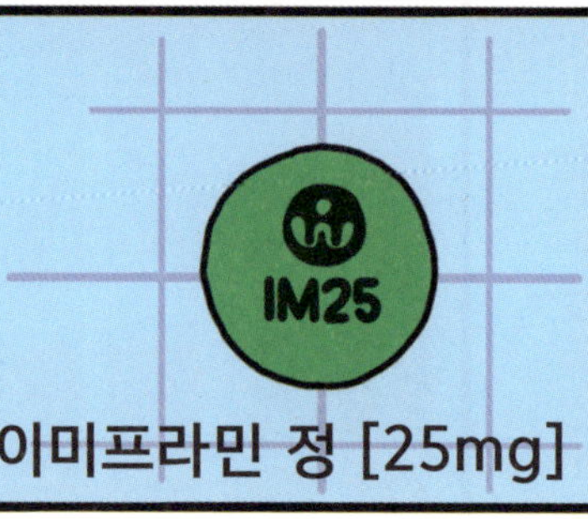
IM25
이미프라민 정 [25mg]

이 연구에선 약물의 점진적 또는 갑작스러운 중단에 대한 금단증상 발생률 차이가 없었습니다.
그러나 전문가들은 약을 서서히 줄일 것을 권장합니다.

흥미로운 건 위약을 중단했을 때 금단증상을 보인 참가자가 17%나 됐다는 것입니다.

금단증상이 나타날 거라는 부정적인 생각이 영향을 끼친 듯하다. 참으로 마음의 일이란. ■

25. 나트륨 채널 차단제

새로운 통증 치료제가 등장하다

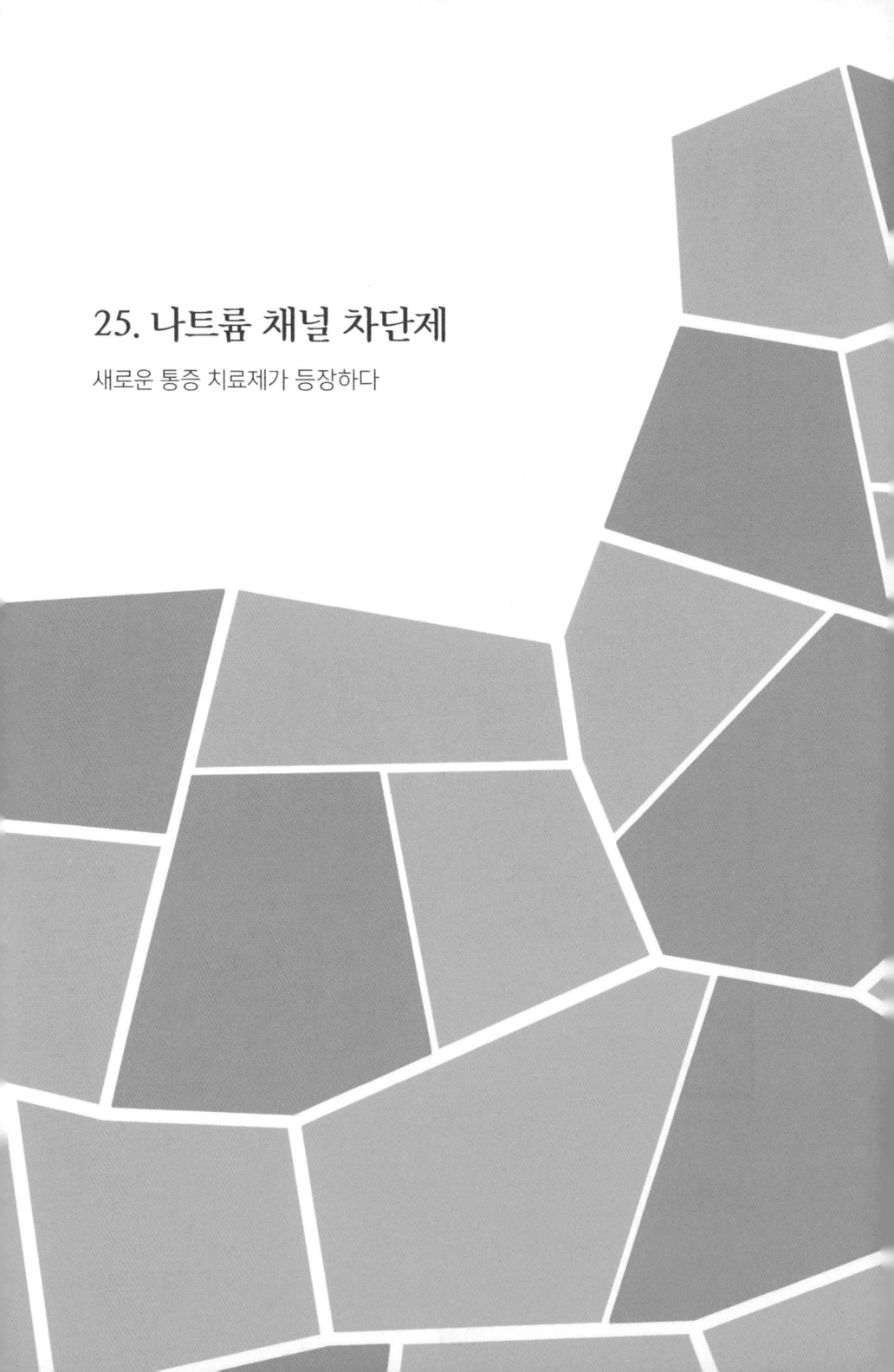

4일 (화) 오전 4:21
드디어 끝냈다.
이번 마감은
힘들었다….
쾅ㅡ
으아~ 나의 안식처.
에앵에앵ㅡ
맙소사.

이건 또 뭔 난리람.
에앵-
에앵-
화재경보기 소리인데….
화재가 발생-
혹시 모르니 좀 지켜볼까.
에앵-
에앵에앵-
타는 냄새도 안 나고, 역시 고장인가 보네.
102
화재가 발생-
에앵에앵-
에앵-
마치 고장 난 화재경보기처럼 꺼지지 않는 잘못된 통증 신호로 많은 이들이 고통을 겪고 있다.
대체 언제 꺼지려나. 잠은 다 잤네.
에앵에앵-
화재가 발생-

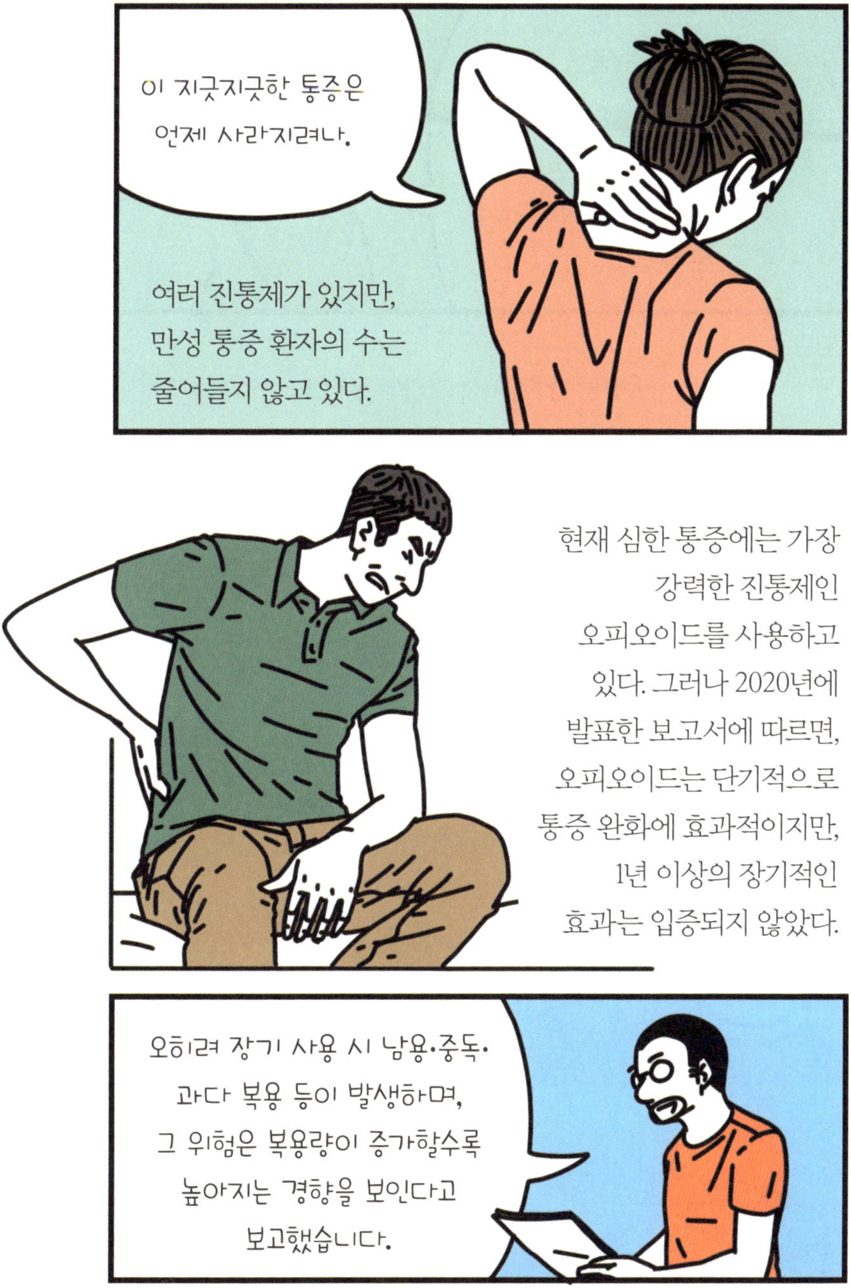
이 지긋지긋한 통증은 언제 사라지려나.
여러 진통제가 있지만, 만성 통증 환자의 수는 줄어들지 않고 있다.
현재 심한 통증에는 가장 강력한 진통제인 오피오이드를 사용하고 있다. 그러나 2020년에 발표한 보고서에 따르면, 오피오이드는 단기적으로 통증 완화에 효과적이지만, 1년 이상의 장기적인 효과는 입증되지 않았다.
오히려 장기 사용 시 남용·중독·과다 복용 등이 발생하며, 그 위험은 복용량이 증가할수록 높아지는 경향을 보인다고 보고했습니다.

현재 사용 중인 통증 치료 약물들은 효과가 제한적이거나 치명적인 부작용이 있어, 새로운 치료제가 절실히 필요한 상황입니다.

진통제 계열에 따른 효과와 부작용

비스테로이드성 항염증제(아스피린 등)

- 효과: 통증, 발열, 염증 유발 물질 억제
- 부작용: 위장 궤양, 간독성, 신장 손상

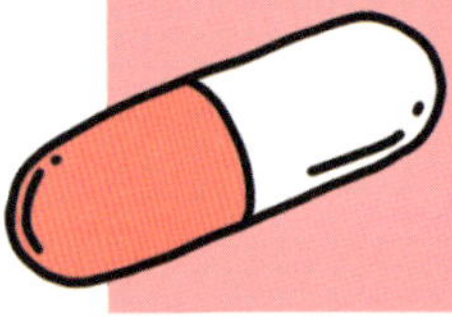

아세트아미노펜(타이레놀 등)

- 효과: 통증 신호 감소(기전 불확실)
- 부작용: 간독성, 신장 손상

스테로이드 항염증제

- 효과: 염증 유발 물질 억제
- 부작용: 면역 억제, 골다공증, 혈당 상승

마약성 진통제(모르핀, 펜타닐 등)

- 효과: 중추신경계의 통증 신호 전달 억제
- 부작용: 호흡 억제, 내성, 중독

통증은 신경세포 표면에 있는
이온 채널(통로)을 통해 나트륨
이온이 세포 안으로 들어오면서
발생하는 전기신호로 전달된다.
나트륨 이온
세포 안
나트륨 채널
세포 밖
여러 만성 통증이 말초신경의 과활성화로 발생하며, 이때 나트륨 채널은 통증 신호 전달에서 중요한 역할을 합니다.

그럼, 이 신호를 차단하면 통증도 막을 수 있지 않을까요?

1990년대 후반부터 연구자들은 새로운 통증 치료제를 위해 나트륨 채널을 차단하는 방법을 본격적으로 연구하기 시작했습니다.

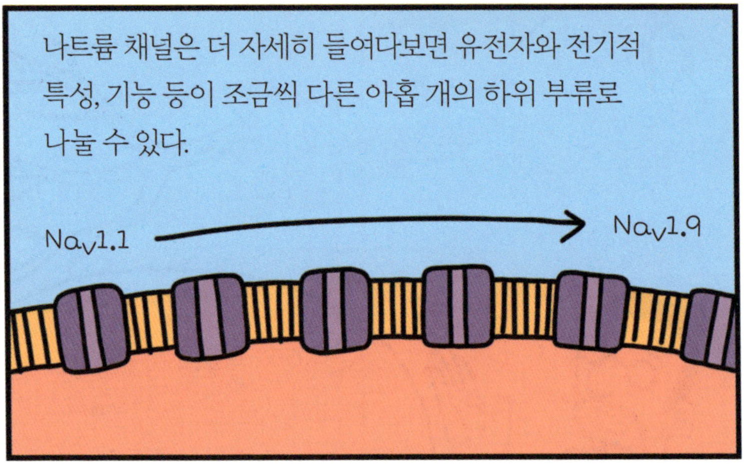
나트륨 채널은 더 자세히 들여다보면 유전자와 전기적 특성, 기능 등이 조금씩 다른 아홉 개의 하위 부류로 나눌 수 있다.
Nav1.1
Nav1.9

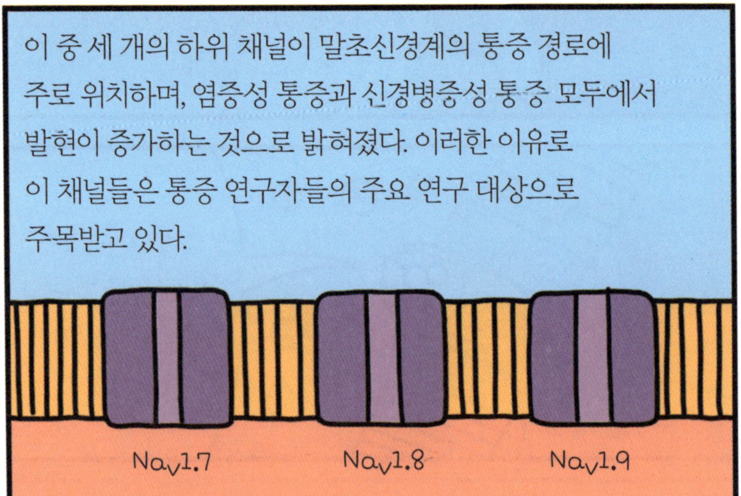
이 중 세 개의 하위 채널이 말초신경계의 통증 경로에 주로 위치하며, 염증성 통증과 신경병증성 통증 모두에서 발현이 증가하는 것으로 밝혀졌다. 이러한 이유로 이 채널들은 통증 연구자들의 주요 연구 대상으로 주목받고 있다.
Nav1.7
Nav1.8
Nav1.9

2000년대 중반에 보고된 희귀 유전 질환은 이 목표가 틀리지 않음을 보여주었다.

중국에서 Nav1.7 채널을 과도하게 활성화하는 유전자 돌연변이가 발견됐다. 이들은 작은 자극에도 큰 통증을 느끼는 피부홍통증(erythromelalgia)을 겪고 있었다.
으악!
곧이어 파키스탄에서는 Nav1.7 채널을 비활성화하는 돌연변이가 확인됐다. 이 변이를 갖고 있는 이들은 통증을 느끼지 못했다.
?
목표가 명백했기 때문에 제약회사들은 Nav1.7 채널을 차단하는 약물 개발에 박차를 가했습니다.

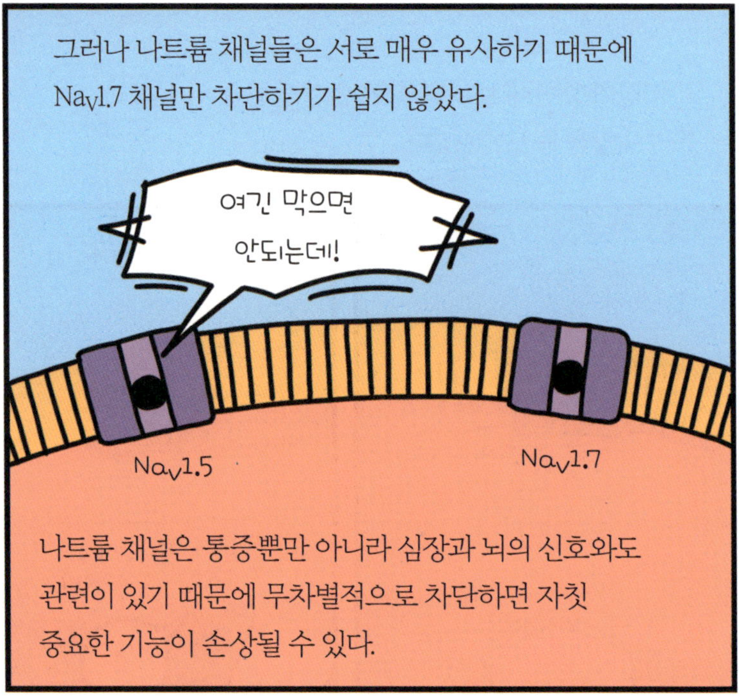
그러나 나트륨 채널들은 서로 매우 유사하기 때문에
Nav1.7 채널만 차단하기가 쉽지 않았다.
여기 막으면
안되는데!
Nav1.5
Nav1.7
나트륨 채널은 통증뿐만 아니라 심장과 뇌의 신호와도
관련이 있기 때문에 무차별적으로 차단하면 자칫
중요한 기능이 손상될 수 있다.

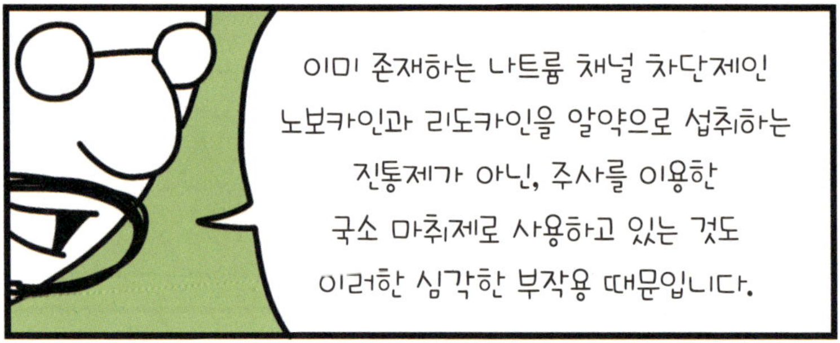
이미 존재하는 나트륨 채널 차단제인
노보카인과 리도카인을 알약으로 섭취하는
진통제가 아닌, 주사를 이용한
국소 마취제로 사용하고 있는 것도
이러한 심각한 부작용 때문입니다.

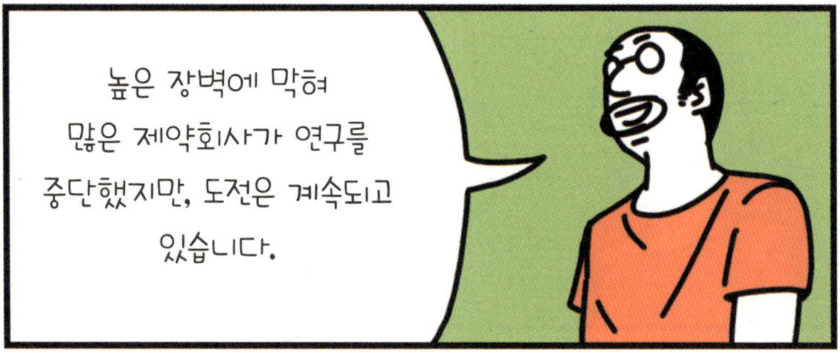
높은 장벽에 막혀
많은 제약회사가 연구를
중단했지만, 도전은 계속되고
있습니다.

버텍스(Vertex)사에서 개발 중인 $Na_V1.8$ 억제제 수제트리진(VX-548)은 임상 시험에서 긍정적 결과를 발표하고, 3상 시험을 준비 중이다.

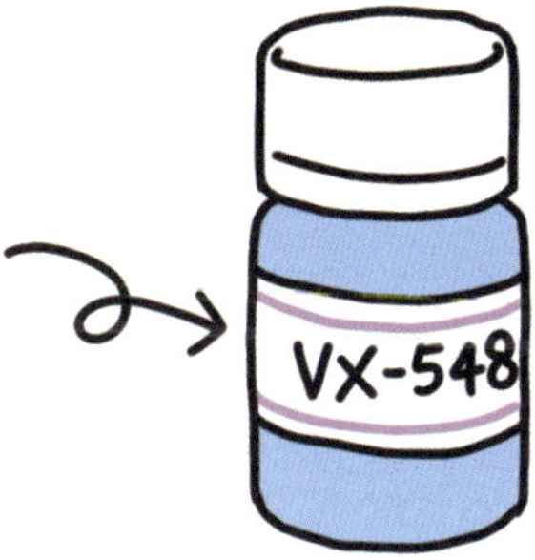
VX-548

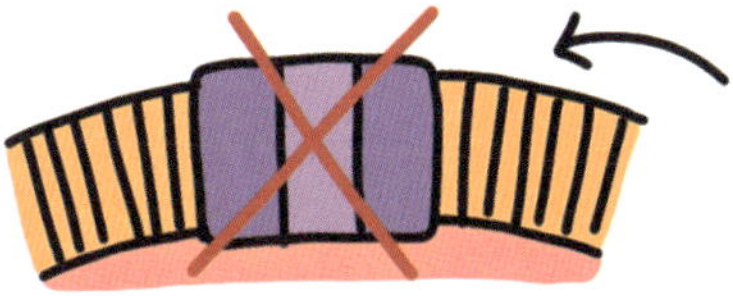

레귤로닉스(Regulonix)사는 단백질 분해 시스템을 이용해 세포막에서 $Na_V1.7$ 채널을 제거하는 방법을 연구하고 있다.

또한 복어 독(테트로도톡신),
청자고둥 독(콘수독신) 등
나트륨 채널을 억제하는 천연
독소를 이용하거나, 유전자
치료법도 연구 중이다.

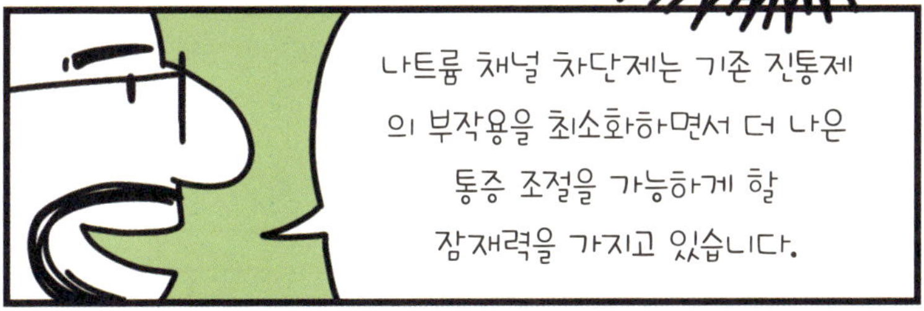
나트륨 채널 차단제는 기존 진통제의 부작용을 최소화하면서 더 나은 통증 조절을 가능하게 할 잠재력을 가지고 있습니다.

아직 장기적인 효과와 부작용에 대한 평가가 진행 중이지만 나트륨 채널 차단제는 만성 통증 환자들에게 더 안전하고 효과적인 대안으로 기대를 모으고 있다. ■

26. 매독

인류와의 질긴 인연

콜록! 콜록!
또 감기야?
콜록!
또 감기인가 보지, 뭐.
감기 나은 지가 언제라고 또 콜록거려.
네 면역계는 항체 안 만들고 뭐 했길래 거는 족족 걸리고 있냐.
가을이라 단풍 구경 갔나 봐.

젊은이가 이렇게
병약해서야 원!
이래서 외세의 침입을
막을 수 있겠는가!
아빠는 맨날
방 안에서
음침하게 혼자
그림 그리니까
감염될 일이 없지.
기기괴괴괴괴
흐흐흐~
안 음침하거든.
화사하거든!
인간은 무리를 지어 사는 사회적 동물로 다른 이들과
관계를 이루며 산다.
나도 학교 안 가면
감기 안 걸리겠지.
학교 가지 말까?
응? 응?
큭! 반박할 수
없다.

언어가 발달한 우리에게 대화는 중요한 교류 수단이다.
감염성 질병은 이런 사회적 접촉을 통해 쉽게 전파됩니다.
대화 중에 나오는 작은 침방울은 주요한 감염 경로가 된다.
타인과 감정, 생각을 교류하는 방법에는 대화 외에도 여러 가지가 있습니다.
섹스 또한 그중 하나입니다.

섹스는 타인과의 사적인 의사소통 방식이자 번식을 위한 과정이다.

병원체들도 이 순간을 노린다. 바로 성병이 그것이다.

성병의 역사는 인류와 함께 시작됐습니다. 그중에서도 매독은 오랜 성병 중 하나입니다.

매독은 매독균(Treponema pallidum)에 의해 발생하며, 성적 분비물이나 매독 궤양으로부터 상대의 점막을 통해 전염된다.

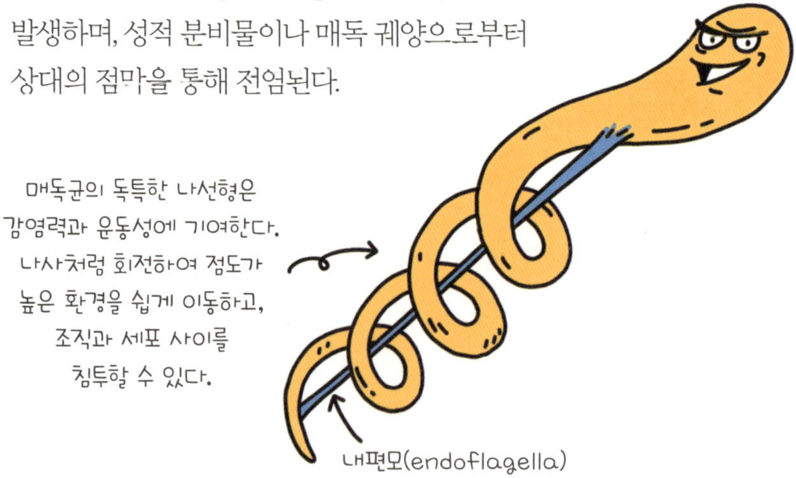
매독균의 독특한 나선형은 감염력과 운동성에 기여한다. 나사처럼 회전하여 점도가 높은 환경을 쉽게 이동하고, 조직과 세포 사이를 침투할 수 있다.
내편모(endoflagella)

매독 감염은 세 단계로 진행된다.

1단계

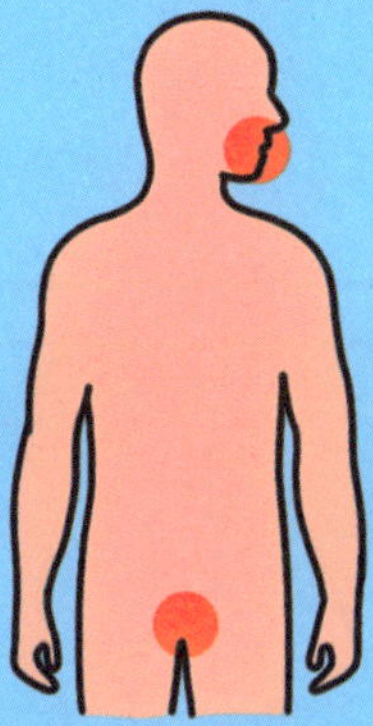

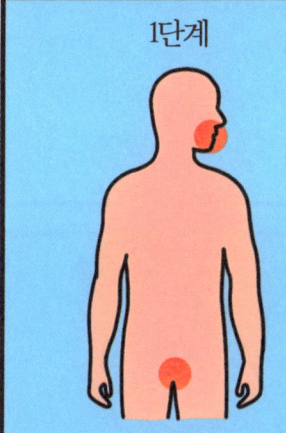

주로 생식기 부위에 통증이 없는 궤양이 나타나고 3~6주 안에 자연적으로 사라진다.

2단계

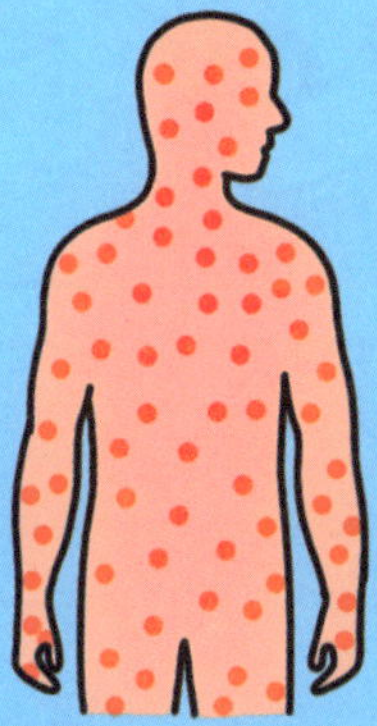

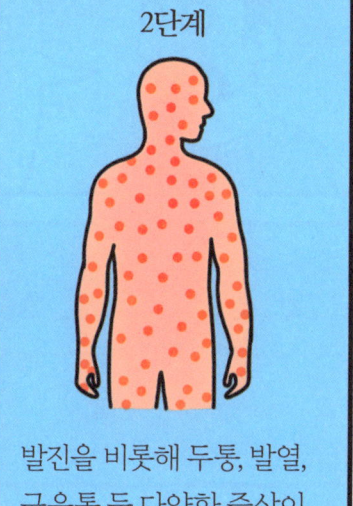

발진을 비롯해 두통, 발열, 근육통 등 다양한 증상이 나타나며, 최대 몇 개월간 지속될 수 있다.

3단계

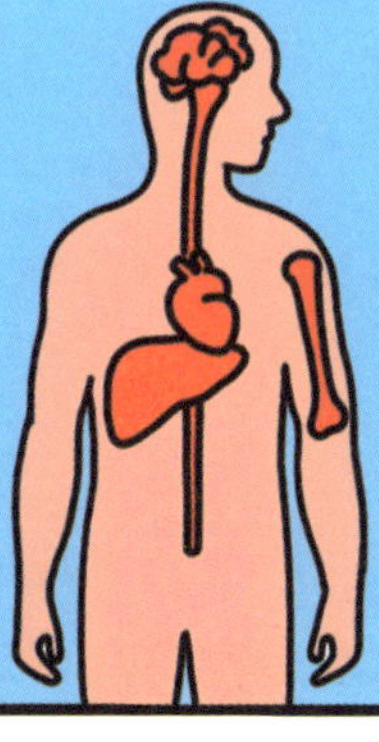

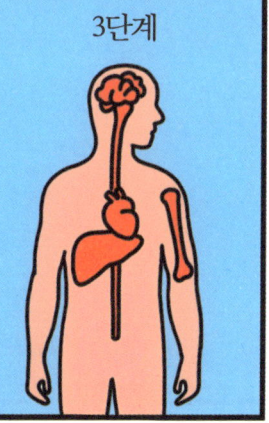

잠복기에 들어간 매독은 감염자의 15~40%에서 세 번째 단계로 진행되며, 수년에서 수십 년 후에 발생할 수 있다. 심각한 심혈관, 신장, 뼈, 내장, 신경계 질환이 발생하여 사망에 이를 수 있다.

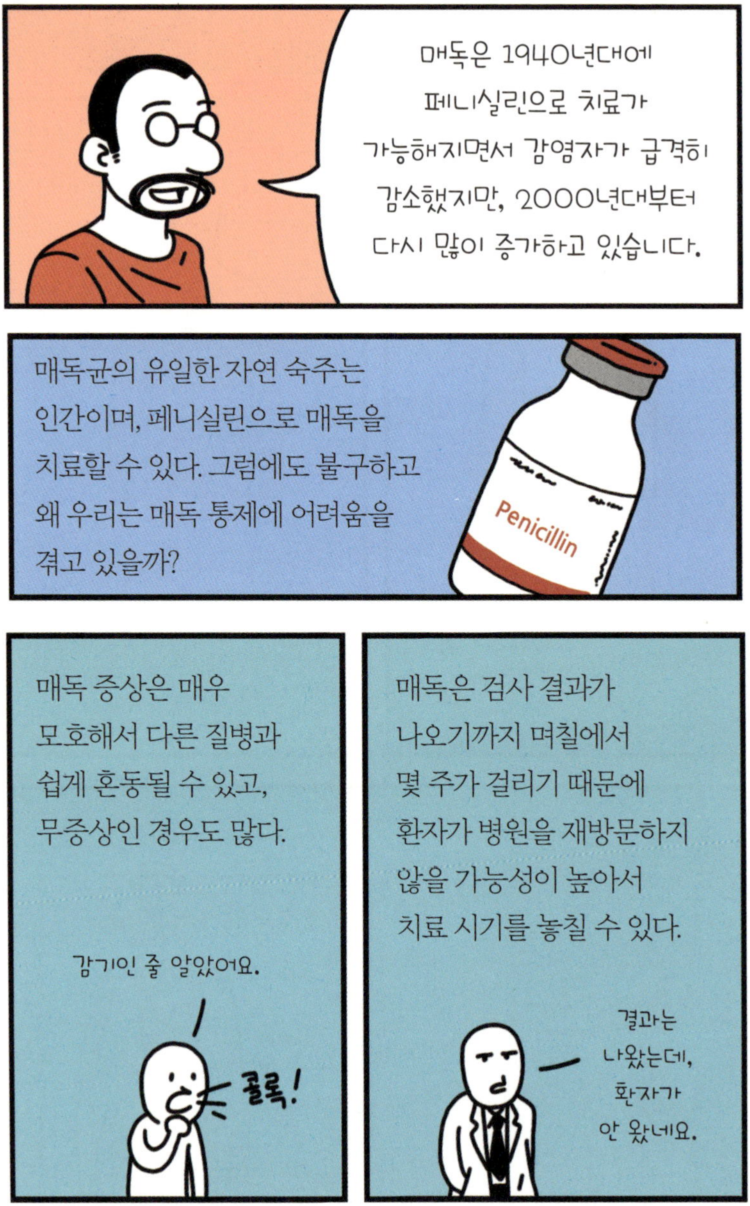
매독은 1940년대에 페니실린으로 치료가 가능해지면서 감염자가 급격히 감소했지만, 2000년대부터 다시 많이 증가하고 있습니다.
매독균의 유일한 자연 숙주는 인간이며, 페니실린으로 매독을 치료할 수 있다. 그럼에도 불구하고 왜 우리는 매독 통제에 어려움을 겪고 있을까?
Penicillin
매독 증상은 매우 모호해서 다른 질병과 쉽게 혼동될 수 있고, 무증상인 경우도 많다.
감기인 줄 알았어요.
콜록!
매독은 검사 결과가 나오기까지 며칠에서 몇 주가 걸리기 때문에 환자가 병원을 재방문하지 않을 가능성이 높아서 치료 시기를 놓칠 수 있다.
결과는 나왔는데, 환자가 안 왔네요.

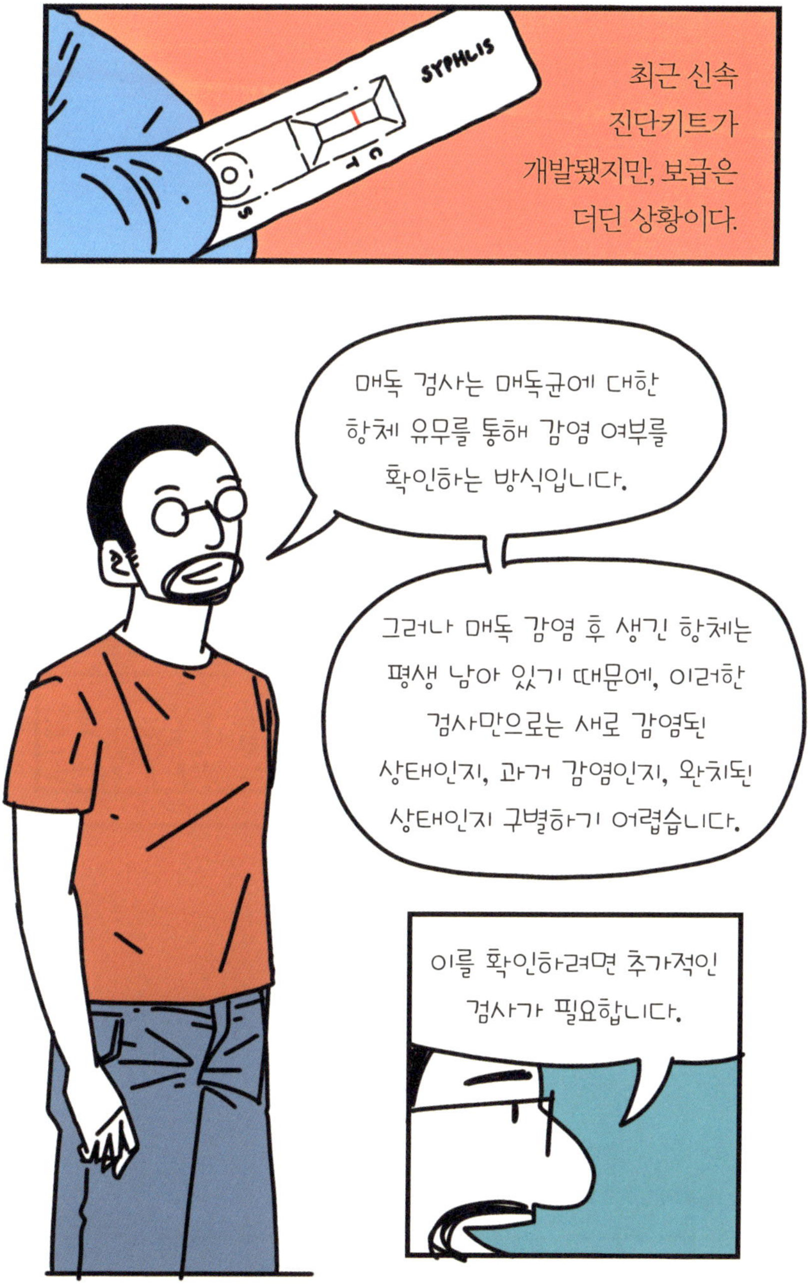
SYPHLIS
최근 신속 진단키트가 개발됐지만, 보급은 더딘 상황이다.
매독 검사는 매독균에 대한 항체 유무를 통해 감염 여부를 확인하는 방식입니다.
그러나 매독 감염 후 생긴 항체는 평생 남아 있기 때문에, 이러한 검사만으로는 새로 감염된 상태인지, 과거 감염인지, 완치된 상태인지 구별하기 어렵습니다.
이를 확인하려면 추가적인 검사가 필요합니다.

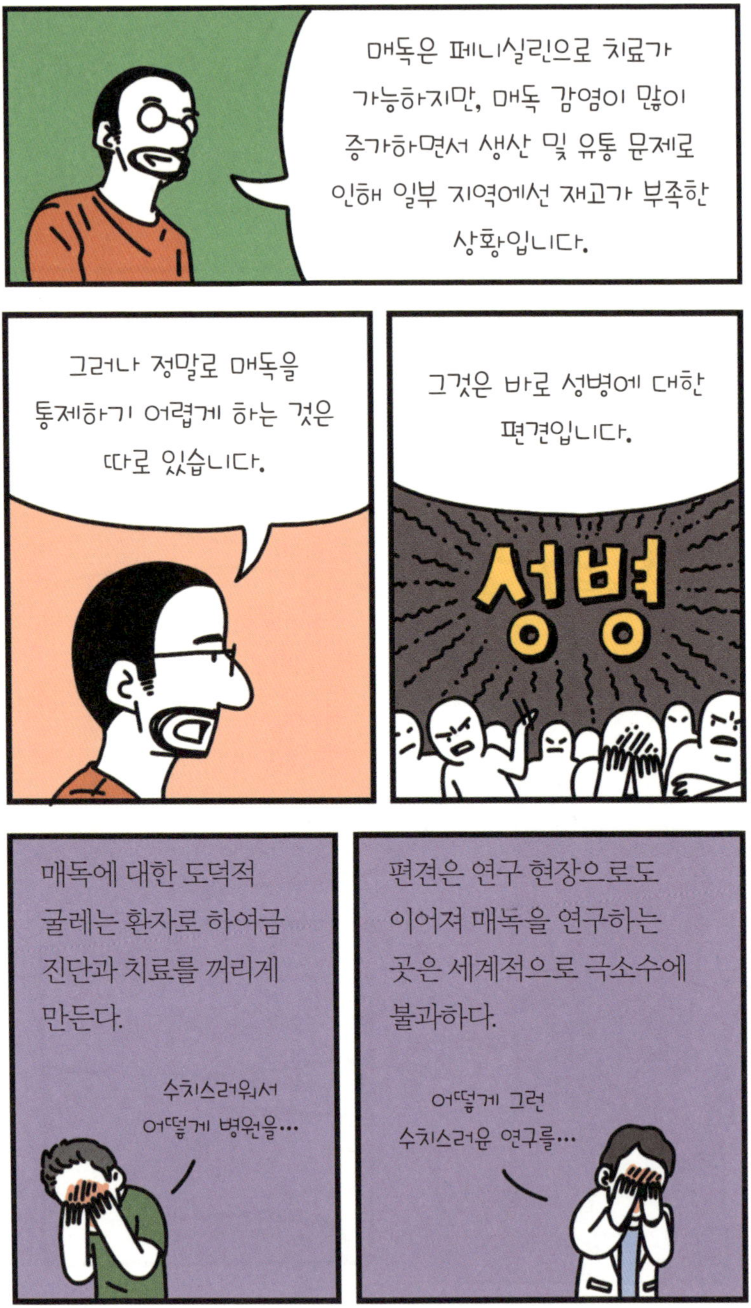
매독은 페니실린으로 치료가 가능하지만, 매독 감염이 많이 증가하면서 생산 및 유통 문제로 인해 일부 지역에선 재고가 부족한 상황입니다.
그러나 정말로 매독을 통제하기 어렵게 하는 것은 따로 있습니다.
그것은 바로 성병에 대한 편견입니다.
성병
매독에 대한 도덕적 굴레는 환자로 하여금 진단과 치료를 꺼리게 만든다.
수치스러워서 어떻게 병원을…
편견은 연구 현장으로도 이어져 매독을 연구하는 곳은 세계적으로 극소수에 불과하다.
어떻게 그런 수치스러운 연구를…

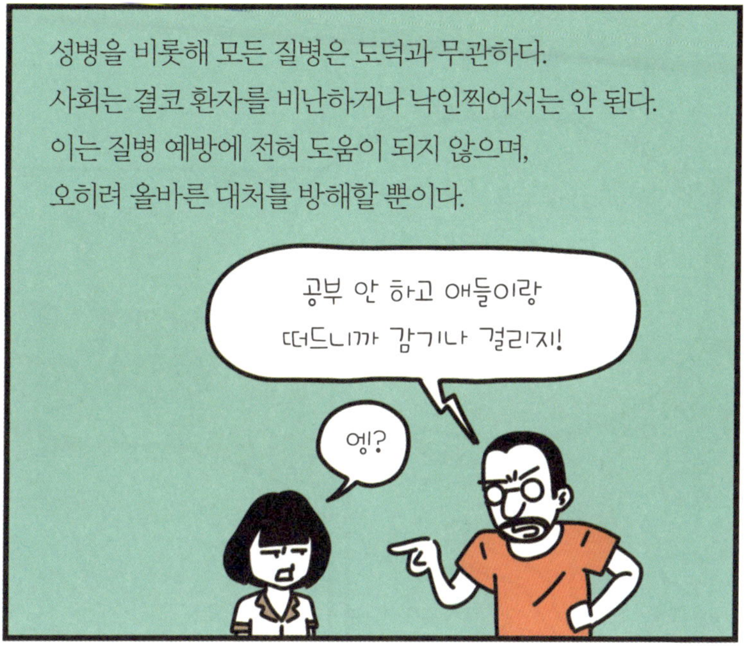
성병을 비롯해 모든 질병은 도덕과 무관하다.
사회는 결코 환자를 비난하거나 낙인찍어서는 안 된다.
이는 질병 예방에 전혀 도움이 되지 않으며,
오히려 올바른 대처를 방해할 뿐이다.
공부 안 하고 애들이랑 떠드니까 감기나 걸리지!
엥!?

영국 성병 재단 공동 의장 조디 크로스먼(Jodie Crossman)이 2024년 2월 2일 BBC와의 인터뷰에서 한 말은 귀담아들을 가치가 있다. ■

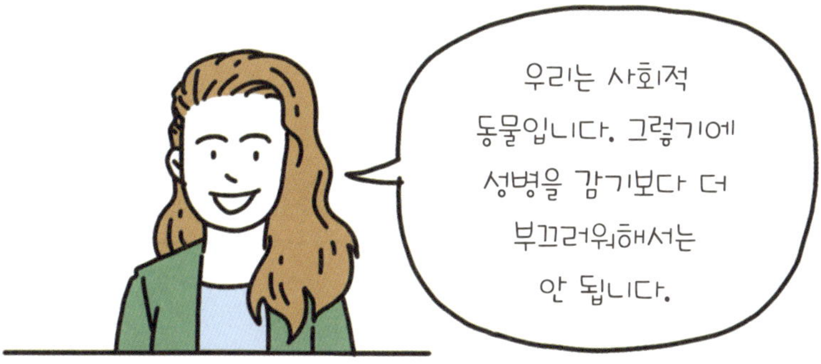
우리는 사회적 동물입니다. 그렇기에 성병을 감기보다 더 부끄러워해서는 안 됩니다.

매독 백신 개발에 도전하다

매독균은 다양한 면역 회피 전략을 통해 항체 생성을 방해하여 재감염 위험이 높습니다.
못 잡겠지롱~
따라서 매독의 감염 확산을 효과적으로 억제하기 위해 백신 개발이 절실합니다.
그러나 매독균은 체외 배양이 매우 어려워 2018년에 이르러서야 장기 배양 기술이 등장했습니다.
산소가 너무 많아. 나 죽을래.
이는 백신 연구에 있어서도 오랜 기간 큰 장애물이 되어 왔습니다.

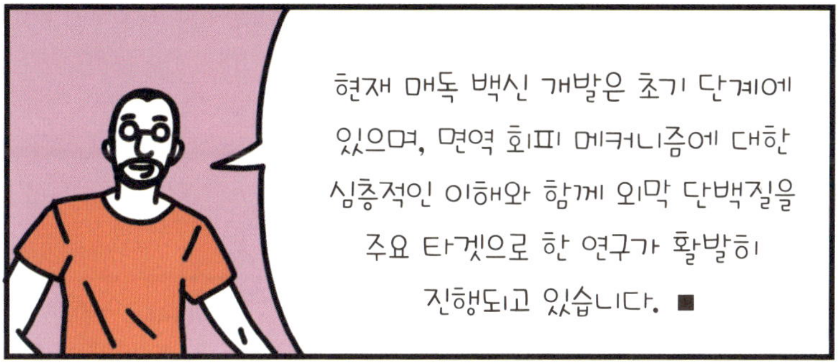
현재 매독 백신 개발은 초기 단계에 있으며, 면역 회피 메커니즘에 대한 심층적인 이해와 함께 외막 단백질을 주요 타겟으로 한 연구가 활발히 진행되고 있습니다. ■

매독균의 면역 회피 메커니즘

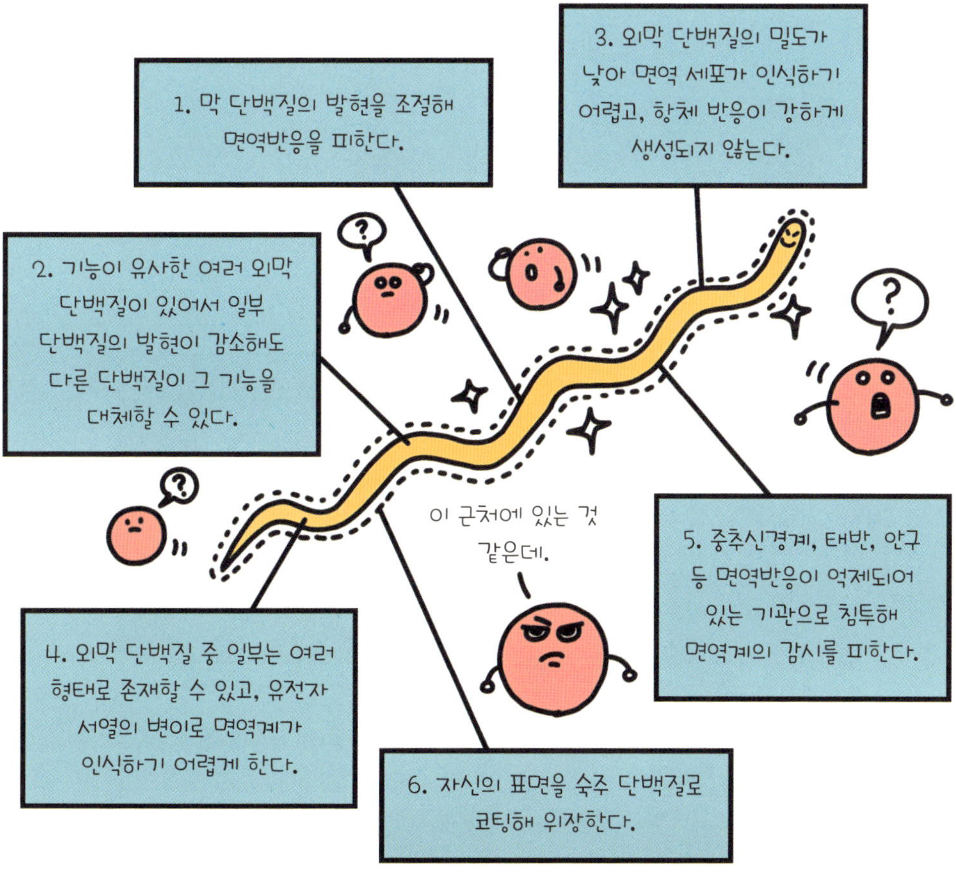
1. 막 단백질의 발현을 조절해 면역반응을 피한다.
2. 기능이 유사한 여러 외막 단백질이 있어서 일부 단백질의 발현이 감소해도 다른 단백질이 그 기능을 대체할 수 있다.
3. 외막 단백질의 밀도가 낮아 면역 세포가 인식하기 어렵고, 항체 반응이 강하게 생성되지 않는다.
4. 외막 단백질 중 일부는 여러 형태로 존재할 수 있고, 유전자 서열의 변이로 면역계가 인식하기 어렵게 한다.
5. 중추신경계, 태반, 안구 등 면역반응이 억제되어 있는 기관으로 침투해 면역계의 감시를 피한다.
6. 자신의 표면을 숙주 단백질로 코팅해 위장한다.
이 근처에 있는 것 같은데.

27. 알츠하이머병과 뇌 미생물군집

친구일까 불청객일까

쿡쿡쿡~
푸드득
으아악~!
깜짝 놀랐잖아.
에잇! 망할
날벌레!
뭐야, 그
한심하다는
표정은!

무슨 천적을 마주친 것처럼 놀라.
당신, 날벌레보다 먹이사슬이 아래야?
스윽
지금은 누가 아래일까?
켁!
탁탁!
그러고 보니 어렸을 때 꿈이 파브르였지.
맨손으로 잡다가 벌레한테 쏘이기 일쑤였는데.

여보 정신 차려!
웬 파브르 타령이야?!
어? 작업실에 거미줄이.

인체는 30조 개의 세포로 구성된,
벌레 한 마리 얼씬거리지 않는 깨끗한
건축물이 아니라 수많은 생물로
북적거리는 숲과 같다.

파브르 씨. 거미한테
무슨 짓이세요?
파브르도 집 안에
있는 거미줄은
청소했을 거야.

여기서는 미생물 간의 주도권 싸움이 벌어지고,
이를 통제하는 면역계가 절묘한 균형을 이루며 생태계의
건강을 유지한다.

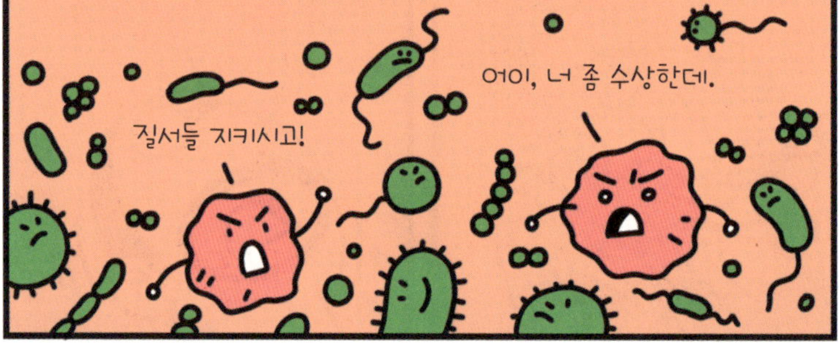
질서들 지키시고!
어이, 너 좀 수상한데.

최근 활발히 진행 중인 장-뇌 축(gut-brain axis) 연구는
장내 미생물이 신경전달물질의 생성을 조절해 우울증,
자폐증 등 여러 정신 질환에도 영향을 미칠 수 있다는
놀라운 소식을 전하고 있다.

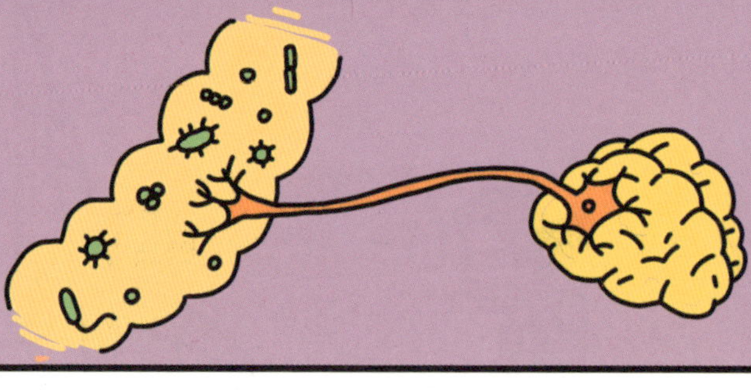

이렇듯 미생물군집 연구가 신경계와 정신 건강으로까지 확장되면서 한때 터무니없다고 무시되었던 가설도 재조명되고 있습니다.
그것은 뇌에도 미생물이 존재할 수 있으며 이들이 알츠하이머병과 같은 신경 질환의 원인 중 하나일 수 있다는 도전적인 생각입니다.
최근 에이즈 환자, 알츠하이머 환자, 그리고 건강한 사람들의 신경 샘플을 분석한 연구들에서 바이러스, 박테리아, 곰팡이가 확인되었다.

아직 명확하진 않지만, 이 미생물들은 코와 입에 연결된 신경을 타고 들어오거나, 특히 노화로 인해 혈뇌장벽이 느슨해진 틈을 통해 유입되는 것으로 추정된다.

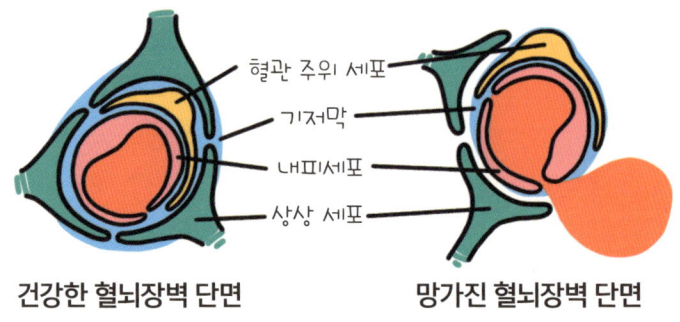

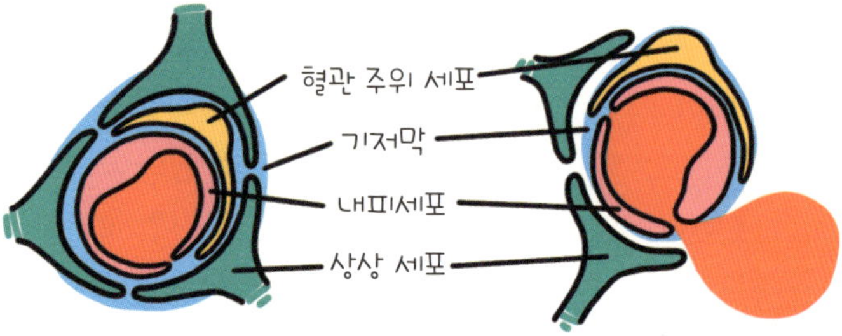
혈관 주위 세포
기저막
내피세포
상상 세포

건강한 혈뇌장벽 단면

망가진 혈뇌장벽 단면

이것은 노화에 따른 신경 질환,
특히 알츠하이머병의
증가를 설명합니다.

알츠하이머병의 주요 원인 중 하나로 뇌 속의 끈적한 플라크(plaques)가 지목되고 있다.

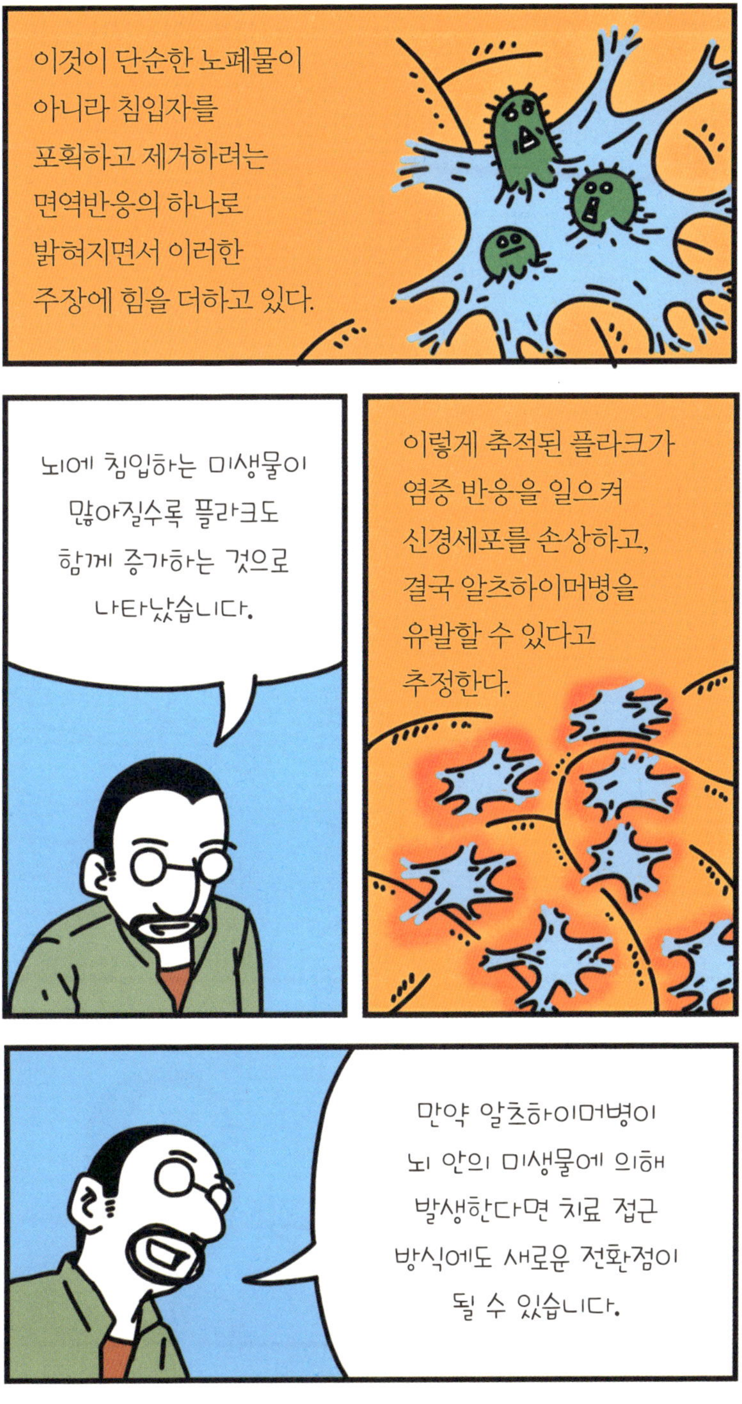
이것이 단순한 노폐물이 아니라 침입자를 포획하고 제거하려는 면역반응의 하나로 밝혀지면서 이러한 주장에 힘을 더하고 있다.
뇌에 침입하는 미생물이 많아질수록 플라크도 함께 증가하는 것으로 나타났습니다.
이렇게 축적된 플라크가 염증 반응을 일으켜 신경세포를 손상하고, 결국 알츠하이머병을 유발할 수 있다고 추정한다.
만약 알츠하이머병이 뇌 안의 미생물에 의해 발생한다면 치료 접근 방식에도 새로운 전환점이 될 수 있습니다.

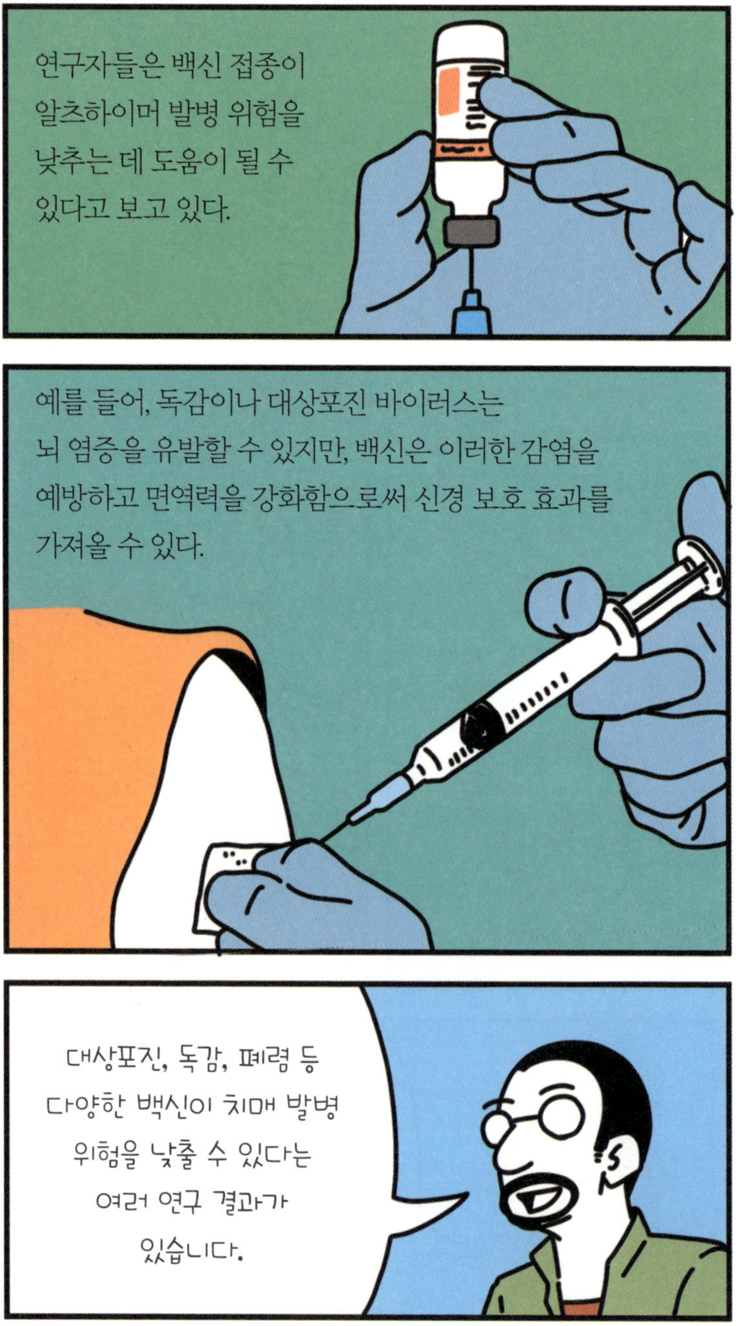
연구자들은 백신 접종이 알츠하이머 발병 위험을 낮추는 데 도움이 될 수 있다고 보고 있다.
예를 들어, 독감이나 대상포진 바이러스는 뇌 염증을 유발할 수 있지만, 백신은 이러한 감염을 예방하고 면역력을 강화함으로써 신경 보호 효과를 가져올 수 있다.
대상포진, 독감, 폐렴 등 다양한 백신이 치매 발병 위험을 낮출 수 있다는 여러 연구 결과가 있습니다.

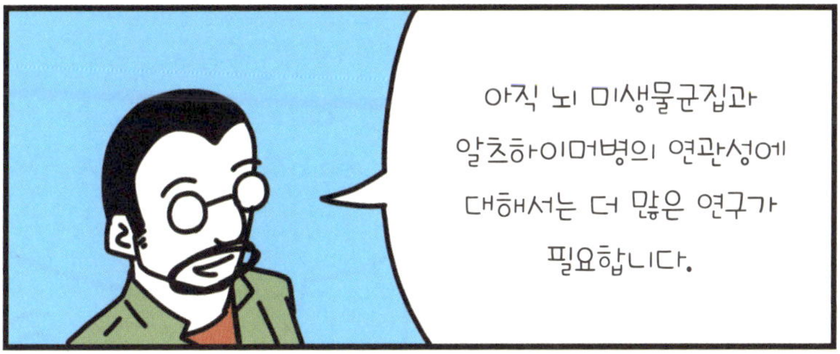
아직 뇌 미생물군집과 알츠하이머병의 연관성에 대해서는 더 많은 연구가 필요합니다.

뇌 샘플의 오염 가능성은 지속적으로 제기되는 문제다.

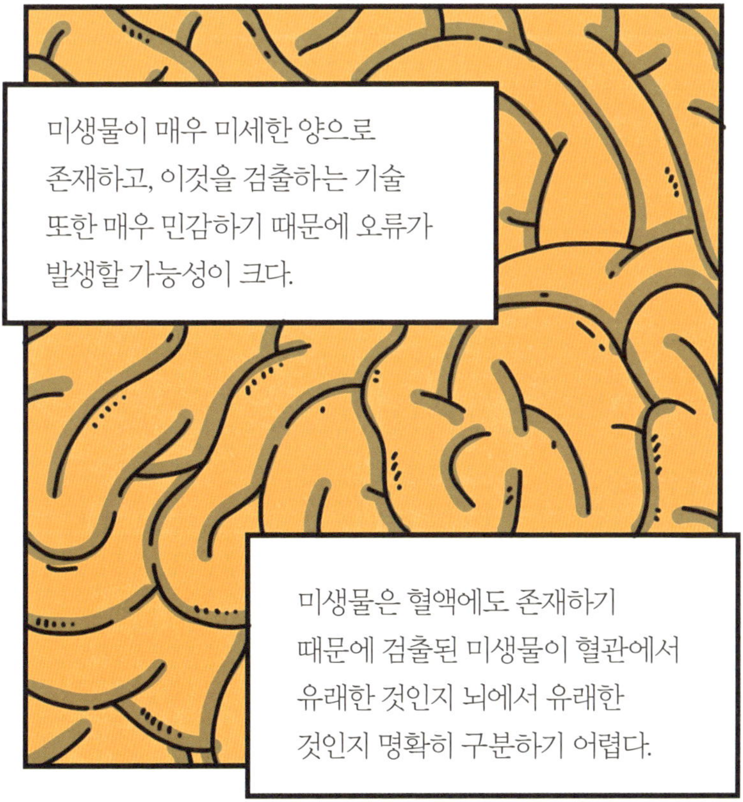
미생물이 매우 미세한 양으로 존재하고, 이것을 검출하는 기술 또한 매우 민감하기 때문에 오류가 발생할 가능성이 크다.
미생물은 혈액에도 존재하기 때문에 검출된 미생물이 혈관에서 유래한 것인지 뇌에서 유래한 것인지 명확히 구분하기 어렵다.

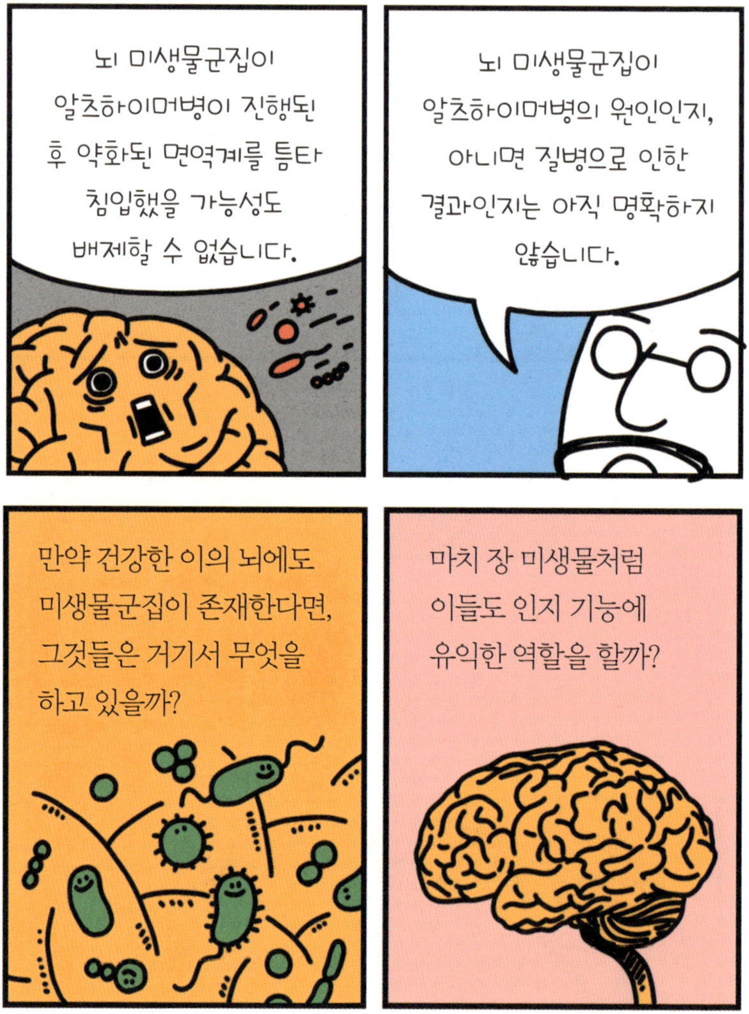
뇌 미생물군집이
알츠하이머병이 진행된
후 약화된 면역계를 틈타
침입했을 가능성도
배제할 수 없습니다.
뇌 미생물군집이
알츠하이머병의 원인인지,
아니면 질병으로 인한
결과인지는 아직 명확하지
않습니다.
만약 건강한 이의 뇌에도
미생물군집이 존재한다면,
그것들은 거기서 무엇을
하고 있을까?
마치 장 미생물처럼
이들도 인지 기능에
유익한 역할을 할까?

어쩌면 미래에는 알츠하이머병을 예방하고, 머리가 좋아지게 하는 유산균 음료가 마켓 진열대에 놓여 있을지도 모를 일이다. ■

28. 미소포니아(Misophonia)

타인의 소리가 감정의 칼이 되다

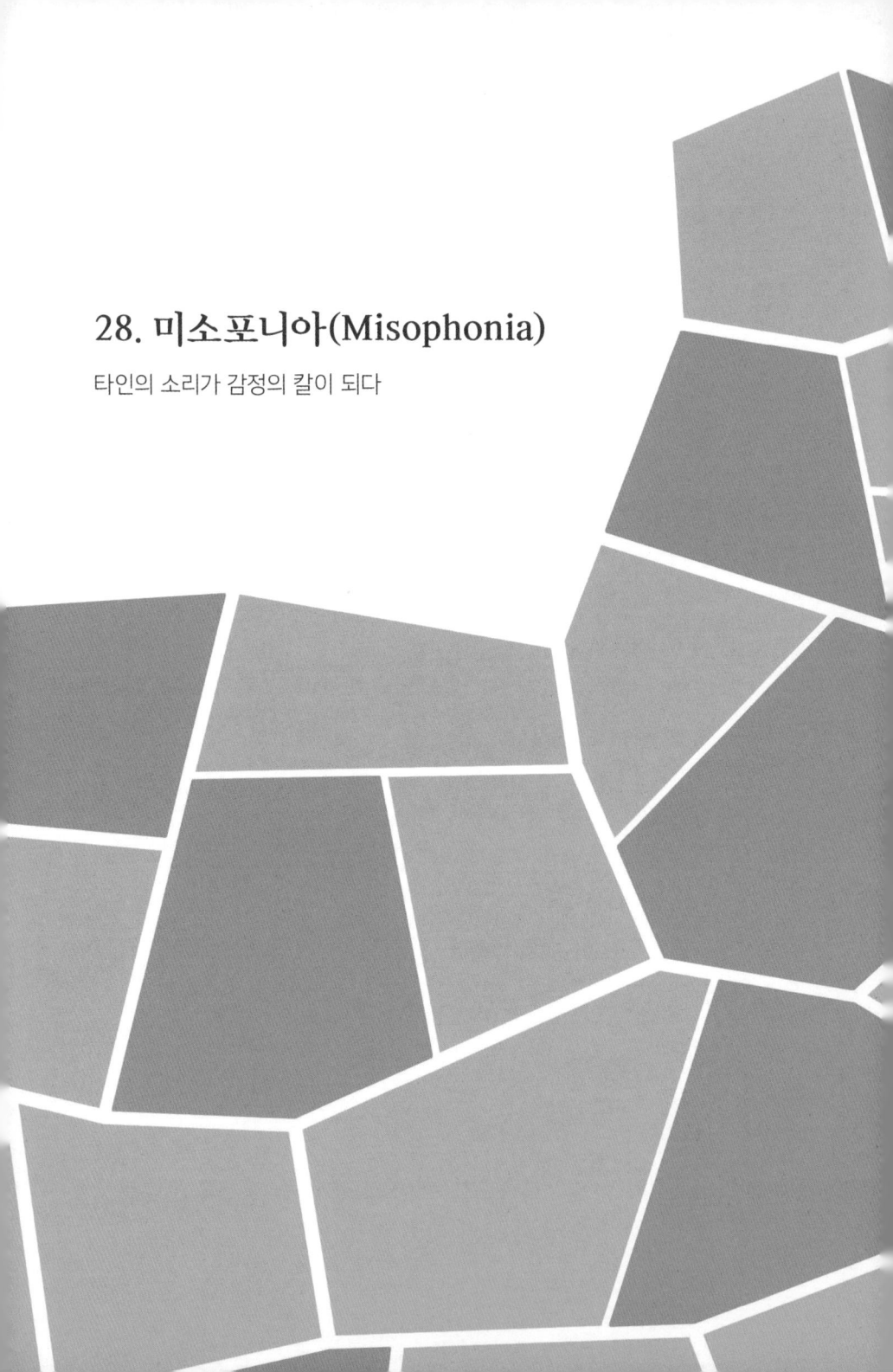

다녀왔습니다
공부하느라
고생했어.
쿡!
콜록
콜록
감기야?
몰라.
콜록
콜록
콜록
약 먹어!

나에게 기침 소리는 뇌에 박히는
가시와 같다.
왜 당신은 공부하고
들어온 애한테
짜증을 내는가.
미안. 기침
소리에 갑자기
화가 나서….

날카롭게 신경을 헤집고 들어와 감정에 거친 파문을
일으킨다.
걱정은 못할망정.
죽을죄를 지었습니다!

콜록콜록~
또!
왜 이 평범한 소리는 내게 이토록 불쾌하게 느껴지는 걸까요?
특정 소리나 자극에 지나치게 부정적인 반응을 보이는 증상이 처음으로 주목받기 시작한 것은 2000년대 초반이었습니다.

신경과학자들은 이런 증상을 미소포니아(Misophonia)라고 명명했다.

Miso- + -Phonia
(혐오) (소리)

그러나 증상이 사람마다 다르고, 이를 명확히 진단할 임상적 기준이 없었던 탓에 그에 관한 연구는 오랫동안 더디게 진행됐다.
콜록콜록~
콜록콜록~
한편으론 미소포니아는 단순히 민감하고 예민한 성격의 문제로 간주되기도 했다.
사람이 왜 그리 예민해.
으~~~
최근에서야 미소포니아는 개인적 특성이 아닌 신경학적·심리학적 이상 상태로 새롭게 인식되면서 본격적인 연구가 이뤄지고 있습니다.
쩝쩝쩝쩝
으아아악! 듣기 싫어!
미소포니아의 주요 유발음은 먹고, 마시고, 코 고는 등 사람이 만들어 내는 소리인 경우가 많다.

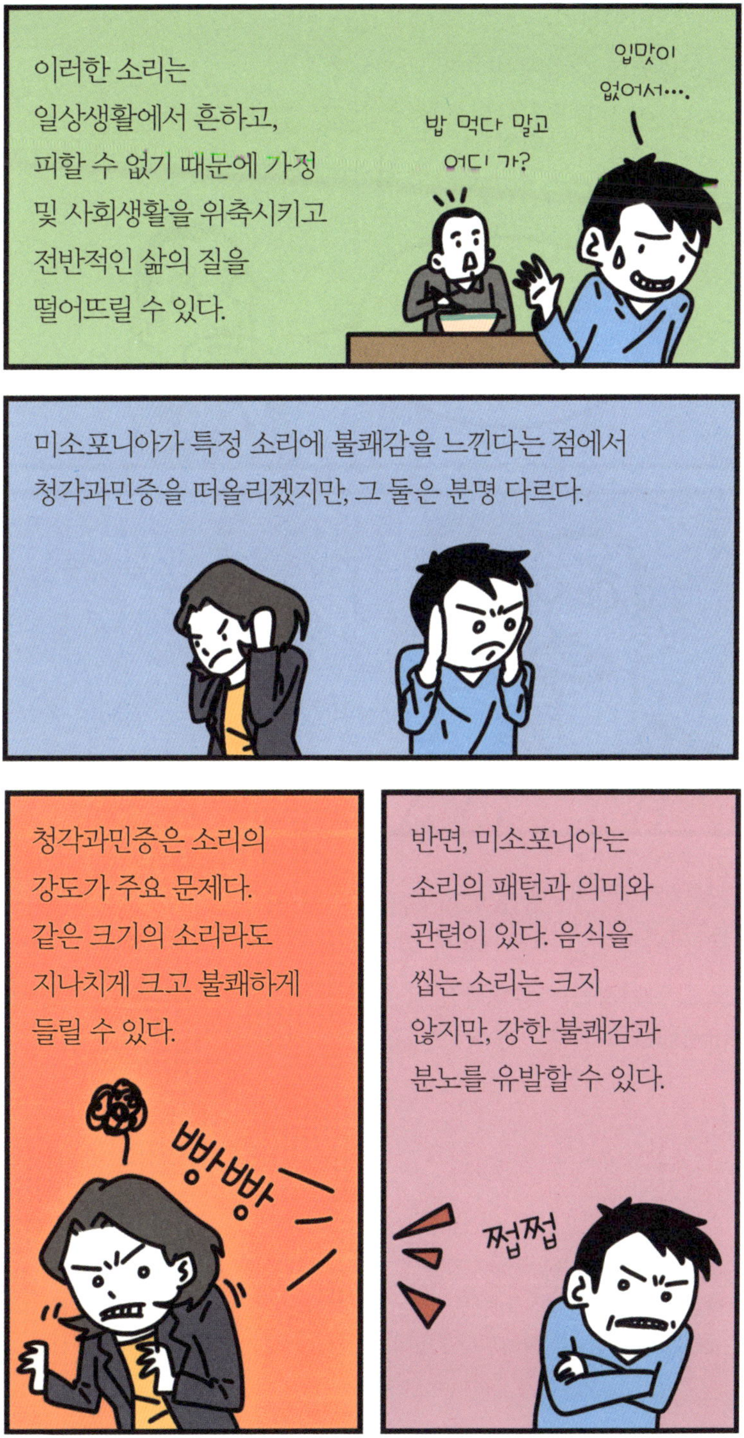

이러한 소리는
일상생활에서 흔하고,
피할 수 없기 때문에 가정
및 사회생활을 위축시키고
전반적인 삶의 질을
떨어뜨릴 수 있다.
밥 먹다 말고 어디 가?
입맛이 없어서….
미소포니아가 특정 소리에 불쾌감을 느낀다는 점에서
청각과민증을 떠올리겠지만, 그 둘은 분명 다르다.
청각과민증은 소리의
강도가 주요 문제다.
같은 크기의 소리라도
지나치게 크고 불쾌하게
들릴 수 있다.
빵빠빵
반면, 미소포니아는
소리의 패턴과 의미와
관련이 있다. 음식을
씹는 소리는 크지
않지만, 강한 불쾌감과
분노를 유발할 수 있다.
쩝쩝

또한 타인보다는 가까운 가족이나 친한 사람이 내는 소리에 더 강하게 반응하는 경우가 많다. 그래서 미소포니아라는 이름이 '소리에 대한 혐오'라는 뜻이 있지만, 소리 자체가 문제의 원인은 아니다.
아! 나도 그런 것 같은데.

연구에 따르면, 미소포니아를 겪는 사람들의 뇌에서 문제가 되는 소리에 대한 청각 처리 과정은 일반적인 사람과 같았습니다.

지금까지의 연구를 종합하면, 미소포니아는 불쾌한 소리를 들었을 때 청각 피질→운동 피질→앞뇌섬엽(anterior insula)• 으로 이어지는 비정상적인 뇌 경로를 보이는 것으로 나타났다.

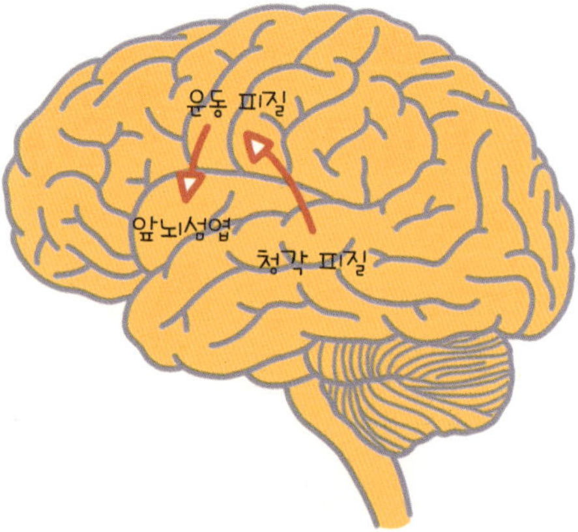
운동 피질
앞뇌섬엽
청각 피질

• 앞뇌섬엽: 우리가 느끼는 감정을 처리하고, 심장이 빨리 뛰는 것과 같은 몸 안의 변화를 감지하는 역할을 한다.

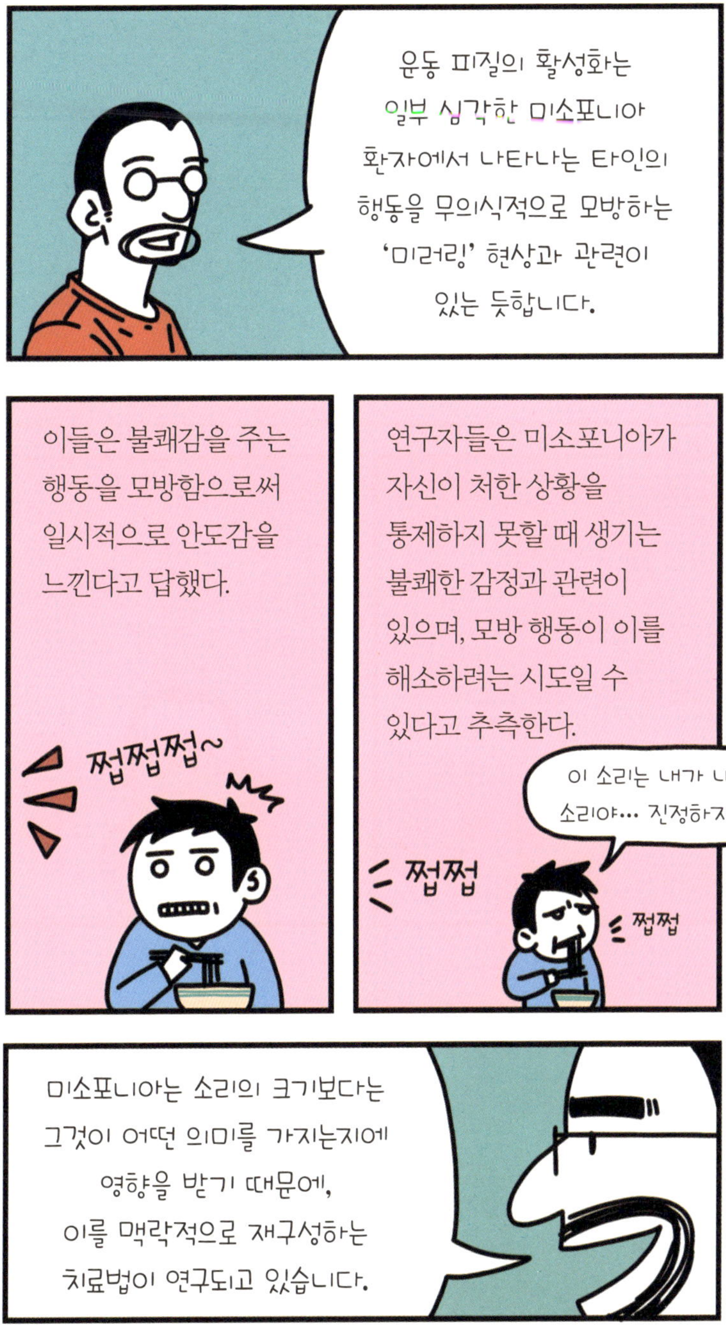

운동 피질의 활성화는 일부 심각한 미소포니아 환자에서 나타나는 타인의 행동을 무의식적으로 모방하는 '미러링' 현상과 관련이 있는 듯합니다.
이들은 불쾌감을 주는 행동을 모방함으로써 일시적으로 안도감을 느낀다고 답했다.
쩝쩝쩝~
연구자들은 미소포니아가 자신이 처한 상황을 통제하지 못할 때 생기는 불쾌한 감정과 관련이 있으며, 모방 행동이 이를 해소하려는 시도일 수 있다고 추측한다.
이 소리는 내가 내는 소리야… 진정하자….
쩝쩝
쩝쩝
미소포니아는 소리의 크기보다는 그것이 어떤 의미를 가지는지에 영향을 받기 때문에, 이를 맥락적으로 재구성하는 치료법이 연구되고 있습니다.

쩝쩝쩝~
예를 들어, 음식 먹는 소리를
다른 상황과 결합한
동영상을 보여주었을 때
환자들이 느끼는 혐오감이
감소하는 것으로 나타났다.
타인이 내는 소리를
통제할 수는 없다.
얼마나 쉬지 않고 공부를
했길래 면역력이 약해져서…
콜록
콜록
콜록
그러나 소리의 맥락은
통제할 수 있다. ■
평온하다. 평온…
콜록
콜록
콜록
콜록
약 먹어!

참고 자료

01 인슐린 느린 청자고둥에서 빠른 인슐린을 찾다

논문

- Xiong, Xiaochun, et al. "Symmetric and asymmetric receptor conformation continuum induced by a new insulin." *Nature chemical biology* 18.5 (2022): 511-519.
- Xiong, Xiaochun, et al. "A structurally minimized yet fully active insulin based on cone-snail venom insulin principles." *Nature structural & molecular biology* 27.7 (2020): 615-624.

기사

- Angela Betsaida B. Laguipo. Cone snail venom produces new type of insulin. *News-Medical.Net.* 3 Jun, 2020.
- David Shultz. Insulin-infused venom helps cone snails net prey. *Science.* 19 Jan, 2015.

02 여드름 모낭 속에 감춰진 수수께끼

논문

- Dréno, Brigitte, et al. "The skin microbiome: a new actor in inflammatory acne." *American Journal of Clinical Dermatology* 21.1 (2020): 18-24.
- Dréno, Brigitte, et al. "Cutibacterium acnes (Propionibacterium acnes) and acne vulgaris: a brief look at the latest updates." *Journal of the European Academy of Dermatology and Venereology* 32 (2018): 5-14.
- Mahmood, N. F., and A. R. Shipman. "The age-old problem of acne." *International journal of women's dermatology* 3.2 (2017): 71-76.
- O'Neill, Alan M., et al. "Antimicrobial production by perifollicular dermal preadipocytes

is essential to the pathophysiology of acne." *Science Translational Medicine* 14.632 (2022): eabh1478.

- Sanford, James A., et al. "Inhibition of HDAC8 and HDAC9 by microbial short-chain fatty acids breaks immune tolerance of the epidermis to TLR ligands." *Science immunology* 1.4 (2016): eaah4609.
- Tilles, Gérard. "Acne pathogenesis: history of concepts." *Dermatology* 229.1 (2014): 1-46. Williams, Hywel C., Robert P. Dellavalle, and Sarah Garner. "Acne vulgaris." *The Lancet* 379.9813 (2012): 361-372.

기사

- Dan Robitzski. Skin Cells Can Transform To Help Fight Acne. *The Scientists*. 2 Mar, 2022.

03 정신노동 정신노동은 왜 우리를 지치게 할까

논문

- Boyle, Neil Bernard, et al. "No effects of ingesting or rinsing sucrose on depleted selfcontrol performance." *Physiology & behavior* 154 (2016): 151-160.
- Fairclough, Stephen H., and Kim Houston. "A metabolic measure of mental effort." *Biological psychology* 66.2 (2004): 177-190.
- Kool, Wouter, and Matthew Botvinick. "Mental labour." *Nature human behaviour* 2.12 (2018): 899-908.
- Pal, Mia Michaela. "Glutamate: The Master Neurotransmitter and Its Implications in Chronic Stress and Mood Disorders." *Frontiers in Human Neuroscience* 15 (2021).
- Scholey, Andrew B., Susan Harper, and David O. Kennedy. "Cognitive demand and blood glucose." *Physiology & behavior* 73.4 (2001): 585-592.
- Wiehler, Antonius, et al. "A neuro-metabolic account of why daylong cognitive work alters the control of economic decisions." *Current Biology* 32.16 (2022): 3564-3575.
- Zhou, Yun, and Niels Christian Danbolt. "Glutamate as a neurotransmitter in the healthy brain." *Journal of neural transmission* 121.8 (2014): 799-817.

기사

- Diana Kwon. Why Thinking Hard Wears You Out. *Scientific American*. 11 Aug, 2022.
- Emily Underwood. Mentally exhausted? Study blames buildup of key chemical in brain. *Science*. 11 Aug, 2022.

04 암 코끼리의 역설

논문

- Cagan, Alex, et al. "Somatic mutation rates scale with lifespan across mammals." *Nature* 604.7906 (2022): 517-524.
- Callier, Viviane. "Solving Peto's Paradox to better understand cancer." *Proceedings of the National Academy of Sciences* 116.6 (2019): 1825-1828.
- Cremer, Anjali, Wesley T. Abplanalp, and Michael A. Rieger. "Time's up: mutation rate and lifespan." *Signal Transduction and Targeted Therapy* 7.1 (2022): 1-2.
- Padariya, Monikaben, et al. "The elephant evolved p53 isoforms that escape MDM2-mediated repression and cancer." *Molecular biology and evolution* 39.7 (2022): msac149.
- Tollis, Marc, Amy M. Boddy, and Carlo C. Maley. "Peto's Paradox: how has evolution solved the problem of cancer prevention?." *BMC biology* 15 (2017): 1-5.
- Vincze, Orsolya, et al. "Cancer risk across mammals." *Nature* 601.7892 (2022): 263-267.

기사

- Athena Aktipis. How Evolution Helps Us Understand Cancer and Control It. *Scientific American*. January 1, 2021
- Rachel Nuwer. Elephant-Assisted Oncology. *Scientific American*. Oct, 2022.
- Viviane Callier. A Zombie Gene Protects Elephants From Cancer. *Quanta Magazine*. 7 Nov, 2017.

05 흑사병 고대 DNA로 현재를 이해하다

논문

- Enard, David. "Ancient DNA reveals rapid natural selection during the Black Death."(2022): 237-238.
- Klunk, Jennifer, et al. "Evolution of immune genes is associated with the Black Death." *Nature* 611.7935 (2022): 312-319.

기사

- Ann Gibbons. How the Black Death changed our immune systems. *Science*. 19 Oct, 2022.
- Carl Zimmer. How the 'Black Death' Left Its Genetic Mark on Future Generations. *The New York Times*. 31 Oct, 2022.

06 니코틴 중독 담배를 규제하다

논문

- Benowitz, Neal L. "zocmaddiction." *New England Journal of Medicine* 362.24 (2010): 2295-2303.
- Kandel, Eric R., and Denise B. Kandel. "A molecular basis for nicotine as a gateway drug." *New England Journal of Medicine* 371.10 (2014): 932-943.
- Karelitz, Joshua L., and Kenneth A. Perkins. "Tobacco smoking may delay habituation of reinforcer effectiveness in humans." *Psychopharmacology* 235 (2018): 2315-2321.
- Marshall, Thomas R. "The 1964 Surgeon General's report and Americans' beliefs about smoking." *Journal of the history of medicine and allied sciences* 70.2 (2015): 250-278.
- Perkins, Kenneth A., Joshua L. Karelitz, and Margaret C. Boldry. "Nicotine acutely enhances reinforcement from non-drug rewards in humans." *Frontiers in psychiatry* 8 (2017): 65.

기사

- Andrew Jacobs. Breaking Nicotine's Powerful Draw. *The New York Times*. 2 Aug, 2022.
- Dennis Normile. THE FINAL PUFF. *Science* 23 Dec, 2022.
- Molly Campbell. Low-nicotine Gene-edited Tobacco Could Combat Nicotine Addiction — But Not in Europe. *Technology Networks*. 23 Aug, 2019.
- Nora D. Volkow. Recent Research Sheds New Light on Why Nicotine Is So Addictive. *Scientific American*. 28 Sep, 2018.

07 통증 남녀가 느끼는 통증은 다르다

논문

- Bartley, Emily J., and Roger B. Fillingim. "Sex differences in pain: a brief review of clinical and experimental findings." *British journal of anaesthesia* 111.1 (2013): 52-58.
- Ghazisaeidi, Shahrzad, Milind M. Muley, and Michael W. Salter. "Neuropathic pain: mechanisms, sex differences, and potential therapies for a global problem." *Annual Review of Pharmacology and Toxicology* 63.1 (2023): 565-583.
- Mapplebeck, Josiane CS, Simon Beggs, and Michael W. Salter. "Sex differences in pain: a tale of two immune cells." *Pain* 157 (2016): S2-S6.
- Pieretti, Stefano, et al. "Gender differences in pain and its relief." *Annali dell'Istituto superiore di sanita* 52.2 (2016): 184-189.
- Presto, Peyton, et al. "Sex differences in pain along the neuraxis." *Neuropharmacology* 210 (2022): 109030.

• Stratton, Harrison, et al. "Nociceptors are functionally male or female: from mouse to monkey to man." *Brain* 147.12 (2024): 4280-4291.

기사

• Claire Yuan. Pain may take different pathways in men and women. *Scientific American*. 20 June, 2024.

• Study shows first evidence of male-female differences in how pain can be produced. *Science Daily*. 10 June, 2024.

08 물 마시기 신화 물은 목 마를 때만 마시면 된다

논문

• Killer, Sophie C., Andrew K. Blannin, and Asker E. Jeukendrup. "No evidence of dehydration with moderate daily coffee intake: a counterbalanced cross-over study in a free-living population." *PloS one* 9.1 (2014): e84154.

• Valtin, Heinz. ""Drink at least eight glasses of water a day." Really? Is there scientific evidence for "8× 8"?." *American Journal of Physiology-Regulatory, Integrative and Comparative Physiology* (2002).

• Yamada, Yosuke, et al. "Variation in human water turnover associated with environmental and lifestyle factors." *Science* 378.6622 (2022): 909-915. Zimmerman, Christopher A. "The origins of thirst." *Science* 370.6512 (2020): 45-46.

기사

• Aaron E. Carroll. No, You Do Not Have to Drink 8 Glasses of Water a Day. *The New York Times*. 24 Aug, 2015.

• Allison Gasparini. How much water should you drink a day? It depends on several factors. *Science News*. 12 Dec, 2022.

• Claudia Wallis. The Secrets of Thirst. *Scientific American*. Sep 2022.

09 남성 피임약 함께 짊어지다

논문

• Balbach, Melanie, et al. "On-demand male contraception via acute inhibition of soluble adenylyl cyclase." *Nature communications* 14.1 (2023): 637.

• Campo-Engelstein, Lisa. "Contraceptive justice: why we need a male pill." *AMA Journal of Ethics* 14.2 (2012): 146-151.

• Thirumalai, Arthi, and John K. Amory. "Emerging approaches to male contraception." *Fertility and sterility* 115.6 (2021): 1369-1376.

기사

• Alexandra Sifferlin. Are We Finally Ready for the Male Pill?. *Times*. 26 Apr, 2018.
• Gabe Allen. Why Has the Male Reproductive System Evaded Birth Control?. *Discover Magazine*. 10 Feb, 2022.
• Pien Huang. A new, experimental approach to male birth control immobilizes sperm. *NPR*. 17 Feb, 2023.
• Sarah Gibbens. Birth control options for men are advancing. Here's how they work. *National Geographic*. 13 Jun, 2024.
• Will Sullivan. Male Birth Control Drug 'Stops Sperm in Their Tracks' in Study of Mice. *Smithonian Magazine*. 17 Feb, 2023.
• Zaria Gorvett. The weird reasons there still isn't a male contraceptive pill. *BBC*. 16 Feb, 2023.

10 아시아 홍조 술, 유전자에 흔적을 남기다

논문

• Chen, Che-Hong, Benjamin R. Kraemer, and Daria Mochly-Rosen. "ALDH2 variance in disease and populations." *Disease Models & Mechanisms* 15.6 (2022): dmm049601.
• Schaschl, Helmut, Tobias Göllner, and David L. Morris. "Positive selection acts on regulatory genetic variants in populations of European ancestry that affect ALDH2 gene expression." *Scientific Reports* 12.1 (2022): 1-11.
• Zhang, Jian, et al. "The role of aldehyde dehydrogenase 2 in cardiovascular disease." *Nature Reviews Cardiology* (2023): 1-15.
• Zhu, Chen, et al. "Relationship between rice farming and polygenic scores potentially linked to agriculture in China." *Royal Society Open Science* 8.8 (2021): 210382.

기사

• Andy Coghlan. We're evolving a gene that may stop us from drinking alcohol. *New Scientist*. 19 Feb, 2018.
• Gordy Slack. Diabetes drug may reduce coronary artery disease in those with 'Asian glow'. *Stanford Medicine*. 31 Jan, 2023
• Nicholas Bakalar. Drinkers' Red Face May Signal Cancer Risk. *The New York Times*. 20 Mar, 2009.

- Zen Vuong. Antihistamines prevent 'Asian flush' — alcohol-induced facial redness — but pose risks. *USC Today*. 8 Dec, 2016.

11 좋은 콜레스테롤 뭐든 적당한 게 좋다

논문

- Jomard, Anne, and Elena Osto. "High density lipoproteins: metabolism, function, and therapeutic potential." *Frontiers in cardiovascular medicine* 7 (2020): 39.
- Wong, Nathan D., and Daniel Levy. "Legacy of the Framingham Heart Study: rationale, design, initial findings, and implications." *Global Heart* 8.1 (2013): 3-9.
- Zakai, Neil A., et al. "Race-dependent association of high-density lipoprotein cholesterol levels with incident coronary artery disease." *Journal of the American College of Cardiology* 80.22 (2022): 2104-2115.

기사

- Jane E. Brody. HDL Cholesterol: Too Much of a Good Thing?. *The New York Times*. 24 Dec. 2018.
- Lydia Denworth. When "Good" Cholesterol Turns Bad. *ScientificAmerican*. June 2023.
- Tina Hesman Saey. Good cholesterol may not be what keeps the heart healthy. *Science News*. 18 May, 2012.

12 종양 미생물군집 암 치료를 위한 새로운 수단

논문

- Inamura, Kentaro. "Beyond bacteria: fungi in the tumor microbiome." *Cancers* 15.3 (2023): 572.
- Sepich-Poore, Gregory D., et al. "The microbiome and human cancer." *Science* 371.6536 (2021): eabc4552.

기사

- Alice Klein. Tumour-dwelling microbes: A startling new frontier in cancer treatment. *New Scientist*. 21 Jun, 2023.
- Carl Zimmer. A New Approach to Spotting Tumors: Look for Their Microbes. *The New York Times*. 29 Sep, 2022.
- Gunjan Sinha. Bacteria in tumors may promote cancer. Science. 16 Nov, 2022 Max Kozlov. Fungi Lurk Inside Cancers—And Might Speed Their Growth. *Nature magazine*. 3 Oct, 2022.

- Jef Akst. Could Cancer's Microbiome Help Diagnose and Treat the Disease?. *The Scientist*. Mar 14, 2022

13 항노화제 연구 21세기 불로초를 탐색하다

논문

- Kurtz, Jennifer A., et al. "Taurine in sports and exercise." *Journal of the International Society of Sports Nutrition* 18.1 (2021): 39.
- Singh, Parminder, et al. "Taurine deficiency as a driver of aging." *Science* 380.6649 (2023): eabn9257.

기사

- Alison George. Which dietary supplements actually work and which should you take. *New Scientist*. 31 Jul, 2023.
- Elie Dolgin. From Energy Drinks to Extending Life? Supplement Slows Aging in Mice and Monkeys. *The New York Times*. 8 Jun, 2023.
- Elizabeth Svoboda. Can Young-Blood Infusions Reverse the Aging Process?. *Discover*. May 27, 2022.
- Fran Smith. Can aging be cured? Scientists are giving it a try. *National Geographic*. 28 Dec, 2022.

14 비타민 D 필수 영양소인가, 불필요한 보충제인가

논문

- Aloia, John F. "The 2011 report on dietary reference intake for vitamin D: where do we go from here?." *The Journal of Clinical Endocrinology & Metabolism* 96.10 (2011): 2987-2996.
- Bouillon, Roger, et al. "The health effects of vitamin D supplementation: evidence from human studies." *Nature Reviews Endocrinology* 18.2 (2022): 96-110.
- Engelman, Corinne D. "Vitamin D recommendations: the saga continues." *The Journal of Clinical Endocrinology & Metabolism* 96.10 (2011): 3065-3066.
- LeBoff, Meryl S., et al. "Supplemental vitamin D and incident fractures in midlife and older adults." *New England Journal of Medicine* 387.4 (2022): 299-309.
- Rajakumar, Kumaravel. "Vitamin D, cod-liver oil, sunlight, and rickets: a historical perspective." *Pediatrics* 112.2 (2003): e132-e135.
- Reijven, P. L. M., and P. B. Soeters. "Vitamin D: A magic bullet or a myth?." *Clinical Nutrition* 39.9 (2020): 2663-2674.

- Wheeler, Benjamin J., et al. "A brief history of nutritional rickets." *Frontiers in Endocrinology* 10 (2019): 795.

기사

- Alvin Powell. Turns out you likely don't need vitamin D supplements for strong bones. *The Harvard Gazette*. 16 Aug, 2022.
- Gina Kolata. Study Finds Another Condition That Vitamin D Pills Do Not Help. *The New York Times*. 27 Jul, 2022
- Kai Kupferschmidt. Uncertain Verdict as Vitamin D Goes On Trial. *Science*. 21 Sep 2012.
- Linda Geddes. The truth about supplements: do they work and should you take them?. *New Scientist*. 28 Nov, 2018.

15 엡스타인-바 바이러스 면역계로 숨어든 골칫거리

논문

- Ascherio, Alberto, and Mette Munch. "Epstein-Barr virus and multiple sclerosis." *Epidemiology* 11.2 (2000): 220-224.
- Bjornevik, Kjetil, et al. "Longitudinal analysis reveals high prevalence of Epstein-Barr virus associated with multiple sclerosis." *Science* 375.6578 (2022): 296-301.
- Cui, Xinle, and Clifford M. Snapper. "Epstein Barr virus: development of vaccines and immune cell therapy for EBV-associated diseases." *Frontiers in Immunology* 12 (2021): 734471.
- Draborg, Anette Holck, Karen Duus, and Gunnar Houen. "Epstein-Barr virus in systemic autoimmune diseases." *Journal of Immunology Research* 2013.1 (2013): 535738.
- Houen, Gunnar, and Nicole Hartwig Trier. "Epstein-Barr virus and systemic autoimmune diseases." *Frontiers in immunology* 11 (2021): 587380.
- Lieberman, Paul M. "Epstein-Barr virus turns 50." *Science* 343.6177 (2014): 1323-1325.
- Zhang, Nan, et al. "Epstein-Barr virus and neurological diseases." *Frontiers in Molecular Biosciences* 8 (2022): 816098.

기사

- Erin Garcia de Jesús. Researchers pivot to drugs and vaccines against Epstein-Barr virus. *Science News*. 13 Aug, 2022.
- Lydia Denworth. Epstein-Barr Virus Found to Trigger Multiple Sclerosis. *Scientific American*. 13 Jan,, 2022.
- Michael Le Page. MS reversed by transplanted immune cells that fight Epstein-Barr virus. *New*

Scientist. 11 April, 2022.

16 가슴샘 성인 면역에서의 중요성이 드러나다

논문

- Geenen, Vincent, and Wilson Savino. "History of the thymus: from a vestigial organ to the programming of immunological self-tolerance." *Thymus Transcriptome and Cell Biology* (2019): 1-18.
- Kooshesh, Kameron A., et al. "Health consequences of thymus removal in adults." *New England Journal of Medicine* 389.5 (2023): 406-417.
- Miller, Jacques FAP. "The function of the thymus and its impact on modern medicine." *Science* 369.6503 (2020): eaba2429.
- Palmer, Donald B. "The effect of age on thymic function." *Frontiers in immunology* 4 (2013): 316.
- Thapa, Puspa, and Donna L. Farber. "The role of the thymus in the immune response." *Thoracic surgery clinics* 29.2 (2019): 123-131.

기사

- Anne Manning. Turns out lowly thymus may be saving your life. *The Harvard Gazette.* 2 Aug, 2023.
- Etbysara Reardon. Doctors have long considered the thymus expendable. But could removing it be fatal?. *Science.* 2 Aug, 2023.

17 가려움증 가려움은 통증일까

논문

- Deng, Liwen, et al. "S. aureus drives itch and scratch-induced skin damage through a V8 protease-PAR1 axis." *Cell* 186.24 (2023): 5375-5393.
- Kim, Hei Sung, and Gil Yosipovitch. "The skin microbiota and itch: is there a link?." *Journal of clinical medicine* 9.4 (2020): 1190.
- Kong, Heidi H., et al. "Temporal shifts in the skin microbiome associated with disease flares and treatment in children with atopic dermatitis." *Genome research* 22.5 (2012): 850-859.
- Wang, Fang, and Brian S. Kim. "Itch: a paradigm of neuroimmune crosstalk." *Immunity* 52.5 (2020): 753-766.

기사

- Atul Gawande. The Itch. *New Yorker.* 23 Jun, 2008.

- Katherine Harmon Courage, Knowable. *Smithsonian Magazine*. 10 Nov, 2020.
- Stephani Sutherland. Why We Itch. *Scientific American*. May 2016.

18 남성 우울증 성 편견에 가려지다

논문

- Berger, Miles, John A. Gray, and Bryan L. Roth. "The expanded biology of serotonin." *Annual review of medicine* 60.1 (2009): 355-366.
- Jauhar, Sameer, Philip J. Cowen, and Michael Browning. "Fifty years on: Serotonin and depression." *Journal of psychopharmacology* 37.3 (2023): 237-241.
- Martin, Lisa A., Harold W. Neighbors, and Derek M. Griffith. "The experience of symptoms of depression in men vs women: analysis of the National Comorbidity Survey Replication." *JAMA psychiatry* 70.10 (2013): 1100-1106.
- Mergl, Roland, et al. "What are reasons for the large gender differences in the lethality of suicidal acts? An epidemiological analysis in four European countries." *PloS one* 10.7 (2015): e0129062.
- Moncrieff, Joanna, et al. "The serotonin theory of depression: a systematic umbrella review of the evidence." *Molecular psychiatry* 28.8 (2023): 3243-3256.
- Rice, Simon M., et al. "Men's help-seeking for depression: Attitudinal and structural barriers in symptomatic men." *Journal of Primary Care & Community Health* 11 (2020): 2150132720921686.

기사

- Amanda Ruggeri. Male postnatal depression: Why men struggle in silence. *BBC*. 6 Jun, 2022.
- Ammar Kalia. This article is more than 1 year old 'I didn't even know men could get it': the hidden impact of male postnatal depression. *The Guardian*. 22 May, 2023.
- Call, Jarrod B., and Kevin Shafer. "Gendered manifestations of depression and help seeking among men." *American journal of men's health* 12.1 (2018): 41-51.
- Nathan Swetlitz. Depression's Problem With Men. *AMA Journal of Ethics*. Jul 2021.
- Sujata Gupta. "The boys are not OK". *Sciencenews*. July 1, 2023.

19 겸상 적혈구 자연선택을 수리하다

논문

- Li, Tianxiang, et al. "CRISPR/Cas9 therapeutics: progress and prospects." *Signal transduction and targeted therapy* 8.1 (2023): 36.

- Ware, Russell E., et al. "Sickle cell disease." *The Lancet* 390.10091 (2017): 311-323.

기사

- Alice Park. FDA Approves First CRISPR Treatment in U.S.. *Time*. 8 Dec, 2023.
- Erin Garcia Dejesus. Sickle cell can be treated with CRISPR. *Science News*. 13 Jan, 2024.
- Michael Le Page. How CRISPR therapy could cure everything from cancer to infertility. *New Scientist*. 3 July, 2023.
- Sara Readon. FDA Approves First CRISPR Gene Editing Treatment for Sickle Cell Disease. *Scientific American*. 8 Dec, 2023.
- Sarah Zhang. The CRISPR Era Is Here. *The Atlantic*. Nov 27, 2023.

20 상심 증후군 마음이 부서지다

논문

- Akhtar, Mohammed Majid, et al. "Takotsubo syndrome: getting closer to its causes." *Cardiovascular research* 119.7 (2023): 1480-1494.
- Boyd, Brenton, and Tia Solh. "Takotsubo cardiomyopathy: review of broken heartsyndrome." *Jaapa* 33.3 (2020): 24-29.
- Waqar, Ahsan, et al. "Cardioprotective role of estrogen in takotsubo cardiomyopathy." *Cureus* 14.3 (2022).

기사

- Sian Harding. How understanding a form of broken heart syndrome could save lives. *New Scientis*t. 8 Feb, 2023.

21 남성 불임 정자는 정말 감소하고 있을까

논문

- Boulicault, Marion, et al. "The future of sperm: a biovariability framework for understanding global sperm count trends." *Human Fertility* 25.5 (2022): 888-902.
- Jimbo, Masaya, et al. "Fertility in the aging male: a systematic review." *Fertility and sterility* 118.6 (2022): 1022-1034.
- Lea, Richard G., et al. "Environmental chemicals impact dog semen quality in vitro and may be associated with a temporal decline in sperm motility and increased cryptorchidism." *Scientific reports* 6.1 (2016): 31281.

• Levine, Hagai, et al. "Temporal trends in sperm count: a systematic review and metaregression analysis of samples collected globally in the 20th and 21st centuries." *Human reproduction* update 29.2 (2023): 157-176.
• McCoy, Rajiv C., et al. "Meiotic and mitotic aneuploidies drive arrest of in vitro fertilized human preimplantation embryos." *Genome medicine* 15.1 (2023): 77.
• Moghadam, Ali Reza Eftekhari, et al. "Oocyte quality and aging." *JBRA Assisted Reproduction* 26.1 (2022): 105.
• Pino, Víctor, et al. "The effects of aging on semen parameters and sperm DNA fragmentation." *JBRA assisted reproduction* 24.1 (2020): 82.
• Schneider, Isabell, and Jan Ellenberg. "Mysteries in embryonic development: How can errors arise so frequently at the beginning of mammalian life?." *PLoS Biology* 17.3 (2019): e3000173.
• Sharma, Rakesh, et al. "Effects of increased paternal age on sperm quality, reproductive outcome and associated epigenetic risks to offspring." *Reproductive Biology and Endocrinology* 13 (2015): 1-20.
• Tong, Nora, et al. "Global decline of male fertility: Fact or fiction? A broad summary of the published evidence on sperm-count and fertility trends." *British Columbia Medical Journal* 64.3 (2022).

기사

• Christina Szalinski. Are Sperm Counts Really Declining?. *Scientific American*. 1 Jun, 2023.
• David Robson. Sperm counts are down worldwide and researchers are discovering why. *New Scientist*. 16 Jan, 2024.

22 도뇨관 세균의 침입 막기

논문

• Feneley, Roger CL, Ian B. Hopley, and Peter NT Wells. "Urinary catheters: history, current status, adverse events and research agenda." *Journal of medical engineering & technology* 39.8 (2015): 459-470.
• Werneburg, Glenn T. "Catheter-associated urinary tract infections: current challenges and future prospects." *Research and reports in urology* (2022): 109-133.
• Zhou, Tingtao, et al. "AI-aided geometric design of anti-infection catheters." *Science Advances* 10.1 (2024): eadj1741.

기사

- Lori Dajose. Aided by AI, New Catheter Design Prevents Bacterial Infections. *Caltech*. 5 Jan, 2024.

23 **장기 코로나** 호흡기 질환이 신경학적 문제를 일으키다

논문

- Al-Aly, Ziyad, and Clifford J. Rosen. "Long Covid and Impaired Cognition—More Evidence and More Work to Do." *New England Journal of Medicine* 390.9 (2024): 858-860.
- Greene, Chris, et al. "Blood–brain barrier disruption and sustained systemic inflammation in individuals with long COVID-associated cognitive impairment." *Nature neuroscience* 27.3 (2024): 421-432.
- Hagiya, Hideharu, et al. "Relevance of complement immunity with brain fog in patients with long COVID." *Journal of Infection and Chemotherapy* 30.3 (2024): 236-241.
- Nouraeinejad, Ali. "Brain fog as a long-term sequela of COVID-19." *SN Comprehensive Clinical Medicine* 5.1 (2022): 9.
- Ruf, Wolfram. "Immune damage in Long Covid." *Science* 383.6680 (2024): 262-263.

기사

- Hilary Guite. In Conversation: The neurocognitive impact of long COVID. *Medical News Today*. 13 Oct, 2021.
- Meghan Rosen. The blood holds clues to understanding long COVID. *Science News*. 4 Mar, 2024.
- Suman Majumdar. The emergence of JN.1 is an evolutionary 'step change' in the COVID pandemic. Why is this significant?. *The Conversation*. 25 Jan 2024.

24 **항우울제** 금단증상은 얼마나 일어날까

논문

- Blier, Pierre, and Philippe Tremblay. "Physiologic mechanisms underlying theantidepressant discontinuation syndrome." *Journal of Clinical Psychiatry* 67 (2006): 8.
- Henssler, Jonathan, et al. "Incidence of antidepressant discontinuation symptoms: asystematic review and meta-analysis." *The Lancet Psychiatry* (2024).
- Henssler, Jonathan, et al. "Antidepressant withdrawal and rebound phenomena." *Deutsches Ärzteblatt International* 116.20 (2019): 355.

- Horowitz, Mark Abie, et al. "Estimating risk of antidepressant withdrawal from a review of published data." *CNS drugs* 37.2 (2023): 143-157.

기사

- Clare Wilson. Does coming off antidepressants really cause withdrawal symptoms?. *New Scientist*. 5 June, 2024.
- Maria Cohut. In Conversation: Can diet help improve depression symptoms?. *Medical News Today*. 31 Jan, 2023.

25 나트륨 채널 차단제 새로운 통증 치료제가 등장하다

논문

- Cardoso, Fernanda C., and Richard J. Lewis. "Sodium channels and pain: From toxins to therapies." *British journal of pharmacology* 175.12 (2018): 2138-2157.
- Dib-Hajj, Sulayman D., and Stephen G. Waxman. "Sodium channels in human pain disorders: genetics and pharmacogenomics." *Annual Review of Neuroscience* 42.1 (2019): 87-106.
- Levinson, Simon R., Songjiang Luo, and Michael A. Henry. "The role of sodium channels in chronic pain." *Muscle & nerve* 46.2 (2012): 155-165.

기사

- Cassandra Willyard. A next-gen pain drug shows promise, but chronic sufferers need more options. *Science News*. 5 Sep, 2024.
- Catherine Offord. Targeting Sodium Channels for Pain Relief. *The Scientist*. 1 Jan, 2018.
- Marla Broadfoot. New Painkiller Could Bring Relief to Millions—Without Addiction Risk. *Scientific American*. 20 Aug, 2024.

26 매독 인류와의 질긴 인연

논문

- Ávila-Nieto, Carlos, et al. "Syphilis vaccine: challenges, controversies and opportunities." *Frontiers in immunology* 14 (2023): 1126170.
- Hemarajata, P. "A Brief History of Laboratory Diagnostics for Syphilis." *ASM Org* (2020).

기사

- Jessica Glenza. Push to improve syphilis testing in US as disease makes dramatic comeback. *The Guardian*. 10 Sep, 2024.
- Krupa Padhy. Why syphilis is rising around the world. *BBC*. 2 Feb, 2024.

- Will Stone. An old drug offers a new way to stop STIs. *NPR*. July 11, 2023.

27 알츠하이머병과 뇌 미생물 군집 친구일까 불청객일까

논문

- Arabi, Tarek Ziad, et al. "Brain-inhabiting bacteria and neurodegenerative diseases: the "brain microbiome" theory." *Frontiers in Aging Neuroscience* 15 (2023): 1240945.
- Branton, William G., et al. "Brain microbial populations in HIV/AIDS: α-proteobacteria predominate independent of host immune status." *PloS one* 8.1 (2013): e54673.
- Hu, Xinyue, et al. "The remarkable complexity of the brain microbiome in health and disease." *bioRxiv* (2023): 2023-02.
- Link, Christopher D. "Is there a brain microbiome?." *Neuroscience insights* 16 (2021): 26331055211018709.
- Vojtechova, Iveta, et al. "Infectious origin of Alzheimer's disease: Amyloid beta as a component of brain antimicrobial immunity." *PLoS Pathogens* 18.11 (2022): e1010929.
- Whitson, Heather E., et al. "New approaches for understanding the potential role of microbes in Alzheimer's disease." *Brain, Behavior, & Immunity-Health* (2024): 100743.

기사

- David Robson. The brain has its own microbiome. Here's what it means for your health. *New Scientist*. 25 Sep, 2024.

28 미소포니아 타인의 소리가 감정의 칼이 되다

논문

- Berger, Joel I., Phillip E. Gander, and Sukhbinder Kumar. "A social cognition perspective on misophonia." *Philosophical Transactions of the Royal Society* B 379.1908 (2024): 20230257.
- Ash, Paris A., et al. "Mimicry in misophonia: A large-scale survey of prevalence and relationship with trigger sounds." *Journal of clinical psychology* 80.1 (2024): 186-197.

기사

- Ellie Violet Bramley. Misophonia: how 'sound rage' destroys relationships and forces people to move home. *The Guardian*. 26 Jan, 2023.
- Nathaniel Scharping. The reason little noises drive you mad is about more than sounds. *Psyche*. 15 Jan, 2024.

김명호

일러스트 작가로 다수의 책에 삽화를 그렸다. 지금은 과학 만화가로 활동하면서 과학기술기획평가원(KIST), 서경배과학재단 등 여러 연구소 및 과학 단체와 협업하고 있다. 쓰고 그린 책으로 《관찰과 표현의 과학사》, 《사이언티픽 게이머즈》, 《알포가 만난 동물 건축가》, 《김명호의 생물학 공방》, 《김명호의 과학 뉴스》 등이 있다.

의학의 소소한 최전선

초판 1쇄 발행 | 2025년 9월 8일

지은이 | 김명호

펴낸이 | 한성근
펴낸곳 | 이데아
출판등록 | 2014년 10월 15일 제2015-000133호
주 소 | 서울 마포구 월드컵로28길 6, 3층 (성산동)
전자우편 | idea_book@naver.com
페이스북 | facebook.com/idea.libri
전화번호 | 070-4208-7212
팩 스 | 050-5320-7212

ISBN 979-11-89143-54-1 (03470)